全国高职高专食品类专业"十二五"规划教材

食品加工技术

樊振江　李少华　主编

中国科学技术出版社

·北京·

图书在版编目（CIP）数据

食品加工技术/樊振江，李少华主编 . —北京：中国科学技术出版社，2013.2（2016.9 重印）

全国高职高专食品类专业"十二五"规划教材

ISBN 978 – 7 – 5046 – 6310 – 8

Ⅰ.①食… Ⅱ.①樊… ②李… Ⅲ.①食品加工 – 高等职业教育 – 教材 Ⅳ.①TS205

中国版本图书馆 CIP 数据核字（2013）第 032081 号

策划编辑	符晓静
责任编辑	符晓静
封面设计	孙雪骊
责任校对	韩 玲
责任印制	徐 飞

出　　版	中国科学技术出版社
发　　行	科学普及出版社发行部
地　　址	北京市海淀区中关村南大街 16 号
邮　　编	100081
发行电话	010 – 62173865
网　　址	http://www.cspbooks.com.cn

开　　本	787mm×1092mm　1/16
字　　数	395 千字
印　　张	17.5
版　　次	2013 年 2 月第 1 版
印　　次	2016 年 9 月第 3 次印刷
印　　刷	北京长宁印刷有限公司

书　　号	ISBN 978 – 7 – 5046 – 6310 – 8/TS·60
定　　价	32.00 元

全国高职高专食品类专业"十二五"规划教材编委会

顾　问　詹跃勇

主　任　高愿军

副主任　刘延奇　赵伟民　隋继学　张首玉　赵俊芳　孟宏昌

　　　　张学全　高　晗　刘开华　杨红霞　王海伟

委　员　（按姓氏笔画排序）

　　　　王海伟　刘开华　刘延奇　邢淑婕　吕银德　任亚敏

　　　　毕韬韬　严佩峰　张军合　张学全　张首玉　吴广辉

　　　　郑坚强　周婧琦　孟宏昌　赵伟民　赵俊芳　高　晗

　　　　高雪丽　高愿军　唐艳红　栗亚琼　曹　源　崔国荣

　　　　隋继学　路建锋　詹现璞　詹跃勇　樊振江

本书编委会

主　编　樊振江　李少华

副主编　吕银德　丁娅娜

编　委　（按姓氏笔画排序）

丁娅娜　司俊玲　司俊娜　吕银德

李少华　吴广辉　张小芳　张学全

周　坤　孟　楠　郭卫芸　陶颜娟

詹现璞　樊振江

出 版 说 明

随着我国社会经济、科技文化的快速发展，人们对食品的要求越来越高，食品企业也迫切需要大量食品专业高素质技能型人才。根据《国家中长期教育改革和发展规划纲要（2010—2020 年)》的精神，职业院校的发展目标是：以服务为宗旨，以就业为导向，实行工学结合、校企合作、顶岗实习的人才培养模式。以食品行业、食品企业的实际需求为基本依据，遵照技能型人才成长规律，依靠食品专业优势，开展课程体系和教材建设。教材建设以食品职业教育集团为平台，行业、企业与学校共同开发，提高职业教育人才培养的针对性和适应性。

我国食品工业"十二五"发展规划指出，深入贯彻落实科学发展观，坚持走新型工业化道路，以满足人民群众不断增长的食品消费和营养健康需求为目标，调结构、转方式、提质量、保安全，着力提高创新能力，促进集聚集约发展，建设企业诚信体系，推动产业链有效衔接，构建质量安全、绿色生态、供给充足的中国特色现代食品工业，实现持续健康发展。根据我国食品工业发展规划精神，漯河食品职业学院与中国科学技术出版社合作编写了本套高职高专院校食品类专业"十二五"规划教材。

本套教材具有以下特点：

1. 教材体现职业教育特色。本套教材以"理论够用、突出技能"为原则，贯穿职业教育"以就业为导向"的特色。体现实用性、技能性、新颖性、科学性、规范性和先进性，教学内容紧密结合相关岗位的国家职业资格标准要求，融入职业道德准则和职业规范，着重培养学生的职业能力和职业责任。

2. 内容设计体现教、学、做一体化和工作过程系统化。在使用过程中做到教师易教，学生易学。

3. 提倡向"双证"教材靠近。通过本套教材的学习和实验能对考取职业资格或技能证书有所帮助。

4. 广泛性强。本套教材既可作为高职院校食品类专业的教材，以及大中小型食品加工企业的工程技术人员、管理人员、营销人员的参考用书，也可作为质量技术监督部门、食品加工企业培训用书，还可作为广大农民致富的技术资料。

本套教材的出版得到了河南帮太食品有限公司、上海饮技机械有限公司的大力支持和赞助，在此深表感谢！

限于水平，书中缺点和不足在所难免，欢迎各地在使用本套教材过程中提出宝贵意见和建议，以便再版时加以修订。

全国高职高专食品类专业"十二五"规划教材编委会

2012 年 5 月

前　　言

本书是高职高专食品专业"十二五"规划教材系列之一。时代的发展，对高职高专教育提出了新的要求。为满足社会的实际需要，突出高等职业教育培养"高技能型"人才的培养目标，本书编者根据高职高专的教育特点，本着"必须、够用"的原则，编写了这本教材。

食品加工技术是食品检测相关专业的必修课程，因此，如何在有限的时间内把食品加工技术的基本理论和食品加工的各类技术传授给学生显得尤为重要。在编写中结合不同区域经济发展的需要和国家职业资格考核的要求，对各章内容进行了合理组织，意在实现将学历教育与职业资格教育融为一体、培养与工作现场"零距离"的高技能型人才。

本书主要包括肉制品加工、粮油食品加工、乳制品加工、软饮料加工、果蔬加工、发酵食品、糖果及巧克力加工等，覆盖面广，可操作性强，可作为高职院校食品类专业教材，也可作为食品加工企业的工程技术人员、管理人员的工作参考书。

本书由樊振江、李少华主编，并负责全书统稿、修改工作，吕银德、丁娅娜任副主编，具体的编写分工如下：第一章由张学全（漯河食品职业学院）编写；第二章由樊振江（漯河食品职业学院）编写第一、二节，由李少华（河南职业技术学院）编写第三、四、五、六节；第三章由吕银德（漯河食品职业学院）编写第一、二、三、四、五节，由吴广辉（漯河食品职业学院）编写第六、七节；第四章张小芳编写第一、二、三、四节，由丁娅娜编写第五节；第五章由司俊玲（郑州轻工业学院）编写第一、二、三、四节，由詹现璞（漯河食品职业学院）编写第五节；第六章由孟楠（漯河食品职业学院）编写第一节，由司俊娜（河南职业技术学院）编写第二、三、四节；第七章由陶颜娟（宁波市鄞州区技术监督检测中心）编写；第八章由周坤（宁波华标检测技术服务公司）编写；第九章由郭卫芸（许昌学院）编写；第十章实训项目分别由樊振江、吕银德、丁娅娜、詹现璞、司俊娜、陶颜娟、周坤对应各章节编写。

限于编者水平，书中难免有疏漏之处，衷心希望读者多提宝贵意见，编者在此表示衷心的感谢。

编　者

2012 年 11 月

目　录

第一章 概　　论

（1）理解食品加工的概念及分类；
（2）掌握食品加工发展趋势。

第一节　概　　述

一、食品的概念

1. 食物的概念

食物是指人体生长发育、更新细胞、修补组织、调节机能必不可少的营养物质，也是产生热量、保持体温、进行体力活动的能量来源。

2. 食品的概念

通俗来说，食品是指经过加工制作的食物。《食品工业基本术语》对食品的定义为：可供人类食用或饮用的物质，包括加工食品、半成品和未加工食品。

二、食品类型

中国食品工业把食品分为二十类，具体如下。

（1）粮食及其制品：指各种原粮、成品粮以及各种粮食加工制品，包括方便面等；

（2）食用油：指植物和动物性食用油料，如花生油、大豆油、动物油；

（3）肉及其制品：指动物性生、熟食品及其制品，如生、熟畜肉和禽肉；

（4）消毒鲜乳：指乳品厂（站）生产的经杀菌消毒的瓶装或软包装消毒奶，以及零售的牛、羊、马奶等；

（5）乳制品：指乳粉、酸奶及其他属于乳制品类的食品；

（6）水产类：指供食用的鱼类、甲壳类、贝类等鲜品及其加工制品；

（7）罐头：将加工处理后的食品装入金属罐、玻璃瓶或软质材料的容器内，经排气、密封、加热杀菌、冷却等工序达到商业无菌的食品；

（8）食糖：指各种原糖和成品糖，不包括糖果等制品；

（9）冷食：指固体冷冻的即食性食品，如冰棍、雪糕、冰激凌；

（10）饮料：指液体和固体饮料，如碳酸饮料、汽水、果味水、酸梅汤、散装低糖饮料、矿泉饮料、麦乳精；

（11）蒸馏酒、配制酒：指以含糖或淀粉类原料，经糖化发酵蒸馏而制成的白酒（包括瓶装和散装白酒）和以发酵酒或蒸馏酒作酒基，经添加可食用的辅料配制而成的酒，如果酒、白兰地、香槟、汽酒；

（12）发酵酒：指以食糖或淀粉类原料经糖化发酵后未经蒸馏而制得的酒类，如葡萄酒、啤酒；

（13）调味品：指酱油、酱、食醋、味精、食盐及其他复合调味料等；

（14）豆制品：指以各种豆类为原料，经发酵或未发酵制成的食品，如豆腐、豆粉、素鸡、腐竹等；

（15）糕点：指以粮食、糖、食油、蛋、奶油及各种辅料为原料，经烘烤、油炸或冷加工等方式制成的食品，包括饼干、面包、蛋糕等；

（16）糖果蜜饯：以果蔬或糖类的原料经加工制成的糖果、蜜饯、果脯、凉果和果糕等食品；

（17）酱腌菜：指用盐、酱、糖等腌制的发酵或非发酵类蔬菜，如酱黄瓜等；

（18）保健食品：指依据《保健食品管理办法》，称之为保健食品的产品类别；

（19）新资源食品：指依据《新资源食品卫生管理办法》，称之为新资源食品的产品类别；

（20）其他食品：未列入上述范围的食品或新制订评价标准的食品类别。

第二节　食品加工发展现状及趋势

一、食品加工的发展现状

整体而言，食品工业是一个永不衰弱的行业，也是一个非常稳定的行业，更是一个充满变化、有活力的行业。由于食品工业是国民经济的重要支柱产业和关系国计民生及关联农业、工业、流通等领域的大产业，因此，食品工业现代化水平是反映人民生活质量及国家文明程度的重要标志。作为农产品面向市场的主要后续加工产业，食品工业在农产品加工中占有最大比重，对推动农业产业化作用巨大。

工业生产快速增长，支柱地位得到强化。2010 年，全国食品工业规模以上企业达几万家，食品工业总产值占工业总产值的比重不断提高，食品工业在国民经济中的支柱产业地位进一步增强。

食品产品结构不断优化，市场供应更加丰富。主要产品产量稳步增长，保证了 13 亿人口的食品供应。产品结构向多元化、优质化、功能化方向发展，产品细分程度加深，深加工产品比例上升，新产品不断涌现，基本满足了国民对食品营养、健康、方便的需求。

产品质量总体稳定，食品安全水平提高。党中央、国务院高度重视食品安全工作，国务院成立了食品安全委员会及其办公室，加强了对食品安全的组织领导。在各地区、各有关部门和全社会的共同努力下，食品安全监管力度不断加大。尤其是 2009 年 6 月 1 日《中华人民共和国食品安全法》及其条例实施以来，食品安全各项工作取得了明显成效，全国食品安全形势总体稳定并保持向好趋势，产品质量稳步改善，产品总体合格率不断提高。目前，23 大类 3800 多种加工食品质量国家监督抽查批次抽样合格率提高到 94.6%，出口食品合格率一直保持在 99% 以上。食品投诉案件不断下降。目前，已完善了 1800 余项国家标准、2500 余项行业标准和 7000 余项地方标准及企业标准，公布新的食品安全国家标准 176 项，为保障食品安全奠定了良好基础。

二、食品加工的发展趋势

（一）方便食品的发展和产品的多样化是今后食品工业发展的重要特征

当前我国食品工业主要还是以农副食品原料的初加工为主，精深加工程度较低，食品制成品水平低。

市场上缺乏符合营养平衡要求的早、中、晚餐方便食品，也缺乏满足特殊人群营养需求的食品。随着居民收入水平的提高，生活方式的变化，生活节奏的加快，使得简便、营养、卫生、经济、即开即食的方便食品市场潜力巨大。消费群体结构的变化，也对食品方便化提出了新的要求，城镇居民对食品消费的数量、质量、品种和方便化必将有更多、更高的要求。

所以，各种方便主食品，肉类、鱼类、蔬菜等制成品和半成品，快餐配餐，谷物早餐，方便甜食以及休闲食品等和针对不同消费人群需求的个性化食品，在相当长的一段时间内都将大有发展。方便食品的发展是食品制造业的一场革命，也是食品工业发展的推动力。

（二）重视保健食品的开发是食品加工的重要任务

我国居民的膳食结构正处于温饱到小康的转型期，对营养合理、符合健康要求的食品需求十分迫切。食品生产要注重开发营养搭配科学合理的新产品，开发营养强化食品和保健食品，既要为预防营养缺乏症服务，又要为防止因营养失衡造成的慢性非传染性疾病服务。

保健食品是 21 世纪食品工业发展的重点方向之一，按照我国经济发展和居民收入水平分析，保健食品有较大的发展空间。

（三）绿色食品、有机食品将成为食品消费的方向

随着经济的发展和社会整体福利水平的提高，人们对食品品质的要求越来越高，消

费选择也从数量型向质量型转变。特别是绿色食品和有机食品的兴起，加速了这一转变进程，引领食品消费进入一个新的发展阶段。由于人们对绿色食品的普遍认知，消费需求不断扩大，市场占有率日益提高。有机食品消费已成为一项大宗贸易，其增速非其他食品可比，随着人们健康意识、环保意识的增强及有机食品贸易的迅速发展，有机食品将成为21世纪最有发展潜力和前景的产业之一。

（四）加工精细化、食品标准化已成为食品行业提高自身竞争力的有效途径

食品加工程度既反映了产业科技水平的高低，也体现着经济效益的大小。加工越精细，综合利用程度越高，产品附加值就越高。从作为基础原料的粮油加工来看，目前我国专用面粉只有9种，而美国有上百种，日本和英国各有数十种；专用油脂，我国台湾地区有上百种，日本有几百种，我国大陆地区只有几种；玉米深加工品种美国有两三千种，我国只有20余种。一种原料只能加工出寥寥几种产品，许多物质的潜在价值就无法得以实现，这不仅是损失，也不利于可持续发展。

为适应《食品安全法》，食品的标准化显得尤为重要，它也是保证食品安全、增强国内外市场竞争力的前提。

（五）食品生产的机械化、自动化、专业化和规模化是提高企业国内、国际市场竞争力的必然选择

提高食品生产的机械化和自动化程度，是生产安全性好和营养价值高的食品的前提和基本要求，也是实现食品加工企业规模化生产和发挥规模效益的必要条件。食品工业企业应该从传统的手工劳动和作坊式操作中解脱出来，投入资金完善软、硬条件，提高生产的机械化、自动化程度。

（六）食品生物技术是现代食品加工未来的发展趋势

现代生物技术主要是指基因工程技术、酶工程技术和发酵技术。基因工程技术的发展，使按照人的意愿创造新物种和改造现有物种成为现实可能。西方国家的转基因牛肉和转基因番茄就是例子。酶工程技术和现代发酵技术的发展为开发新加工食品、提升食品质量和综合利用程度提供了技术可能性。

复习思考题

1. 试述食品加工的概念及特点？
2. 分析食品加工发展趋势。

第二章 肉制品加工技术

学海导航

（1）理解肉制品品质变化；

（2）理解肉制品加工基本原理；

（3）掌握火腿、香肠、酱卤产品的加工技术。

第一节 肉制品加工基础知识

一、肉的形态组织

在肉制品加工中，从商业观点出发，一般把肉理解为胴体，俗称"白条肉"。它除包括肌肉组织、脂肪组织、结缔组织、骨骼组织等主要部分外，还包括神经组织、淋巴、血管等，后者所占比例很少，没有什么食用加工价值。

肉的组织结构主要是由肌肉组织、脂肪组织、结缔组织、骨骼组织四大部分组成。其组成的百分比见表2-1。

表2-1 胴体的组织构成（%）

家畜种类	肌肉组织	结缔组织	骨骼组织	脂肪组织
牛	57～61	12～14	16～22	3～16
水牛	55～57	11～16	15～22	4～16
羊	56～57	11～16	15～22	4～16
猪	40～70	7～12	10～20	15～40

二、肉的化学成分

肉的化学组成主要是指肌肉组织的各种化学物质组成，包括水分、蛋白质、脂肪、矿物质、维生素和浸出物等。各种成分的含量受动物种类、品种、年龄、肥度等因素的影响而有所差异。

三、肉的成熟与腐败变质

动物屠宰后，在不采取任何保鲜措施的条件下，经过长时间放置，胴体的肌肉在内部组织酶、外界微生物和氧等因素的作用下，会发生一系列生物化学变化，使屠宰后的肉出现僵直、成熟、自溶和腐败变质等现象。所以在肉制品加工中，为保证制品的质量和食用安全性，要促进成熟、控制尸僵、防止自溶和腐败变质。

（一）肉的僵直

1. 僵直的概念

屠宰后胴体随着糖原酵解的进行，肌肉纤维收缩，关节不能活动，肌肉逐渐失去弹性而变得僵硬的现象，叫做僵直（尸僵）。僵直的肉硬度大、加热时不易煮熟、有粗糙感、肉汁流失多、缺乏风味，不具备可食肉的特征。

2. 僵直的机理

有关僵直形成的原因比较复杂，简单地说僵直是由于肌肉纤维的收缩而引起的，但这种收缩是不可逆的，因而导致僵直。

动物死亡后僵直的过程大体可分为三个阶段：从屠宰后到开始出现僵直现象，即肌肉延伸性的消失以非常缓慢的速度进行，称之为迟滞期；随后，延伸性的消失迅速发展，称之为急速期；最后形成延伸性变化非常小的一定形态，称之为僵直后期。

3. 僵直阶段肉的特征

僵直阶段的肉弹性差，无鲜肉的自然气味，持水性差，用于烹饪难于咀嚼，不易消化吸收，胶原不易转化为明胶，肉汤不透明，食用价值低，不能直接作为餐饮和肉制品加工企业原料使用。

（二）肉的成熟

1. 肉成熟的概念

屠宰后畜禽胴体尸僵达到顶点之后，经过解僵，胴体肉的硬度降低，保水性又有所恢复，肉变得柔软多汁，具有良好风味，容易消化吸收，适合于加工使用，这个变化过程即为肉的成熟。

2. 成熟肉的特征

成熟的肉有以下几个特征。

（1）易于被人体消化吸收。在肉的成熟过程中，由于乳酸的作用，使胶原蛋白潮润而变柔软，在加热时容易变成明胶。因此成熟的肉易于消化吸收。

（2）成熟的肉呈酸性，具有抑菌的作用。肉成熟过程中形成乳酸，pH 降低，可阻碍微生物的繁殖，并有一定的杀灭病原微生物的作用。

（3）防止病原微生物侵入和肉中水分损耗。肉在成熟过程中，胴体表面形成一层干燥"皮膜"，用手触摸发出羊皮纸似的声音，该膜既可防止病原微生物侵入肉内，又可防止肉中水分向空气中散失而损耗。

（4）肉汁较多，具有特殊的香气和滋味，切开时有肉汁流出。

（5）肉的组织状态具有一定弹性。

3. PSE 肉和 DFD 肉

（1）PSE 肉：系指苍白（pale）、软质（soft）、汁液渗出（exudative）肉。

（2）DFD 肉：系指色暗（dark）、质硬（firm）、干燥（dry）肉。

（三）肉的自溶

肉在自溶酶作用下蛋白质的分解过程，叫肉的自溶。

肉在冷藏时有时发生酸臭味，切开深层肌肉颜色变暗，呈红褐色或绿色。经检查硫化氢反应呈阳性，氨基转换反应的定性鉴定呈阴性，涂片镜检没发现细菌。这是在无菌状态下，组织酶作用于蛋白质使其分解而引起的自溶现象。肉自溶机理目前尚不十分清楚，可能与肉内组织酶活性增强引起某些蛋白质的轻度分解有关。

（四）肉的腐败变质

肉类受到外界因素的作用，肉的成分和感官性状发生变化，并产生大量对人体有害的物质，失去食用价值，称为肉的腐败变质。从这个意义上说，它实际包括蛋白质的腐败、脂肪的氧化和酸败、糖的发酵等几种作用。

四、肉制品加工常见辅料

在肉制品加工中，为了改善肉制品的色、香、味、形和组织结构，延长肉制品的贮存期，往往需要添加一些天然的或化学合成的物质，这些物质称为辅料。除了辅料，食品的包装也直接影响着产品的质量，必须进行适当的包装才能贮存和成为商品。辅料和包装材料均为肉制品加工的辅助材料。另外，因生产工艺和市场消费要求而使用的部分特殊材料也被列入辅助材料的范畴。正确使用辅助材料，对提高肉制品的质量和产量，增加肉制品的花色品种，提高其营养价值和商品价值，保障生产者和消费者的利益和身体健康，具有十分重要的意义。

（一）香辛料

香辛料是指各种具有特殊香气、香味和滋味的植物的果实、根、茎、叶、花、外皮等部位的干燥品或鲜品。在肉制品中添加可起到增进风味、抑制异味、防腐杀菌、增进食欲等作用。

香辛料的种类很多，按照来源不同可分为天然香辛料、配制香辛料和抽提香辛料三大类。依其具有辛辣和芳香气味的程度，可分为辛辣性和芳香性香辛料两种。辛辣性香辛料有胡椒、花椒、辣椒、蒜、姜和葱等。芳香性香辛料主要有丁香、肉豆蔻、小茴香、大茴香和月桂叶等。根据香辛料被利用部位的不同，可分为根或根茎类，如姜、葱、蒜、葱头；花或花蕾类，如丁香；果实类，如辣椒、胡椒、八角茴香、小茴香、花椒；叶类，如鼠尾草、麝香草、月桂叶；皮类，如桂皮。

（二）调味料

调味料是指为了改善食品的风味，赋予食品特殊的味感，使食品鲜美可口、增进食欲而添加到食品中的天然或人工合成的物质，有咸味料、甜味料、酸味料等。

我国的咸味料有食盐、酱油、黄酱；甜味料有蔗糖、葡萄糖、饴糖、蜂蜜、木糖、山梨糖醇；酸味料有食醋、酸味剂；鲜味料有谷氨酸钠、肌苷酸钠、鸟苷酸钠调味肉类香精、料酒。

（三）添加剂

为了增强或改善食品的感官形状，延长保存时间，满足食品加工工艺过程的需要或某种特殊营养需要，常在食品中加入天然的或人工合成的无机或有机化合物，这种添加的无机或有机化合物统称为添加剂。肉制品加工中使用的添加剂根据其目的不同大致可分为：发色剂、发色助剂、着色剂、防腐剂、抗氧化剂和品质改良剂。

（四）包装材料

在肉制品生产中，为使制品具有良好的储藏、运输及销售性能，通常要对产品进行包装。常用的包装材料有肠衣、蒸煮袋、纸制包装容器（纸箱与纸盒）、封缄及捆扎材料等。

1. 肠衣

肠衣是肠类制品中与肉馅直接接触的包装材料，与肠类制品的形态、卫生、质量、保藏性、流通性和商品价值有关。在选用时，应根据产品的要求进行选择。肠衣分为天然肠衣和人造肠衣。

（1）天然肠衣。天然肠衣也叫动物肠衣，是用猪、牛、羊等动物的大肠、小肠、膀胱和食管等加工而成的。

（2）人造肠衣。随着灌制品的发展，动物肠衣已满足不了生产的需要，人造肠衣使用日益广泛。人造肠衣特点是：机械适应性好，规格统一，使用方便，易于灌制，可以做到商品的规格化，装潢美观，能保存产品的风味，延长保存期，减少蒸煮损失等。

人造肠衣分为纤维素肠衣、胶原肠衣、塑料肠衣和玻璃纸肠衣。

2. 蒸煮袋

按灭菌温度分类。蒸煮袋有低温蒸煮袋和高温蒸煮袋之分。高温蒸煮袋多用三层材料复合而成。具有代表性的蒸煮袋结构是：外层为聚酯膜，作加强用；中层为铝箔，作防光、防水和阻气用；内层为聚烯烃膜（如聚丙烯膜），作热合和接触食品用。

3. 纸制包装容器

纸箱与纸盒是主要的纸制包装容器，两者形状相似，习惯上小的称盒，大的称箱，它们之间没有明显的界限。作为包装容器，盒一般用于高档肉制品销售包装，而箱作为外包装则多用于肉制品的运输包装。包装用纸箱按结构可分为瓦楞纸箱和硬纸纸箱两类，其中供长时间储存和运输用的，以瓦楞纸箱为多。

4. 封缄与捆扎材料

将一个包装或一个包装件封闭的过程称为封缄。封缄是包装的最后一道工序，不同包装对封缄保护性的要求也不一样。有的只是一般性要求封闭内装物，有的要求阻气性密封，有的则要求防盗式密封等。胶带、盖类封缄材料、钉类、黏合剂封缄在包装封缄中应用很广泛。

（五）其他辅助材料

除上述常用的辅助材料外，由于生产、销售和宗教信仰的特殊要求，有时还需要使用一些其他辅助材料，如线绳、棉布、纱布（用于过滤和制作料袋）、外包装袋（如火腿肠塑料包装袋）、食用植物油（主要用于清真肉制品和油炸肉制品）。

第二节　肉制品加工基本原理和方法

一、腌制的基本原理及方法

腌制是用食盐或以食盐为主，并添加硝酸盐或亚硝酸盐、蔗糖和香辛料等腌制材料对肉处理的过程。通过腌制使食盐、发色剂等渗入食品组织中，降低水分活度，提高渗透压，抑制腐败菌的生长繁殖，从而防止肉类腐败变质，达到较长时间的保存期，并获得稳定的色泽和成熟的风味。具体来说包括以下几个方面。

（一）腌制的防腐原理

腌制时往往需要在肉中加入一些腌制材料，其中的食盐、硝酸盐、亚硝酸盐、香辛料都具有防腐作用。

1. 食盐的防腐作用

食盐是腌制的主要配料，一定的食盐含量能够抑制大多数腐败菌的繁殖，对腌制品起到防腐作用。食盐的防腐作用主要表现为：

（1）脱水作用；

（2）影响细菌的酶活性；

（3）毒性作用；

（4）离子水化作用；

（5）影响氧气的含量。

2. 硝酸盐和亚硝酸盐的防腐作用

硝酸盐和亚硝酸盐可以有效地抑制肉毒梭状芽孢杆菌的生长，也可以抑制其他类型腐败菌的生长。这种作用在硝酸盐浓度为 0.1% 或亚硝酸盐浓度为 0.01% 左右时最为显著。

3. 香辛料的防腐作用

许多香辛料具有抑菌或杀菌作用，如月桂、白芷、胡椒都具有一定的抑菌效力。

（二）腌制的发色原理

1. 硝酸盐和亚硝酸盐的发色作用

为了使肉制品呈鲜艳的红色，在加工过程中多添加硝酸盐或亚硝酸盐。硝酸盐在细菌硝酸盐还原酶的作用下，还原成亚硝酸盐，亚硝酸盐是一种高活性的化学物质，而肉是一种极其复杂易变的体系，亚硝酸盐在肉中能够以多种方式与许多功能团反应。亚硝酸盐在酸性条件下会生成亚硝酸。亚硝酸在常温下，也可分解产生亚硝基（NO），此时生成的亚硝基会很快与肌红蛋白（Mb）反应生成暗红色的亚硝基肌红蛋白 NOMb。再通过热变性作用，色素变为稳定的亚硝基血色原，它的颜色是粉红色。

2.（异）抗坏血酸及其钠盐的助色作用

肉制品中常用（异）抗坏血酸及其钠盐、烟酰胺等作为发色助剂，具有很强的还原性，其助色作用是促进 NO 的生成，防止 NO 及亚铁离子的氧化。它能促使亚硝酸盐还原成为 NO，并消耗氧气，创造厌氧条件，加速亚硝基肌红蛋白的形成，完成助色作用。烟酰胺也能形成烟酰胺肌红蛋白，使肉呈红色，但同时使用抗坏血酸和烟酰胺，其助色效果更好。抗坏血酸的使用量一般为 0.02%~0.05%，最大使用量为 0.1%。

3. 还原糖的助呈色作用

在腌制过程中往往加入一些糖类，其中一些还原糖（葡萄糖等）能够吸收空气中的氧气，防止肉被氧化褪色。

（三）腌制的保水性原理

1. 食盐的保水作用

肉中起保水和黏结作用的关键性物质是结构蛋白中的肌球蛋白。未经腌制肌肉中的蛋白质处于非溶解状态或处于凝胶状态，而肉经腌制后由于离子强度的作用，使蛋白质转变为溶解状态或溶胶状态。在充分的离子强度下，肌球蛋白的溶解性增大，肌球蛋白能从凝胶状态变成溶胶状态，吸水无限膨润。

在加热过程中，由于蛋白质变性，使原来被包藏在蛋白质二级结构内的非极性基团暴露出来，形成了疏水条件，使持水力大大降低。未经腌制的肉煮制时大量失水，就是这种原因。

2. 磷酸盐的保水作用

磷酸盐的作用主要是提高肉的保水性，提高肉的嫩度和出品率。但由于磷酸盐对肉的作用机制比较复杂，尚无一致说法，现将已清楚的几点介绍如下。

（1）提高肉的 pH；

（2）增加离子强度；

（3）与金属离子发生螯合作用；

（4）解离肌动球蛋白；

（5）抑制肌球蛋白的热变性。

3. 糖的保水作用

糖极易氧化形成酸，使肉的酸度增加，利于胶原蛋白的膨润和松软，从而提高了肉的保水性，使肉的嫩度增加。

（四）腌制的呈味原理

肉经腌制后能形成特殊的腌制风味。通常情况下，出现特有的腌制香味需要腌制10～14天，腌制21天香味明显，40～50天香味达到最大程度。香味和滋味是评定腌制品质的重要指标，对腌制风味形成的过程和风味物质的性质目前尚没有一致结论。

（五）腌制的方法

肉的腌制方法根据肉制品种类和消费口味的不同，大致可分为干腌法、湿腌法、混合腌制法和注射腌制法四种。无论采用哪种方法，都要求在低温条件下（0～4℃）腌制剂均匀地渗透到肉的内部，以达到腌制成熟的目的。

1. 干腌法

干腌法是把食盐或混合盐(盐、硝)、糖等，均匀地涂擦在肉的表面，然后逐层堆在腌制架上或腌制容器内，依靠外渗汁液形成盐液而进行的一种腌制方法。在腌制过程中，需要定期将上、下层肉翻转，以保证腌制均匀，此过程称为"翻缸"。

2. 湿腌法

湿腌法即盐水腌制法，就是将肉浸泡在装有预先配制好食盐溶液的容器内，并通过扩散和水分转移，让腌制剂渗入肉的内部，并获得分布比较均匀的腌制肉的一种方法。常用于腌制分割肉、肋部肉等。

3. 混合腌制法

这是一种干腌和湿腌相结合的腌制方法。肉类腌制可先行干腌而后放入容器内用盐水腌制。

肉腌制时，肉块重量要大致相同，在干腌法中较大块的肉放最下层并脂肪面朝下，第二层的瘦肉面朝下，第三层又将脂肪面朝下，以此类推，但最上面一层要求脂肪面朝上，形成脂肪与脂肪，瘦肉与瘦肉相接触的腌渍形式，腌制液要淹没肉表面。腌制过程中，每隔一段时间要将所腌肉块的位置上下交换，以使腌渍均匀，其要领是先将肉块移至空槽内，然后倒入腌制液，腌制液损耗后要及时补充。

4. 盐水注射腌制法

为了加快食盐的渗透，防止腌肉的腐败变质，目前广泛采用盐水注射法进行腌制。这是因为通过机械注射，不但增加了出品率，同时盐水分散均匀，再经过滚揉，使肌肉组织松软，大量盐溶性蛋白渗出，提高了产品的嫩度，增加了保水性，肉的颜色、层次、纹理等得到了极大的改善，同时，也大大缩短了腌制周期。

无论是何种腌制方法在某种程度上都需要一定的时间，也要求有干净卫生的环境；还需保持低温(2～4℃)，环境温度不宜低于2℃，因为这将显著延缓腌制速度。这几种条件无论在什么情况下都不可忽视。盐腌时一般采用不锈钢容器，目前使用合成树脂做盐腌容器的较多。

（六）腌制终点的判断

不管采用哪一种方法进行腌制，都要求把肉块腌透、腌好。一般说来，腌制液完全渗透到肉内为腌透标志。目前尚无仪器能测量，全靠眼睛观察肉的色泽变化来判定。方法是用刀切开最厚的肌肉，若整个断面呈玫瑰红色，指压弹性均相等，无黏手感，说明肉已腌透；若中心部颜色仍呈暗红色则表明肉未腌透。腌制好的肥膘断面呈青白色，切成薄片时略带透明，这是脂肪被盐作用后老化的结果。

二、肉糜乳化的基本原理及肉糜的乳化方法

（一）肉糜乳化的基本原理

肉糜俗称乳化肉馅，是由斩碎或研磨碎的肉、脂肪颗粒、水、溶解的蛋白质、淀粉、食品添加剂、香辛调味料等在各种作用力下形成的高黏度膏状物。

乳化理论认为，乳胶体分为两种：一种是水包油（O/W），另一种是油包水（W/O）。而几乎在所有的肉制品制备中，乳胶体都建立在 O/W 乳胶体的基础上，在这种乳胶体内，油处于分散状态（分散相），水则处于连续状态（连续相），而蛋白质分子会将自身的一部分置于脂肪（亲脂性的）中，另一部分置于水（亲水性的）中，如果分散相的整个表面被一层蛋白所包围，乳胶体会变得很稳定。对于稳定的乳胶体，蛋白质的性质很重要，而油滴的大小也很重要。如果油滴或脂肪颗粒太大，由于热效应，体积的增大会导致这些粒子穿破了起包裹作用的蛋白网络；而脂肪粒子减小，会使其体积增加的趋势大大地降低，不过同时脂肪表面则变大，需要更多的蛋白质来包裹。

肉糜是一种复杂乳化体系，从理化角度来看，由以下多种体系构成：蛋白质和盐类的溶液；稍大块的组织成分在水中的悬浊液；蛋白质的胶体溶液；被水溶性和盐溶性肌肉蛋白包围住的脂肪细胞和游离脂肪。生产乳化肉馅的关键就是有效地结合水与脂肪。

（二）肉糜的乳化方法

根据生产设备的不同分斩拌机乳化法和乳化机乳化法，前者较常用。

1. 斩拌机乳化法

（1）肉的腌制。为了最大限度地抽提肉中的蛋白质，应先将瘦肉提早腌制。通常将盐、磷酸盐和亚硝酸盐以及水（总加水量的 10% ~ 25%）与绞碎（孔板直径约 10 ~ 20mm）的瘦肉一起搅拌几分钟拌匀，然后在 0 ~ 4℃温度下腌制 24 ~ 48 小时。如果食盐的浓度达到 5% 左右，将更有利于盐溶性蛋白的析出。

（2）斩切。高速把腌肉斩成小肉粒状，温度不高于 4℃为宜，用碎冰控制温度。再将脂肪小块、除淀粉外辅料均匀加入斩拌机，低速斩约 2 圈后高速斩切，温度不高于 10℃为宜，用冰水控制温度。待把脂肪斩成米状时，均匀加入淀粉和剩余的少量冰水、香精，高速斩成均匀一致、有一定弹性的肉馅，温度一般为 12 ~ 14℃为宜。

2. 乳化机乳化法

（1）肉的腌制。绞瘦肉的孔板直径可小些，方法同上。

（2）混料。把腌肉倒入搅拌机中，加一部分冰水搅拌几分钟，再加入绞碎的脂肪、其他辅料、冰水等搅拌，最后加入淀粉搅拌成均匀黏稠的馅。温度一般不超过 8℃。

（3）乳化。搅拌好的馅装入乳化机乳化。乳化馅的温度一般不超过 15℃。

真空乳化机是一种由切割头和乳化头构成的设备，切割头可装一组刀、二组刀或三组刀。料馅先通过切割头（似绞肉机结构）绞碎，再经过乳化头研磨（可调整定子和转子的间隙来控制馅的细度），使肉馅均匀一致，形成良好的乳化馅。简单的乳化机只有切割头的结构或只有乳化头的结构，一般不能抽真空。

第三节　腌腊肉制品及火腿制品加工技术

腌腊肉制品和中式火腿制品均属我国传统肉制品的典型代表，以其悠久的历史和独特的风味享誉国内外，形成了一大批诸如金华火腿、广东腊肉、南京板鸭等名优特产品。我国自 20 世纪 80 年代中期引进西方国家先进技术和新型的火腿设备以来，西式火腿产量逐年提高。随着人们生活水平的提高和生活节奏的加快，西式火腿的市场份额和占有率越来越大，西式火腿加工业也得到了健康快速发展。

一、概述

（一）腌腊肉制品及火腿制品的概念

1. 腌腊肉制品的概念

腌腊肉制品是指以畜禽肉或其内脏为原料辅以食盐、酱料、硝酸盐或亚硝酸盐、糖、香辛料等，经原料整理、腌制或酱渍、成型、晾晒（烘烤或烟熏）等工序加工而成的一类生肉制品，食用前需加热。

2. 火腿制品的概念

中式火腿是选用带皮、带骨、带爪的鲜猪后腿作为原料，经修割、腌制、洗晒（或晾挂风干）、发酵、修整等工序加工而成的，具有独特风味的生肉制品；西式火腿起源于欧洲，在北美、日本及其他西方国家广为流行，因其肉嫩味美而深受消费者欢迎。因为这种火腿与我国传统火腿（如金华火腿）的形状、加工工艺、风味有很大不同，习惯上称其为西式火腿。

（二）腌腊肉制品及火腿制品的分类

1. 腌腊肉制品的分类

各地劳动人民在长期的生产实践中，逐步形成了具有各自地方特色和不同风味的制作工艺和花色品种。根据加工工艺和产品特点不同，腌腊肉制品可分为咸肉类、腊肉类、酱（封）肉类和风干肉类。

2. 火腿制品的分类

（1）中式火腿的分类。中式火腿属于我国传统的肉制品，种类繁多，概括起来大致可从以下几个方面进行分类。

1) 按产地不同可分为三种。南腿，以金华火腿为正宗；北腿，以苏北如皋火腿为正宗；云腿，以云南宣威火腿为正宗。南腿、北腿的划分以长江为界。除三大著名火腿外，还有浙江东阳的蒋腿，云南鹤庆的圆腿等。

2) 按加工方法和所用辅料的不同，有竹叶熏腿、甜酱腿、川味火腿等。

3) 按加工原料不同，有用猪前腿加工成的风腿和用狗后腿加工成的戎腿等。

(2) 西式火腿的分类。西式火腿一般由猪肉加工而成，种类很多，除带骨火腿为半成品，食用前需熟制外，其他种类的火腿均可直接食用。主要包括带骨火腿、去骨火腿、发酵火腿和熏煮火腿等。

二、腌腊肉制品及火腿制品加工的基本技术

(一) 腌腊肉制品加工的基本技术

1. 工艺流程

原料肉的选择→解冻→整理→腌制或酱渍→晾晒(烘烤或烟熏)

2. 操作要点

(1) 原料肉的选择。主要选用猪肉，要求新鲜、肉色好、放血充分。应符合鲜(冻)畜禽肉卫生标准。

(2) 解冻。解冻工序的具体要求，可参照西式火腿加工的基本技术，在此不作赘述。

(3) 整理。去除碎肉、血污、淋巴、碎油等，用洁净的水漂洗干净，沥干水分，备用。

(4) 腌制或酱渍。一般采用干腌法或湿腌法进行腌制。腌制时主要加入食盐、硝酸盐或亚硝酸盐、糖、香辛料等材料，但酱(封)肉类产品在腌制时，还需加入甜面酱或酱油等材料。具体腌制时间视腌制方法、肉块大小、腌制温度不同而有所差异，一般咸肉类 25 天；腊肉类 2~10 天等。腌制时最适宜的环境温度为 3~8℃。

(5) 晾晒或烘烤或烟熏。除咸肉外，其他腌腊制品在制作时均需要进行晾晒或烘烤，部分产品还需要进行烟熏。如制作腊肉，烘烤开始时火温控制在 50~60℃，4~5 小时后，待肉表面水分挥发后，将烘房通风装置打开，以排出水蒸气，然后继续烘干，温度最高不超过 70℃，以免烤焦流油。烘烤 12 小时左右，可用花生壳(或柏树叶、锯木屑)烟熏上色，至表面微有油渗出，瘦肉呈酱红色，肥肉呈黄色、有透明感时，即为成品，全部烘烤时间为 40~48 小时。

(二) 中式火腿制品加工的基本技术

1. 工艺流程

原料选择→修整→腌制→洗腿→晒腿、整形→发酵

2. 操作要点

(1) 原料选择。火腿质量的好坏与生猪品种的优劣关系很大，一般均选用皮薄、

脚细、肉质细嫩、瘦肉较多，生长期在 6～8 个月的生猪为原料。金华火腿选用的是当地优良品种"两头乌"猪，宣威火腿选用的是"乌金猪"。即使加工技术较高的老师傅，由于选用的猪品种不同，制作出来的火腿质量也不尽相同。原料选择要符合以下要求。

1）选用的鲜腿，要求肉质新鲜，除毛干净，皮薄、脚细、腿心丰满，无伤残、无淤血。对于粗皮大脚(爪)，腿心偏薄、分量过轻的鲜腿，不能选做加工原料。

2）原料肉必须经兽医卫生检验、检疫合格。种公猪、种母猪、病猪、伤猪、死猪、黄膘猪的腿，以及皮肉分离或腿骨有裂缝的鲜腿均不能作为加工火腿的原料。

（2）修整。鲜腿的修整将影响火腿的外形和产品的质量。鲜腿割下来后，要刮净残毛，去尽血污，割除浮油和油膜，揿(挤)出血管中残留的淤血。然后修去腿周围和表面不整齐部分，将腿修成"琵琶"形或"竹叶"形等。

（3）腌制。腌制是火腿加工的重要环节。用盐量和用盐方法对火腿的色、香、味影响很大。总用盐量约占腿重的 9%～10%，鲜腿腌制时间一般在 30 天左右，腌制火腿的最适宜温度是 3～8℃。

（4）洗腿。鲜腿腌制结束后，腿面上油腻污物及盐渣需经过清洗，以保持腿的清洁。

（5）晒腿、整形。用草绳把腿拴住挂起，挂在晒架上。吊挂时火腿间要相互错开，留开一定的距离，以免遮挡光线，应使肉面向阳，晒干水渍。然后将火腿逐渐校成一定的形状，使其外形美观。整形之后继续晾晒。晾晒时间的长短根据季节、气温、风速、火腿大小、肥瘦、含盐量的不同而异。

（6）发酵。将火腿挂在杆上(目的是为了通风)进行发酵，上下、左右、前后均要有一定的间距，互不相碰，以利于火腿表面菌丝的繁殖，达到发酵的目的。发酵期间，火腿以逐渐生成绿色菌丝为佳。火腿经发酵、修整、再发酵后即为成品。

（三）西式火腿制品加工的基本技术

西式火腿中除带骨火腿为半成品，食用前需熟制外，其他种类的火腿均可直接食用。目前市场常见的西式火腿主要有肉块类火腿、肉粒类火腿及肉糜类火腿，其他诸如去骨火腿、带骨火腿、发酵火腿等在国内少有加工，在此不做介绍。

1. 工艺流程

（1）肉块类火腿

盐水配制
↓

原辅料选择→解冻→修割→注射→嫩化(或不嫩化)→滚揉→充填→整形(或不整形)→热加工→冷却→(包装→二次杀菌)

上述工艺流程主要适用于以大块肉为原料，需注射腌制的肉块类产品，如澳洲烤肉、庄园火腿等。

（2）肉粒类火腿

原辅料选择→解冻→修割→绞制或切丁→腌制(或不腌制)→滚揉→充填→热加工→冷却→(包

装→二次杀菌)

上述工艺流程主要适用于无法进行注射腌制的肉粒型产品,如山东得利斯圆火腿。

(3) 肉糜类火腿

原辅料选择→解冻→修割→绞制→腌制(或不腌制)→斩拌→充填→热加工→冷却→(包装→二次杀菌)

上述工艺流程主要适用于经乳化工艺制作的肉糜(肉泥)型产品,如三文治火腿。

除以上三大类产品制作工艺外,还有部分产品在制作时将上述工艺中的后两种结合使用,如啤酒火腿。

2. 工艺要点

(1) 原辅料选择。

1) 制作西式火腿所用的原料肉必须是经卫生检验、检疫合格的鲜(冻)畜禽肉。

2) 原料肉的保水性与 pH 有直接关系,一般选用 pH5.8 ~ 6.2 的原料肉作为加工西式火腿的原料,以提高产品的保水性,黏合性及嫩度等。

3) 必须剔除掉不利于加工和有碍产品质量的 PSE 肉、DFD 肉、过期肉和未成熟肉等。

4) 依据产品特点和成本要求,应对不同原料肉进行科学合理地选择。一般均应选择商品等级较高、筋腱少、黏结力强的肉。制作盐水火腿时最好选用结缔组织和脂肪组织少而结着力强的背腰肉和腿肉。而对于制作颗粒类火腿、肉糜类火腿选料则比较广泛,对原料肉部位无特殊要求,前后腿肉,以及加工高档火腿修割下来的边角碎肉,均可使用。

5) 添加剂必须符合食品添加剂使用卫生标准 GB2760—2011 的规定,其他辅料也必须符合相关食品卫生加工的标准要求。

(2) 解冻。主要采用空气解冻法或流水浸泡解冻法,中心温度达到 0 ~ 4℃即可。

(3) 修割。该工序主要是修去原料肉表层的筋腱、碎骨、淤血、淋巴结、污物、残毛及其他有碍产品质量的外来杂质,并修去过多的脂肪层。根据产品的特点及工艺要求将肉块修割成规定的大小及形状。

(4) 绞制。绞制工序的具体要求,详见"本章灌制品加工技术"部分的内容,在此不再赘述。

(5) 盐水配制。严格按照配料表配料,做到准确,无漏加、重加;了解各添加剂的基本性能,有互相作用的不要放在一起,以便于按顺序添加;添加量较小的、对产品影响比较大的(如亚硝酸钠、色素)要单独盛放,而且它们的添加方法一般都是先溶解再添加。

(6) 盐水注射。盐水注射是使用专用的盐水注射机,把已配制好的注射液,通过针头注射到肉中的操作方法。

(7) 腌制。一般制作颗粒类火腿和肉糜类火腿等肉块较小的产品时,采用干腌法,而制作大肉块的盐水火腿类产品时主要采用注射腌制法。

干腌法一般加入配方中原料肉重量2%以上的食盐、0.01% ~ 0.015% 的亚硝酸钠。

有时为了防止腌制时原料肉氧化褪色，还须加入 0.02% ~ 0.05% 的异抗坏血酸钠。操作时将配制好的腌制料和原料肉在搅拌机中搅拌均匀后，在 0 ~ 4℃ 的环境中腌制 24 ~ 48 小时，要求腌制成熟的猪肉、牛肉等深色肉呈玫瑰红色、肉质坚实，而腌制成熟的鸡肉等浅色肉要求色泽发亮、肉质坚实。

（8）嫩化。嫩化的目的主要是增大肉块外层表面积，便于提取盐溶性蛋白质，以增加肉块的黏合性和保水性；切断结缔组织，降低蒸煮损失，避免切面出现孔洞。嫩化操作一般用嫩化机来完成，市场上常见的嫩化机有辊子嫩化机、带针头嫩化机、压榨嫩化机。

（9）滚揉。滚揉是西式火腿生产中最关键的一道工序。滚揉时间越长，盐溶性蛋白的溶解和提取越充分，滚揉的效果越好。但时间必须加以限制，因为滚揉时间越长，溶解和提取出的蛋白质会由于机械作用而产生过多气泡，且肌纤维破坏过多，保水网络被破坏，对产品的保水性和切片性都会带来不利影响。滚揉时间并非所有产品都是一样的，要根据肉块（粒）的大小、滚揉前肉的处理情况及滚揉机的情况具体分析后再制定。

（10）斩拌。斩拌工序的操作要点，在此不再赘述。

（11）充填（压模成型或整形）。火腿一般需通过真空定量灌肠机或火腿充填机将肉料灌入人造肠衣中。真空灌装的目的在于避免肉料内有气泡，避免蒸煮时损失或产品切片时出现气孔。选用的人造肠衣主要有尼龙肠衣、玻璃纸、纤维素肠衣、纤维状肠衣等。若选用尼龙肠衣进行灌装，灌装后还可以将半成品压入模具内，制作成各种形状的火腿；采用玻璃纸或纤维素肠衣可以制作成各种规格的圆火腿。而对于用大块肉制作的火腿可充填入尼龙肠衣、纤维状肠衣等，当然也可以借助于火腿网对其进行整形。

（12）热加工。由于西式火腿种类较多，包装形式也不尽相同，需采用不同的热加工方式。

1）盐水火腿及用玻璃纸、纤维素肠衣等灌装的半成品一般采用干燥、蒸煮、烟熏等工序进行热加工，其大多都是借助于全自动熏蒸炉完成，其加工参数需根据产品的种类、所用的原料、包装规格等选用合适的参数，但其大致的参数为：干燥，炉温 65 ~ 70℃，时间 30 ~ 60 分钟；蒸煮，炉温 75 ~ 80℃，时间 40 ~ 90 分钟；烟熏，炉温 65 ~ 90℃，时间 30 ~ 60 分钟。

2）用塑料肠衣灌装的颗粒类和肉糜类火腿的热加工方式主要有水煮和蒸汽加热两种方式，主要借助于蒸煮槽、全自动烟熏炉或杀菌釜完成。

西式火腿的热加工一般有烘烤（也称干燥）、烟熏、蒸煮这三道工序，根据产品的特色和要求，可自由选择烘烤或不烘烤、烟熏或不烟熏，但蒸煮工序却是不可省略的，它是决定制品成熟与否的关键。蒸煮温度一般选择 75 ~ 80℃，当产品的中心温度达到 68℃ 时，维持 20 分钟就完成了煮制成形过程。标志蒸煮结束的温度极大地取决于产品类型、出品率及感官特性，一般情况如下：①零蒸煮损失产品的产品终点中心温度为 62 ~ 69℃。②有蒸煮损失产品的产品终点中心温度为 60 ~ 70℃。③高质量产品所要求的蒸煮损失非常精确，产品终点中心温度通常达到 72 ~ 73℃。

（13）冷却。西式火腿经加热加工后，应马上进行冷却。冷却的目的是为了提高杀菌或抑菌效果，从而提高产品的贮藏性。冷却的方法有冷水喷淋冷却、冷水浸泡冷却、自然冷却和冷却间冷却。采用哪种冷却方法，应根据产品的特点和各生产厂自身条件。产品冷却时应遵循以下原则：

1）冷却要快，特别是要快速降至安全温度线20℃以下。

2）冷却要彻底，中心温度要降至10℃以下时方可结束冷却。

3）要尽可能减少冷却过程的污染（采用合适的冷却方法，减少冷却介质）。特别是水冷时要注意水的洁净度及控制水温在10℃以下。

4）冷却间冷却时，冷却间温度应控制在10℃以下，相对湿度在90%~95%。

（14）包装。许多西式火腿由于加工工艺特点和产品流通要求，需要进行二次包装。包装的方法有很多，从包装形式上分有定量包装和不定量包装；从包装机械来分，有真空包装、充气包装和除氧包装3种。真空包装在肉制品生产中使用最为普遍，主要采用真空包装机进行包装。真空包装机有间歇式包装机和连续式包装机两种。间歇式包装机又有单室、双室之分，多用于袋装肉制品的包装，适用于包装灌肠制品、切片制品及形状不规则的肉制品。真空连续式包装机也称拉伸膜包装机，适合包装定量、形状规则的肉制品。

（15）二次杀菌。二次杀菌旨在杀灭包装前污染在肉制品表面的微生物。产品内部的大部分微生物（包括致病菌）在蒸煮过程中已经被杀死。由于95℃以上的加热易破坏低温肉制品的组织结构，二次污染的微生物存在于肉制品的表面，不需要考虑内部杀菌，时间不宜过长，所以通常采用85~95℃，杀菌10~25分钟即可达到杀灭表面二次污染微生物的目的，鉴于保质期的因素，结合产品的特点，温度和时间可适当调整。目前部分肉制品加工企业进行二次杀菌时常借助于可控温、定时的巴氏杀菌机进行。

第四节　熏烤肉制品加工技术

一、概述

（一）熏烤肉制品的概念

熏烤肉制品一般指以畜禽肉或其可食副产品为原料，添加相关辅料，经腌制、煮制等工序进行前处理，再以烟气、热空气、火苗或热固体等介质进行熏、烧烤等工艺制成的肉制品。

（二）熏烤肉制品的分类

熏烤肉制品按加工方法分为熏肉制品和烤肉制品两类。

熏肉制品一般是指利用燃料（如木屑、茶叶、甘蔗皮、糖）没有完全燃烧而产生的烟雾和肉品接触，从而改善制品风味和色泽的一类肉制品。原料肉经整理、熟制、烟熏等加工或原料肉经整理、烟熏、熟制等加工而成的肉制品称为熟熏肉制品，如熏鸡、熏火腿、熏肚、熏肠；原料肉经整理、腌制等加工后直接烟熏而成的肉制品称为生熏肉制品，如培根、生熏腿、熏腊肉。

烧烤肉制品一般是指原料预处理后，用明火烤、焖炉烤、远红外电烤、蒸汽烤等方法之一使原料肉熟化的一类肉制品。如烤乳猪、烤肉、烤鸭、叉烧肉。

（三）熏烤肉制品的特点

熏烤肉制品一般都具有明显的熏烤色泽和熏烤风味，口感也比较特殊。熏肉制品侧重于色和味。烧烤肉制品不但侧重于色、味、形，口感也不同。原料肉经高温烤制，产品表面产生一种焦化物，外观焦黄，皮脆肉香，外焦里嫩。

二、熏烤肉制品加工的基本技术

（一）熏肉制品加工的基本技术

熏制作为肉制品加工的一种手段，在肉制品加工过程中经常与其他加工方法结合使用。在熏肉制品中除少数特殊产品外，熏制一般都在烟熏炉中进行。

1. 工艺流程

在烟熏炉中制作熏肉制品时，通常采用下列工艺流程的部分或全部。

调制→预干燥→熏制→上色

2. 工艺要点

（1）调制。调制的目的是在全部的肉制品干燥、熏制前，形成均匀的表面。利用净化水喷淋 2~5 分钟，干球温度 43℃／湿球温度 38℃（相对湿度为 68%~70%），总时间为 10~15 分钟。

（2）预干燥。预干燥一方面是为了保证烟熏前产品表面干燥程度的一致性，防止表面水分含量过高影响烟熏效果，从而使产品在烟熏时，表面达到均一的烟熏色泽；另一方面也可以促进产品的发色。

（3）熏制。熏制方式或方法如前所述。在熏材选择上，最好选择树脂含量少，烟味好而且防腐物质含量多的烟熏材料。树脂含量多的材料产生黑烟，使制品发黑，而且由于含有很多萜烯类成分，烟味也不好，故一般多选用树脂含量较少的硬木或其锯末、木屑作为烟熏材料。

（4）上色。上色的目的是在进行湿度较高的热制过程之前，使制品表面具有一致的烟熏色泽。温度高且干燥的环境有利于促进烟熏色泽的稳定。一般干球温度设定为 60~82℃，湿球温度设定为 0~50℃。

（二）烧烤肉制品加工的基本技术

烧烤制品和熏肉制品一样，烧烤主要是作为肉制品加工的一种手段，经常与其他加工方法结合在肉制品加工过程中使用。烧烤肉制品一般在专用烤炉中进行，烤制的关键技术是控制好温度和时间。不同产品所要求的烤制温度和时间略有差别，可按肉块大小决定温度高低和时间长短。其具体工艺参数如下。

（1）小块肉（10cm×3cm×4cm 以下）。温度 140~160℃，时间 1.5~2 小时，中间

每隔 30 分钟调位一次。

（2）大块肉(10cm×4cm×5cm 以上)。温度 170~200℃，时间 2~3 小时，中间每隔 20 分钟调位一次。

（3）带骨肉。温度 130~140℃，时间 1~1.2 小时，然后将炉温降至 90℃左右，再烤 1.5 小时。

烤炉的炉内温度一般在 200℃以下。烤制的时间要根据烧烤制品的品种而定。

第五节　灌制品加工技术

一、概述

灌制品是指以肉为原料，经绞碎或切丁、腌制(或不腌制)、加入辅料斩拌或搅拌(或滚揉)、充填入肠衣，再经晾晒或烘烤等工艺，或经干燥、烟熏(或不烟熏)、蒸煮，或直接蒸煮等工艺制成的肉制品。灌制品在我国主要是指各类灌肠制品，当然还包括少数用动物食管或泌尿系统的脏器(膀胱)等灌制的各种肉制品。习惯上把我国用传统方法加工制成的肠类制品叫"香肠"，其中也包括用膀胱包装的肉制品(称香肚或小肚)；把用西方传入的方法加工制成的肠类制品叫西式灌肠。西式灌肠制品起源于罗马时代，传入中国已有近百年历史，该类产品也是目前世界上产量最高、品种最多的肉制品。

二、灌制品加工的基本技术

目前我国市场上灌制品占主导地位的是各种熏煮香肠和火腿肠，而中式香肠(中国腊肠、风干肠)、发酵香肠和生鲜香肠等所占的市场份额较少。尽管目前市场上灌制品种类繁多，配方千差万别，风味各异，但就其制作的基本工艺来讲不外乎三大类。

(一) 工艺流程

1. 熏煮类灌制品加工工艺流程

原料肉的选择→解冻→预处理→绞制或切丁→腌制(或不腌制)→斩拌或搅拌(或滚揉)→灌制→烘烤→蒸煮→烟熏→冷却→包装→二次杀菌

上述工艺流程主要适用于可烟熏肠衣灌制的熏煮香肠，如哈尔滨红肠、玉米热狗肠等。

2. 蒸煮类灌制品加工工艺流程

原料肉的选择→解冻→预处理→绞制→腌制(或不腌制)→斩拌或搅拌(或滚揉)→灌制→烘烤(或不烘烤)→蒸煮→冷却

上述工艺流程主要适用于塑料尼龙肠衣灌制的低温灌肠(如双汇的 Q 趣肠)和塑料 PVDC(聚偏二氯乙烯)肠衣灌制的高温灌肠(即火腿肠)及其他蒸煮灌肠(如台湾风味烤香肠)。

3. 其他灌制品加工工艺流程

原料肉的选择→解冻→预处理→绞制或切丁→腌制(或不腌制)→搅拌→灌制→晾晒或烘烤

上述工艺流程主要适用于中式香肠和生鲜香肠。

发酵香肠与中式香肠、生鲜香肠的工艺加工过程极为相似，只是在上述工艺的基础上增加了发酵、烟熏（或不烟熏）工序。

（二）工艺要点

1. 原料肉的选择

各种灌制品质量的好坏，均与选料有密切关系。制作灌制品的原料肉来源比较广泛，只要合乎兽医卫生检验要求的大多数可食性动物肉均可用于加工。

2. 解冻

主要采用空气解冻法和流水浸泡解冻法，中心温度达到 0~4℃ 即可。

3. 预处理

（1）选修。符合加工和卫生要求的原料肉在使用之前需修去上面的筋腱、淤血、碎骨、动物毛发、淋巴结和局部病变组织及有碍生产的其他杂质、污物等。除此之外，还要剔除瘦肉中明显可见的夹层脂肪。若使用牛肉，务必将脂肪完全去除。

牛肉的筋腱较多，而且很难煮制，所以选修筋腱时要特别仔细，不可遗漏。修割工作可繁可简，并无绝对标准，完全根据灌制品的质量要求而定。

（2）漂洗。将修割后的原料肉放入洁净的水中，洗掉黏附在上面的污物及动物毛发等，然后沥干水分，备用。

（3）分切。修割、漂洗后的原料肉，在绞制之前还需进行分切。分切时不论是猪肉和牛肉，均要按肉块自然组织形态，顺着肌肉纹路，切成若干块，再将每块切成若干拳头大的小块。

4. 绞制或切丁

（1）绞制前的准备。

1）绞肉机检查：在进行绞肉操作之前，应检查金属筛板和刀刃是否吻合，刀具安装是否正确、牢固，刀刃是否锋利。

2）原料准备：在用绞肉机绞制之前，应将瘦肉和脂肪分别冷却至 3~5℃；还需检查肉中是否有碎骨、筋腱等，以免在绞制过程中肌肉膜和结缔组织缠绕在刀刃上损伤机器。

（2）操作要领及注意事项。通常将瘦肉和脂肪分开绞制。

1）瘦肉绞制。要根据原料的种类、产品的规格等选择合适的筛板孔径。若没有三段式绞肉机，在绞制硬度较大的肉块时，需选择大孔径筛板的绞肉机先绞一次，然后再用小孔径筛板的绞肉机绞两次。若出现筛板上有肉堵塞，需停止绞制，卸下筛板进行清除后方可再次使用。不得用力从投料口将肉用力下按，防止肉温升高。绞制后的肉温应控制在 10℃ 以下。

2）脂肪绞制或切丁。对绞肉机来说，绞制脂肪比绞瘦肉的负荷更大。因此，在绞制脂肪时，每次投入的量要少一些。部分产品（如哈尔滨红肠）使用的脂肪不允许进行绞制，需先在冷库中存放 1~2 小时，待其变硬，视产品规格不同，手工或用切丁机切成 0.5~1cm³ 的脂肪丁，再用 60~80℃ 的热水浸烫约 10 秒并用凉水淘洗以除去浮油及杂质。

3）绞制顺序。一般先绞制脂肪再绞制瘦肉，以便于生产结束后设备清洗。

4）绞肉时环境温度应控制在 15~20℃。

5. 腌制

腌制往往和绞制工序结合进行，既可以腌制后绞制，也可以绞制后再腌制。目前大多数肉制品加工企业采用的是绞制后再进行腌制。腌制要在专门的腌制间内进行，腌制间必须保持清洁卫生，温度应控制在 0~4℃。

腌制瘦肉时，首先把切割或绞制好的瘦肉按一定配比与硝盐(食盐、硝酸盐或亚硝酸盐的混合物)拌匀，硝盐的用量要根据季节适当调整。为使原料腌制均匀，最好使用机械拌和，然后将原料放入洁净的容器内，送入腌制间内，一般腌制 24~48 小时。腌制好的深色肉(如猪肉、牛肉)呈鲜艳的玫瑰红色，紧实而富有弹性。

肥膘的腌制方法与瘦肉腌制相似。经腌制好的肥膘切面呈青白色，切成薄片略透明，这主要是脂肪被盐作用后老化的结果。脂肪中含有盐分，在与瘦肉或其他成分相遇时容易相互结合。

6. 斩拌

根据斩拌时应遵循的原则，斩拌一般按下面顺序进行操作。

加入瘦肉，低速斩拌约 0.5 分钟→加入 1/3 冰水→加入盐、磷酸盐、亚硝酸盐、异 Vc 钠等辅料，高速斩拌 1~1.5 分钟，将瘦肉斩成肉糜→转成低速斩拌，加入 1/3 冰水、大豆蛋白、脂肪，低速斩拌 0.5 分钟后高速斩拌 1.5~2.0 分钟→转成低速斩拌，加入 1/3 冰水、香料、淀粉等，低速斩拌，混合均匀后即可出料。

7. 搅拌

制馅是灌制品加工的主要工序之一。除肉糜型产品外，还有部分颗粒(肉粒或肉块)型的灌制品需要采用搅拌工艺。搅拌可使原料肉、辅料、水充分混合，提高结着力，增加弹性。搅拌制馅一般是在搅拌机中进行的。搅拌操作前，要认真清洗叶片和搅拌槽。投料的顺序依次为瘦肉→少量水、食盐、磷酸盐、亚硝酸盐等辅料→冰水→脂肪→冰水→香辛料、淀粉。搅拌时间一般为 20~30 分钟，搅拌结束时肉馅的温度最好控制在 10~12℃(以 7℃ 为最佳)。通过目测、手摸，判断馅料的稠度、黏性等，达到要求后即可出料。

8. 滚揉

灌制品的拌馅工艺除斩拌(或乳化)、搅拌外，部分产品在制馅时需采用滚揉工艺，其具体操作要点，可参阅"第六章腌腊肉制品及火腿制品加工技术"的相关内容。

9. 灌制

该工序主要是将料馅用灌肠机装入肠衣内，应根据肠衣的规格选用不同口径的填充管。使用不同的灌肠机，其操作也不同。

（1）天然肠衣的灌制。首先将肠衣去掉盐渍、污渍、异味等，如使用猪小肚（膀胱），还应去除尿管、黏膜及腥臊味等，用清水反复浸泡、漂洗干净。这类肠衣一般采用液压灌肠机和真空定量灌肠机进行灌装。

1）采用液压灌肠机灌制。具体操作是先将灌装管阀门打开，待肉馅出来后，将肠衣套上，末端扎好，就可灌肠。灌制时在出馅处用手握住肠衣，并将肉馅均匀饱满地充填到肠衣中，按要求的长度掐节绕扣，长度尽量一致，至末端系扣扎好。而小肚灌制后，应用竹签缝口。

2）采用真空定量灌肠机灌制。操作时将肠衣套在灌装管上，开机后即可自动充填、自动扭结。对于大口径的肠衣采用掐节结扎，而对于小口径的肠衣常采用自动扭结。

（2）人造肠衣的灌制。主要采用真空定量灌肠机或 KAP 结扎机进行灌制。胶原肠衣、纤维素肠衣等主要采用真空定量灌制，自动扭结；尼龙肠衣主要采用真空定量灌制，自动打卡；PVDC 肠衣主要用 KAP 结扎机自动定量灌制和结扎封口。

10. 发酵

发酵工序仅针对发酵香肠，一般是在灌制后进行，关键是控制好温度和湿度。

发酵温度依产品类型而有所不同。一般半干发酵香肠的发酵温度为 30～37℃，时间为 14～72 小时；干发酵香肠的发酵温度为 15～27℃，时间为 24～72 小时；涂抹型香肠的发酵温度为 22～30℃，时间最长为 48 小时。高温短时间发酵时，相对湿度控制在 98%；较低温度发酵时，相对湿度应低于香肠内部湿度 5%～10%。

11. 晾晒或烘烤

（1）晾晒。晾晒是传统中式香肠的关键工序，目前在国内一些地区仍有使用，可分为晒干和风干两种。为确保产品质量，在北方地区制作香肠最适宜的晾晒季节一般选在深秋、冬季和初春。依据不同的产品特点，需采用适宜的晾晒工艺。具体来讲，主要针对以下两类产品。

1）香肠类：在 10～15℃的室内或阳光下晾晒 7～10 天，一般掌握晒干重量占原料肉重量的 72% 左右即可。

2）香肚类：在通风透光的环境下，经 10～12 天日晒即可。

（2）烘烤。该工序主要适用于用透气性肠衣灌制的各种中西式灌制品。传统的方法是用未完全燃烧的木材的烟火来烘烤。目前大多数肉制品加工企业用烟熏炉烘烤，这是由空气加热器循环的热空气进行烘烤的。一般烘烤的温度为 65～70℃，烘烤时间依灌肠的直径、产品数量控制，应灵活掌握烘烤质量和时间的关系。切不可烘烤过头，造成出油，产品出品率下降。若烘烤时间过短，则起不到烘烤的效果，一般时间控制在 10～60 分钟。

烘烤成熟的标志应该是肠衣表面干燥、光滑，无黏湿感，肠体之间摩擦发出丝绸摩擦的声音；肠衣呈半透明状，且紧贴肉馅，肉色红润；肠表不出现"走油"现象。

12. 蒸煮

灌制品蒸煮的方法和时间因品种及所用的肠衣而异。一般可分为以下几类。

1）PVDC 塑料肠衣：这类肠衣具有收缩性，一般选用自动充填结扎机灌装结扎，再用高温高压杀菌锅于 121℃ 高温蒸煮，时间以产品规格及特点而有所差异。

2）尼龙肠衣：这类肠衣可水煮，也可用熏蒸炉进行蒸煮，温度控制在 78 ~ 90℃，时间为 80 ~ 100 分钟。若肠体较粗，蒸煮时间可适当延长。

3）天然肠衣、胶原蛋白肠衣等：这类肠衣一般都预先经过烘干，然后进行蒸煮。一般在烟熏炉内进行，温度应控制在 78 ~ 85℃，时间控制依产品规格而定，羊肠衣、猪肠衣为 30 ~ 45 分钟，牛肠衣为 50 ~ 70 分钟。

13. 烟熏

现在许多工厂采用新的烟熏方法，借助于多功能烟熏炉进行烟熏，烟熏的温度和时间依产品的种类、产品的直径和消费者的嗜好而定。一般的烟熏温度为 65 ~ 75℃，时间 20 ~ 50 分钟。

14. 冷却、包装、二次杀菌

冷却、包装及二次杀菌等工序的操作要点，详见前面内容，在此不再赘述。

第六节　酱卤肉制品加工技术

一、酱卤肉制品的概念

酱卤肉制品是将原料肉加入食盐或酱油等调味料及香辛料，以水为加热介质煮制而成的熟肉制品，是我国传统肉制品。酱是用酱或酱油来腌制，卤是以浓汁来煮制。这两种加工方法结合使用，故名酱卤制品。在煮制方法上，卤制品通常将各种辅料煮成清汤后将肉块下锅以旺火煮制；酱制品则和各辅料一起下锅，大火烧开，文火收汤，最终使汤形成浓汁。在调料使用上，卤制品主要使用盐水，所用香辛料和调味料数量不多，故产品色泽较淡，突出原料的原有色、香、味；而酱制品所用香辛料和调味料的数量较多，故酱香味浓。酱卤制品几乎在全国各地均有生产，但由于各地的消费习惯和加工过程中所用的配料、操作技术不同，形成了许多地方特色风味，有的已成为地方名特产，如苏州的酱汁肉、北京月盛斋的酱牛肉、山东的德州扒鸡等。

二、酱卤肉制品加工的基本技术

（一）工艺流程

原料选择→预处理→腌制→焯水→酱汤、卤汤调制→煮制

（二）工艺要点

1. 原料选择

酱卤制品所用的原料很多，如猪、牛、羊、鸡、鸭的胴体以及头蹄下水。所谓原料

选择一是选择新鲜的符合卫生检验要求的肉做加工原料；二是根据制品的要求，选择相应的畜禽品种、年龄、体重以及部位的畜禽肉作为加工的原料。选料大有讲究，没有好的原料就加工不出来好的制品。例如，酱猪肉要求选择体重 70kg 左右，皮薄肉嫩的瘦肉型的猪，并以猪的五花、肘子部位为佳。如果用膘大皮厚的猪肉做原料，制出来的成品口感就不好；酱牛肉以无筋不肥的瘦肉为好，一般都选用腿部精肉，其他部位的风味不佳；酱鸡、烧鸡也应选择当年的体重为 1kg 左右的小柴鸡为宜。

2. 预处理

对酱卤制品原料肉的整理是加工酱卤制品的重要环节。原料肉的预处理包括洗涤、切块等工序。

（1）洗涤。无论何种原料肉，都要用清水浸泡，清除血水，彻底洗去污物，用毛钳拔净原料肉上的残毛，肉内不留毛茬，才能使成品不留异味。特别是污秽的头蹄、下水等，洗涤是酱卤制品的制作关键。

1）猪头肉与下水的洗涤方法。①洗猪头。洗前猪头应在清水中浸泡半天到一天，可以用酒精喷灯燎去猪头上的残毛，亦可以用松香拔毛。刮净猪耳、嘴、鼻孔中的污物、黏液，用板刷刷洗，使猪头外表皮肤洁白。若用松香拔毛，要再认真检查一次猪头上的天然孔道，彻底清除残留的松香。②洗猪舌。猪舌用清水洗净后，用开水浸泡 5 分钟，用刀刮掉舌上的白苔，再用清水洗干净。③洗猪心。用刀在猪心的纵向划开刀口，挤出心脏内的余血，用清水洗干净。④洗猪肺。将猪肺的气管套在水龙头上，打开阀门灌水。同时用手轻轻拍打肺叶，使肺内每根血管都能进水。然后倒出再灌，反复多次，到肺净白透亮为止。⑤洗猪肝。先摘除附在肝上的胆囊以防止破裂，溢出胆汁，污染变苦，尔后再用清水洗涤。⑥洗猪蹄。除了拔净猪毛洗净外，还要打掉趾壳，刮净蹄趾间黑皮。⑦洗肠、肚。要先清除附着在上面的脂肪，用水冲洗净粪便和污物，然后用盐和醋反复揉搓，最后再用清水洗涤干净。

2）牛、羊头与下水的洗涤。在下水的整理中要掌握煺毛技术。煺毛有两种方法：一是热水浸烫法，把带毛的原料浸泡在 65℃ 以上的热水中 2 ~ 5 分钟，然后取出用手把毛抓下，或用脱毛机脱毛，再用酒精喷灯将残留的余毛燎去，用清水冲洗干净。二是烧碱煺毛法，把要煺毛的原料肉置于浓度 3% 的、65℃ 的热烧碱溶液中，随时进行检查，当毛能够褪掉时，立即取出煺毛。若不及时取出，会将已煺毛的原料肉烧烂，且碱味极强，无法食用。取出后，放入 0.1% 的盐酸水溶液中浸泡 20 ~ 30 分钟，酸碱中和，去掉碱味。取出后用清水反复冲洗干净。①牛头肉的整理。剥皮后的牛头，因牛耳朵和牛鼻子上都带有毛，应先用烧碱煺毛法褪净，尔后摘除耳下腮腺和颌下腺体，然后用水冲洗干净。②羊头、羊蹄的整理。用烧碱法将羊头、羊蹄上的毛去净，用脱蹄壳机或尖刀剥离蹄壳。绵羊蹄的蹄甲两趾间有一小撮毛，用刀修割掉。羊头煺毛后，先将舌掏出，再用刀将两腮和喉头挑开，将喉头用刀挑开，最后用清水将羊头口腔洗涤干净。③牛、羊肚（瘤胃）、麻肚（蜂窝胃）、百叶（重瓣胃）和真胃的整理。整理时先将这四个胃外的脂肪撕去，因肚和麻肚内壁上生长有一层灰褐色黏膜，整理时要去掉。方法是把牛、羊肚分别在 60℃ 以上的热水中浸烫，待能用手撕下肚毛时，取出铺在案子上，用钝刀将肚毛刮净，再用清水洗涤干净。也可用烧碱或石灰烫毛，然后放在洗百叶机内洗打，待毛打净后，取出修割冲洗干净。牛、羊百叶层多，容易带粪，先用洗百叶机洗干净，也可用手翻洗。洗后用手把百叶表层的膜撕下，撕时横向找出裂口，横着撕，撕净后洗涤，用刀把四边修割干净。④牛、羊真胃的整理。真胃用刀冲开后，先用刀刮去胃壁上的黏膜，再用水冲洗干净，然后修净胃表面的污物和脂肪。⑤牛肺的整理可参照猪肺的整理。用水洗净后，用刀修去肺与心脏相连处污染的污物。

（2）切块。鸡、鸭的酱卤制品一般是整只，而要做酱制或卤制的肉应根据制品的要求，切成一定形状和一定重量的块，大多要求切成 0.5～1.0kg 的方块或长块，以便煮制时调味料能渗进去。猪头要劈成两半，即先从猪头脑门上划一道口，再用斧头从下额骨缝中一劈两半。牛头用锯或斧把头盖骨破开，取出整个牛脑，不要弄破。牛舌用刀从舌根处割成两半，前部不分开，其他部位去血污洗净即可。

3. 腌制

为了使制品色泽美观，许多制品都要根据配料用盐、硝腌制。腌制时应注意两点，一是要核实用的是什么硝，用量是多少，复称准确后再投料。二是要注意腌制的环境温度，温度高是会变质的。有条件时，可以用盐水注射机注射腌制，尔后用滚揉机滚揉，这样能缩短腌制时间，保证腌制质量。注射腌制可在切块前进行。

4. 焯水

焯水是辅助性煮制工序，其作用是消除膻腥气味。对于污秽重的头、蹄、下水是不可缺少的一道工序，通过焯水能进一步清除血污和脏气。

焯水的方法是将处理好的原料肉分批投入沸水锅中进行加热、翻拌、捞出浮油、血沫和杂质。焯水时间因肉块大小而异，一般 30 分钟左右。

5. 酱汤、卤汤调制

酱卤肉制品加工中所用的酱汤和卤汤的调制是影响产品质量的关键环节，要求应用科学配方，选用优质配料，形成产品独特风味和色泽。生产酱、卤产品时，老汤十分重要，老汤时间越长，酱、卤产品的风味越好。第一次酱、卤产品时，如果没有老汤，则自己可以制备。例如，欲制备做烧鸡的老汤，可选 4 只老鸡按照烧鸡的加工工艺操作。在煮制时，按 100 只鸡的量加香辛料，把鸡煮到骨肉分离为止，捞出骨头，过滤其汤可作老汤使用。即使是同一产品，汤料配方差异也很大，其特色的配方主要表现在香料的运用上。

老汤反复使用后会有大量沉淀物而影响产品的一致性，必须经常过滤以保持老汤清洁。在工业化生产中，可以借助过滤或净化机械完成净化过程。此外，每次使用时应撇净浮沫，使用完毕应清洁并烧开。通常老汤每天都要使用，长时间不用的老汤应冷冻贮藏或定期煮开（夏天使用时每天至少烧开一次），以防止腐败变质。

6. 煮制

在煮制过程中，肉中的浸出物损失量与汤的多少成正比。汤越多，浸出物损失的越多。煮制时加入汤的量，分宽汤和紧汤两种煮制方法。宽汤煮制是将汤加至和肉的平面相平或刚好淹没肉体，宽汤煮制方法适用于块大肉厚的产品，如烧鸡、卤肉等；紧汤煮制加入的汤量为肉平面的 1/3～1/2，紧汤煮制方法适用于色深味浓的产品，如酥骨肉、酱汁肉等。煮制时的加工要点如下。

（1）老汤煮沸时，才能放焯过的原料肉，为了防止粘底焦锅，锅底上要放竹箅子；为了防止肉块漂浮，可在锅内肉面上放竹箅，并压上重物。

（2）小火煮制时，要保持汤面微开，既不能冒大泡，又不能无泡，行话称作"沸而不腾"。汤内温度，大体上控制在 90～95℃。

（3）经常撇除汤面的血沫和浮油，保持汤汁洁净。在煮制过程中，需翻锅的制品要适时翻动，使之上色均匀。

（4）注意掌握生熟程度，恰到好处时出锅。出锅早，肉质发硬，咬嚼不动；捞得过晚，肉质太软烂，难以保持成品形状，不但影响质量，而且减轻重量，成品率低。酱卤制品的成品率一般在 70%～80%。具体的煮制时间随原料的重量而异，如酱猪肉（包括头、蹄、肚、肠、心等）约 2 小时，酱牛肉要 4 小时，道口烧鸡 2～3 小时。除计时间外，还可以用筷子戳试肉块，一般以能够戳动为肉煮熟的标志。

复习思考题

1. 简述腌腊制品的概念、种类和特点。
2. 中式火腿和西式火腿有何异同点？
3. 试述广式腊肉的加工技术。
4. 简述熏肉制品加工的基本技术。
5. 简述烧烤肉制品加工的基本技术。
6. 简述中式香肠和西式灌肠的特点和区别。
7. 以广式香肠为例，简述中式香肠的加工工艺。
8. 试述熏煮香肠生产过程中常见的质量问题及其控制措施。
9. 试述火腿肠生产过程中常见的质量问题及其控制措施。
10. 酱卤肉制品加工的关键技术有哪些？
11. 试述酱制品与卤制品的异同点。
12. 目前市场上销售的五香牛肉有哪些种类？它们的加工技术有何差异？

第三章　粮油制品加工技术

学海导航

（1）了解粮油加工的概况、粮油加工的特点及粮油加工的发展概况；

（2）掌握面包加工方法、工艺流程及操作要点；

（3）掌握饼干加工方法、工艺流程及操作要点；

（4）掌握蛋糕加工方法、工艺流程及操作要点；

（5）掌握方便面加工方法、工艺流程及操作要求。

第一节　概　　述

粮油制品主要以粮食、油脂、大豆等为主要原料，生产出焙烤食品类、膨化食品类、食用油类、豆制品类等食品，粮油制品是人们的主食，在食品工业生产中占据重要地位。

一、粮油制品的分类

1. 焙烤类

（1）面包类。采用面粉、酵母、食盐、水等为主要原料，辅以乳粉、鸡蛋等辅料，经搅拌、发酵、成型、烘烤而成。主要包括硬式面包、软式面包、主食面包、调理面包等。

（2）糕点类。以面粉、油、糖等主要原料为基础，添加适量辅料，经过成型、烘烤等工序制成。主要包括奶油千层酥、奶油螺丝卷、牛角可松、丹麦式松饼、派类等。

（3）饼干类。以面粉为主要原料，配以糖、油、蛋等辅料，经搅拌、压片、成型、烘烤而成。主要包括韧性饼干、酥性饼干、苏打饼干、威化饼干等。

2. 膨化食品类

膨化食品是以玉米、面粉等为主要原料，通过膨化而成的一类产品。

3. 豆制品类

以大豆为主要原料，生产成豆腐、腐竹、豆乳等，大豆经过处理还可以生产出大豆粉、大豆分离蛋白等富含蛋白质的产品。

二、粮油制品加工现状与趋势

（一）粮油制品加工现状

粮油制品加工一般分为四个阶段。

第一阶段：原料的初步加工，如制粉、榨油。

第二阶段：对前项加工的再加工，如加工焙烤食品、膨化食品、大豆蛋白。

第三阶段：更进一步的加工，所加工食品只要在食用前略加调理，即可食用，如各种方便食品。

第四阶段：加工可直接供食用的食品，如应用专业自动化机器设备，在人口集中的大都市，大量生产现成食品。

（二）粮油制品加工的发展趋势

（1）高新技术在粮油工业中的应用将进一步加快，可提高生产效率，降低生产成本。

（2）研究保存色、香、味及营养素和改良、提高品质的新工艺、新技术，在分子水平上研究食品的稳定性，加工可能性，以提高营养和感官质量。

（3）研究提高米、面、油的营养效价的食用技术，开发功能食品、运动食品、婴儿食品、老年食品等。

（4）面向国际市场，在生产、管理、产品标准和产品质量上尽快与国际接轨，关注食品安全，增强产品在国际市场上的竞争力。

第二节　粮油制品加工原辅料

一、小麦面粉

粮油制品中常用的小麦面粉分类如下。

1. 高筋面粉

高筋面粉的蛋白质含量为 12%～15%，湿面筋含量在 35% 以上，选用硬质小麦加工。它是加工精度较高的面粉，色白，含麸量少，面筋含量高。本身较有活性且光滑，手抓不易成团状，高筋面粉适用于制作各种面包。

2. 中筋面粉

介于高筋面粉和低筋面粉之间的一类面粉称为中筋面粉，颜色乳白。中筋面粉的含麸量少于低筋面粉，色稍黄。蛋白质含量为 9%～11%，湿面筋值为 25%～35%。中筋面粉适用于制作各种糕点。

3. 低筋面粉

低筋面粉也称蛋糕粉，含麸量多于中筋面粉，色稍黄。蛋白质含量为 7%～9%，湿面筋值在 25% 以下。低筋面粉选用软质小麦加工，用手抓易成团，蛋白质含量低，比较适合用来做蛋糕、松糕、饼干以及挞皮等需要蓬松酥脆口感的西点。

二、油脂

油脂是油和脂的总称，油脂通常分为植物油和动物油。

1. 植物油

植物油有大豆油、棉籽油、花生油、棕榈油、玉米胚芽油等。植物油中主要含有不饱和脂肪酸，其熔点高，在常温下呈液态。其营养价值高于动物油脂但可塑性较动物油脂差，在使用量高时，易发生"走油"现象，加工性能不如动物油脂和人造固态油脂。棕榈油、椰子油却与一般植物油不同，它的熔点较高，常温下呈半固态，稳定性好，不易酸败，故常作为油炸用油。

2. 动物油

天然动物油中常用的是奶油和猪油。大多数动物油都具有熔点高、起酥性好、可塑性强的特点。

（1）奶油。从牛奶中分离出来的乳脂肪，柔软、有天然的奶香味，主要成分是牛乳脂肪，又称黄油、白脱油。乳脂肪含量在 80% 左右，熔点 28～34℃，凝固点为 15～25℃，常温下呈半固态，具有一定的硬度和良好的可塑性。它含有多种营养成分，并具有独特的风味，是西式糕点生产的重要原料。适用于西式糕点的裱花和保持糕点外形的完整。但价格较贵，储存稳定性较差。

（2）猪油。从猪的内脏蓄积脂肪及腹部、背部等皮下组织中提取的脂肪。常温下呈软膏状，熔点在 36～42℃，色泽洁白，有特殊香气。可塑性、起酥性较好，但融和性与稳定性欠佳，常用氢化处理来提高猪油的质量。它被广泛应用于糕点的生产。在苏式、宁式及广式糕点的馅中还常用猪板油制成的板丁油，又称"水晶"。但其胆固醇含量较高，稳定性比奶油差，使用时要注意防止哈败。

3. 人造奶油

人造奶油又称麦淇淋，人造奶油是指精制食用油添加适量的水、乳粉、色素、香精、乳化剂、防腐剂、抗氧化剂、食盐、维生素等辅料，经乳化、急冷捏合而成的具有天然奶油特色的可塑性油脂制品。它的特点是熔点高，油性小，具有良好的可塑性、融和性，但其色、香、味，特别是营养价值都不及天然奶油。因其价格比天然奶油便宜一半以上，且具有良好的涂抹性能、口感性能和风味性能等加工特性和良好的乳化性能，使其成为天然奶油良好的代用品。目前，它已成为世界上焙烤食品加工中使用较为广泛的油脂之一。

4. 起酥油

起酥油是指精炼的动植物油脂、氢化油、酯交换油或这些油的混合物，经混合、冷却、塑化而加工出来的具有可塑性、乳化性的固态或流动性的油脂产品。起酥油与人造奶油的主要区别是起酥油中没有水相，室温下呈固态、不易流动，不太硬，也不太软，起酥性、乳化性、稳定性好。起酥油的品种很多，几乎可以用于所有的食品中，在面包、饼干、糕点中使用最为广泛。

三、糖

常用的糖有蔗糖、饴糖、转化糖浆、淀粉糖浆、果葡糖浆、蜂蜜等。

糖是粮油制品中不可缺少的重要原料之一。糖在粮油制品中的主要作用有：①改善制品的色、香、味；②改善制品的组织状态；③延长产品的货架寿命；④作为面团的改良剂；⑤提高制品的营养价值；⑥装饰美化产品。

四、蛋及蛋制品

蛋品是生产面包、糕点的重要原料，尤其是蛋糕、杏元饼干、蛋卷、小蛋黄饼干、鸡蛋面包等用量较大。蛋品的种类很多，在焙烤食品中常用的蛋品有鲜蛋、冰蛋、蛋粉、湿蛋黄、蛋白片等。蛋品在粮油制品加工中的作用为：①提高焙烤制品的营养价值；②改善产品的色、香、味；③蛋的凝固性利于制品的成型；④蛋白的起泡性使产品疏松、有弹性和韧性；⑤蛋黄的乳化作用。

五、食品添加剂

1. 面粉改良剂

面粉改良剂的主要成分是聚丙烯酸钠，简称 PAA-Na，是一种水溶性高分子化合物。外观为无色或淡黄色、黏稠液体、凝胶、树脂或固体粉末，易溶于水。

2. 乳化剂

乳化剂可使粮油制品中互不相溶的油与水"水乳交融"。根据烘焙产品的种类选择合适的乳化剂，可使产品品质得到大幅提升。

粮油制品常用的乳化剂有大豆磷脂、单甘油酯、蔗糖脂肪酸酯、硬脂酰乳酸钙等。

3. 增稠剂

增稠剂主要用于改善和增加食品的黏稠度，保持流态食品、胶冻食品的色、香、味和稳定性，改善食品物理性状，并能使食品有润滑适口的感觉。生产中常用的增稠剂有琼脂、明胶、果胶和海藻酸盐等。

4. 防腐剂

防腐剂是指能抑制微生物生长繁殖、延长食品保质期的食品添加剂。粮油制品中常用防腐剂有苯甲酸钠、山梨酸钾等。

5. 抗氧化剂

抗氧化剂是能阻止或延缓食品氧化变质、提高食品稳定性和延长保质期的一种食品添加剂。按来源分类，分为天然抗氧化剂和合成抗氧化剂。天然抗氧化剂主要是指水果和蔬菜中所含的抗氧化剂。如维生素 A、维生素 C、维生素 E、维生素 B 族、多酚等。人工合成抗氧化剂主要有 BHA（丁基羟基茴香醚）、BHT（二丁基羟基甲苯）、PG（没食子酸丙酯）、TBHQ（特丁基对苯二酚）等。

第三节　面包加工技术

一、概述

（一）面包的概念

面包是以面粉、酵母、盐和水为基本原料，添加适量的糖、油、蛋、乳等辅料，经搅拌调制成团、发酵、整形、醒发后烘烤而制成的一类方便食品。面包在焙烤食品中历史最悠久、消费量最大、且品种繁多。面包组织松软，富有弹性，风味独特，营养丰富，易被人体消化吸收，深受广大消费者喜爱。

（二）面包的分类

目前，国际上尚无统一的面包分类标准，其分类方法较多，主要有以下几种。

1. 主食面包

主食面包是作为主食来消费的面包，其配方特点是油和糖的比例较低，其他辅料也较少。主要品种有吐司面包和法式面包。

2. 花式面包

一般是以甜面包为基本包坯，再通过各种馅料、表面装饰料、造型（如辫子状）、油炸或添加其他辅料（如果干、果仁）等方式来变化品种。花式面包常当作点心食用，故又称为点心面包。

3. 调理面包

调理面包是二次加工的面包，常作为快餐方便食品。其代表品种有三明治、汉堡包和热狗。制作时一般以主食面包为包坯，切开后，抹上沙拉酱或番茄酱，再夹入火腿、鸡蛋、奶酪、蔬菜或牛肉饼、鸡肉饼等。带有成味馅料或装饰料（如葱花、火腿肠、玉米粒等）的花式面包，习惯上亦称为调理面包。

4. 酥皮面包

酥皮面包是将发酵面团包裹油脂后，再反复擀折而制成的一类面包。它兼有面包与酥皮点心的特色，酥软爽口、风味奇特。酥皮面包的代表品种为丹麦面包和可松面包（大多为牛角形，且常做成三明治，表面撒芝麻）。

二、面包加工基本技术

（一）工艺流程

1. 直接发酵法（一次发酵）

工艺流程：配料→搅拌→发酵→切块→搓圆→整形→醒发→烘烤→冷却→成品

2. 中种发酵法（二次发酵法/间接法）

工艺流程：面团配料→第一次搅拌→第一次发酵→主面团配料→第二次搅拌→第二次发酵→切块→搓圆→整形→醒发→烘烤→冷却→成品

（二）面包加工的操作要点

1. 原料处理

（1）面粉。一般选用高筋粉，面粉使用前过筛，主要目的是清除杂质、拌入空气、调节温度，有利于酵母繁殖。

（2）酵母。如果使用活性干酵母，使用前，要用40℃左右温水活化20～30分钟，酵母与水的比例约1:4。

2. 面团的调制

面团调制也称调粉或搅拌，它是指在机械力的作用下，各种原辅料充分混合，面筋蛋白和淀粉吸水润胀，最后得到一个具有良好黏弹性、延伸性、柔软、光滑面团的过程。

一次发酵法的投料顺序是将全部面粉和酵母加入和面机中，再加糖、盐、水等辅料的混合物，拌匀后，加入适量的油脂，搅打至面筋形成。

二次发酵法的投料顺序是将部分面粉和全部酵母加入和面机中，加入适量水搅拌使面筋形成，发酵后倒入和面机中，再加入剩余的面粉、水和其他辅料，面团搅拌成熟。

判断面团搅拌成熟的方法通常用"拉膜法"。用双手的食指和拇指小心地伸展面团，如能像不断吹胀气球表面那样成为非常均匀并且很薄的膜时为好，且出现的孔洞边缘整齐，此时用手触摸面团时可感到黏性，但不黏手，而且面团表面手指摁过的痕迹会很快消失。

3. 面团的发酵

面团的发酵是以酵母为主，将面团中的糖分解为酒精和二氧化碳，在面团中产生各种糖、氨基酸、有机酸酯类，使面团具有芳香气味，以上过程称为面团发酵。

一般理想的发酵温度为27℃，相对湿度75%。面团的发酵时间，根据所用的原料、酵母用量、糖用量、搅拌情况、发酵温度及湿度、产品种类、生产方法、制作工艺（手工或机械）等许多有关因素确定。特别是面粉的质量高低，对发酵时间的长短影响最明显，面筋含量低的面粉其发酵时间应短些，面筋含量高的面粉其发酵时间应长一些。通常情形是：经3～4.5小时即可完成发酵。或者观察面团的体积，当发酵至原来体积的4～5倍时即可认为发酵完成。

4. 面包的整形

将发酵好的面团做成一定形状的面包坯称作整形。整形包括分块、称量、搓圆、中间醒发、压片、成型。在整形期间，面团仍进行着发酵过程，整形室所要求的条件是温度 26~28℃，相对湿度 85%。

（1）分块。应在尽量短的时间内完成，主食面包的分块最好在 15~20 分钟内完成，点心面包最好在 30~40 分钟内完成，否则因发酵过度而影响面包质量。由于面包在烘烤中有 10%~12% 的质量损耗，故在称量时将这一质量损耗计算在内。

（2）搓圆。就是使不整齐的小面块变成完整的球形，恢复在分割中被破坏的面筋网络结构。手工搓圆的要领是手心向下，用五指握住面团，向下轻压，在面板上顺一个方向迅速旋转，将面团搓成球状。中间醒发也称静置。面团经分块、搓圆后，一部分气体被排除，内部处于紧张状态，面团缺乏柔软性，如立即进行压片或成型，面团的外皮易被撕裂，不易保持气体。因此需一段时间的中间醒发。中间醒发的工艺参数为温度 27~29℃，湿度 80%~85%，时间 12~18 分钟。

（3）成型。是将压片的小面团做成所需要的形状，使面包的外观一致。一般花色面包多用手工成型，主食面包多用机械成型。

5. 面包的焙烤与冷却

焙烤是面包制作的三大基本工序之一，是指醒发好的面包坯在烤炉中成熟的过程。面团在入炉后的最初几分钟内，体积迅速膨胀。其主要原因有两方面，一方面是面团中已存留的气体受热膨胀；另一方面是由于温度的升高，在面团内部温度低于 45℃ 时，酵母变得相当活跃，产生大量气体。一般面团的快速膨胀期不超过 10 分钟。随后的焙烤过程主要是使面团中心温度达到 100℃，水分挥发，面包成熟，表面上色。面包焙烤的温度和时间取决于面包辅料成分多少、面包的形状、大小等因素。焙烤条件大致为温度 180~220℃，时间 15~50 分钟。

面包需冷却后才能包装。由于刚出炉的面包表面温度高（一般大于 180℃），面包的表皮硬而脆，面包内部含水量高，瓤心很软，经不起外界压力，稍微受力就会使面包被压扁，压扁的面包回弹性差，失去面包固有的形态和风味。出炉后经过冷却，面包内部的水分随热量的散发而蒸发，表皮冷却到一定程度能承受压力后，再进行挪动和包装。

三、面包质量标准

面包质量标准见表 3-1。

表 3-1　质量指标

项目	软式面包	硬式面包	起酥面包	调理面包	其他面包
形态	完整、丰满，无黑泡或明显焦斑，形状应与品种造型相符	表皮有裂口，完整、丰满，无黑泡或明显焦斑，形状应与品种造型相符	丰满、多层，无黑泡或明显焦斑，光洁，形状应与品种造型相符	完整、丰满，无黑泡或明显焦斑，形状应与品种造型相符	符合产品应有的形态

续表

项目	软式面包	硬式面包	起酥面包	调理面包	其他面包
表面色泽	金黄色、淡棕色或棕灰色，色泽均匀、正常				
组织	细腻、有弹性、气孔均匀，纹理清晰，呈海绵状，切片后不断裂	紧密，有弹性	有弹性、多孔，纹理清晰，层次分明	细腻、有弹性、气孔均匀，纹理清晰，呈海绵状	符合产品应有的组织
滋味与口感	具有发酵和烘烤后的面包香味，松软适口，无异味	耐咀嚼，无异味	表皮酥脆，内部松软，口感酥香，无异味	具有品种应有的滋味与口感，无异味	符合产品应有的滋味与口感，无异味
杂质	正常视力无可见的外来异物				

第四节 饼干加工技术

一、概述

（一）饼干的概念

饼干是以小麦粉（可加入糯玉米或淀粉）为主要原料，加入（或不加入）糖、油脂及其他辅料，经调粉、成型、烘烤制成的水分低于6.5%的口感酥松或松脆的食品。饼干具有口感酥松，水分含量少，体积轻，块形完整，营养丰富，易于贮藏，便于包装携带，食用方便等优点。

（二）饼干的分类

饼干花色品种繁多，在分类上有很多不同的方法，一般可分为以下几类。

1. 酥性饼干

酥性饼干是以小麦粉、糖、油脂为主要原料，加入膨松剂、改良剂和其他辅料，经冷粉工艺调粉、辊压或不辊压、成型、烘烤制成的表面花纹多为凸花、断面结构呈多孔状组织，口感酥松或松脆的饼干。常见的品种有动物、什锦、玩具、大圆饼干、葱香饼干、芝麻饼干、奶油饼干、蛋酥饼干等。

2. 韧性饼干

韧性饼干是以小麦粉、糖（或无糖）、油脂为主要原料，加入膨松剂、改良剂和其他辅料，经熟粉工艺调粉、辊压、成型、烘烤制成的表面花纹多为凹花、外观光滑、表面平整、一般有针眼、断面结构有层次、口感松脆的饼干。如：甜饼干、挤花饼干、小甜饼、酥饼、香草饼干、牛乳饼干等。

3. 发酵饼干

发酵饼干是以小麦粉、糖、油脂为主要原料，酵母为膨松剂，加入各种辅料，经调粉、发酵、辊压、叠层、成型、烘烤制成的酥松或松脆、具有发酵制品特有香味的饼干。如：甜苏打饼干、咸苏打饼干、芝麻苏打饼干、蛋黄苏打饼干、葱油苏打饼干等。

二、饼干加工基本技术

（一）饼干生产的基本工艺流程

原辅料预处理→面团的调制→辊轧→成型→焙烤→冷却→包装

（二）饼干加工操作要点

1. 韧性饼干操作要点

（1）面团调制。先将糖、油脂、乳、蛋等辅料与热水或热糖浆在调粉机内搅拌均匀，再加小麦粉进行面团的调制。如使用改良剂，则应在面团初步形成时（调制 10 分钟后）加入。然后在调制过程中分别加入疏松剂与香精，继续调制，前后 25 分钟以上，即可调制成韧性面团。

韧性面团温度的控制：冬季室温 25℃ 左右，可控制在 32～35℃；夏季室温 30～35℃ 时，可控制在 35～38℃。

判断方法：在调粉缸中取出一小块面团搓成粗条后，如果手感觉面团柔软适中，表面光滑油润，面团具有一定的可塑性，不黏手，手拉时面团有较强的延伸力，拉断的面团有适度缩短的现象，面团即达到调制的最佳状态。

（2）静置。韧性面团调制成熟后，必须静置 10 分钟以上，以保持面团性能稳定，才能进行辊轧操作。

（3）辊轧。韧性面团辊轧次数一般为 9～13 次，辊轧时多次折叠并旋转 90°。通过辊轧工序以后，面团被压制成厚薄均匀、形态平整、表面光滑、质地细腻的面带。

（4）成型。经辊轧工序轧成的面带，经冲印或辊切成型机制成各种形态的饼坯。

（5）烘烤。韧性饼坯在炉温 240～260℃，烘烤 3.5～5 分钟，达到成品含水率为 2%～4%。

在烘烤时，如果烘烤炉的温度高，可以适当的缩短烘烤时间。炉温过低或过高都能影响成品质量，过高容易烤焦，过低则使成品不熟、色泽发白等。

（6）冷却。烘烤完毕的饼干，其表面层与中心部位的温度差很大，外表温度高，内部温度低，热量散发迟缓。为了防止饼干出现裂缝与外形收缩，必须冷却后再包装。

2. 酥性饼干操作要点

（1）面团的调制。先将糖、油、乳品、蛋品、膨松剂等辅料与适量的水倒入调粉机内均匀搅拌形成乳浊液，然后将过筛后的面粉、淀粉倒入调粉机内，调制 6～12 分钟左右。最后加入香精香料。

在调制面团时香精要在调制成乳浊液的后期加入，或在投入小麦粉时加入，以便控制香味过量的挥发。面团调制时，夏季气温高，搅拌时间应缩短 2~3 分钟；面团温度要控制在 22~28℃。油脂含量高的面团，温度控制在 22~25℃。夏季气温高，可以用冰水调制面团，以降低面团温度。

面团调制均匀即可，不可过度搅拌，防止面团起筋。在调制的过程中，要不断用手感来鉴别面团的成熟度。即在调粉缸中取出一小块面团，观察有没有水分以及油脂外漏现象，如果手搓面团不黏手，软硬适度，面团上有清晰的手纹痕迹，手拉面团时有适当延伸力，面团没有收缩现象，证明面团可塑性良好，达到调制的最佳状态。

（2）辊轧。面团调制操作完成后应立即轧片，以免起筋。一般以 3~7 次单向往复辊轧即可，也可采用单向一次辊轧，轧好的面片厚度约为 2~4mm，较韧性面团的面片厚。

（3）成型。可采用辊切成型方式进行。

（4）烘烤。酥性饼坯炉温控制在 240~260℃，烘烤 3.5~5 分钟，成品含水率为 2%~4%。

（5）冷却。饼干出炉后应及时冷却，使温度降到 25~35℃，在夏、秋、春季节中，可采用自然冷却法。如果加速冷却，可以使用吹风，但空气的流速不宜超过 2.5m/s。

三、饼干质量标准

饼干质量标准见表 3-2。

表 3-2　饼干质量标准

项目	酥性饼干	韧性饼干
形态	外形完整，花纹清晰，厚薄基本均匀，不收缩，不变形，不起泡，不应有较大或较多的凹底。特殊加工品种表面或中间可有可食颗粒存在（如椰蓉、巧克力、黑芝麻）	外形完整，花纹清晰或无花纹，一般有针孔，厚薄基本均匀，不收缩，不变形，无裂痕，可以有均匀泡点，不得有较大或较多的凹底。特殊加工品种表面或中间可有可食颗粒存在（如椰蓉、巧克力、燕麦）
色泽	呈棕黄色、金黄色或该品种应有的色泽，色泽基本均匀，表面略带光泽，无白粉，不应有过焦、过白的现象	呈棕黄色、金黄色或该品种应有的色泽，色泽基本均匀，表面有光泽，无白粉，不应有过焦、过白的现象
组织	断面结构呈多孔状，细密，无大的空洞	断面结构有层次或呈多孔状
滋味与口感	具有该品种应有的香味，无异味。口感酥松或松脆，不粘牙	具有该品种应有的香味，无异味。口感松脆细腻，不粘牙
杂质	无油污、无不可食用杂质	无油污、无不可食用杂质

第五节　蛋糕加工技术

一、概述

（一）蛋糕的概念

蛋糕是一种古老的西点，是用鸡蛋、白糖、小麦粉为主要原料，以牛奶、果汁、奶粉、香粉、色拉油、水，起酥油、泡打粉等为辅料，经搅打充气及烘烤制成的一种像海绵的点心。蛋糕质地柔软蓬松，富有弹性，气味芳香，食之润滑爽口，易消化，是一种营养丰富的食品。

（二）蛋糕的分类

蛋糕的花色品种很多，按制作方法和风味特点不同，主要有以下几种类型。

1. 清蛋糕

清蛋糕是一种乳沫类蛋糕，特点是糕内不用固体油脂，所以称为清蛋糕。构成的主体是鸡蛋、糖搅打出来的泡沫和面粉结合而成的网状结构。因为清蛋糕的内部组织有很多圆洞，类似海绵一样，所以又叫做海绵蛋糕。清蛋糕按照使用鸡蛋的不同部位，又可分为蛋白类和全蛋液类两种。

2. 油蛋糕

油蛋糕是一种面糊类蛋糕，这种蛋糕具有高蛋白、高热能的特点。它是用大量的油脂经过搅打再加入鸡蛋和面粉制成的一种面糊类蛋糕。

3. 戚风蛋糕

戚风蛋糕是乳沫类和面糊类蛋糕改良综合而成的，是比较常见的一种基础蛋糕，像生日蛋糕一般就用戚风蛋糕来做底，所以说戚风蛋糕是基础蛋糕。戚风蛋糕调制面糊时是将蛋黄和蛋白分开搅拌，需要将蛋白打成泡沫状，来提供足够的空气以支撑蛋糕的体积。蛋黄与面粉搅拌，最后混在一起搅匀。

4. 裱花蛋糕

裱花蛋糕由蛋糕坯和装饰料组成。蛋糕坯以戚风蛋糕或清蛋糕为底坯，饰料多采用蛋白、奶油、果酱、水果等，制成装饰精巧、图案美观的糕点。

二、蛋糕加工基本技术

（一）蛋糕加工工艺流程

原料准备→打糊→混料→入模成型→烘烤（或蒸制）→冷却→装饰→包装

（二）操作要点

1. 原料准备阶段

原料准备阶段主要包括原料清理、计量，如鸡蛋清洗、去壳，面粉疏松、碎团等。

面粉一定要过筛(60 目以上),否则,可能有块状粉团进入蛋糊中,而使面粉或淀粉分散不均匀,导致成品蛋糕中有硬心。

2. 打糊

以清蛋糕为例,打糊主要是将鸡蛋与糖放在一起充分搅打,使鸡蛋胀发,尽量使之溶有大量空气泡,同时使糖溶解。打好的鸡蛋糊形成稳定的泡沫,呈乳白色,体积为原来的 3 倍左右。

3. 混料

混料是将过筛后的面粉或与淀粉混合物加入蛋糊中搅匀的过程。

对清蛋糕来说,若蛋糊经强烈的冲击和搅动,气泡就会被破坏,不利于焙烤时蛋糕胀发。因此,加粉时只能慢慢将面粉倒入蛋糊中,同时轻轻搅动蛋糊,以最轻、最少翻动次数,拌至见不到生粉即可。

对油蛋糕来说,则可将过筛后的面粉、淀粉和膨松剂慢慢加入打好的人造奶油与糖的混合物中,用打蛋机的慢档或人工搅动来拌匀面粉,不宜用力过猛。

4. 注模成型

为防止面粉下沉,拌粉后的蛋糊应立即装模焙烤。蛋糕模的形状各式各样,蛋糕浇模一般都是用铁皮模。对焙烤蛋糕来说,要在模内涂上一层植物油或猪油以防止黏模,然后轻轻将蛋糊均匀加于其中,入模方法一般用匙舀糊入模或将蛋糊装入三角袋中挤入印模内,大批量生产也有用注料机的。不管哪种方式,注入印模中的蛋糊应大体相当,每模的量约为八成,不可太满。如需在表面撒果仁、蜜饯等,应在入炉时撒上,若过早撒放易下沉。最后送至烤炉中焙烤。整个过程中不能用力撞击蛋糊。

5. 烘烤

焙烤的关键是控制好炉温和时间。焙烤温度和时间的选择应根据糕点配料、饼坯的大小、厚薄、含水量的多少,以及烤炉的性能在实践中进行摸索。

焙烤糕点应根据品种选择不同的炉温,常用的炉温有以下三种。

(1)低温:小于 170℃,主要适宜烤制水果蛋糕等糕点,产品要保持原色。

(2)中温:在 170~200℃ 的炉温,主要适宜于烤制大多数蛋糕,产品要求表面颜色较重,如金黄色。

(3)高温:是 200~240℃ 的炉温,主要适宜于烤制部分蛋糕及其他糕点的一部分品种等,产品要求表面颜色很重,如枣红色或棕褐色。

一般而言,炉温越高,所需焙烤时间越短;炉温越低,所需焙烤时间越长。糕体越大或越厚,焙烤时间越长;糕体越小或越薄,焙烤时间越短。

6. 冷却

糕点熟制结束时,温度和水分含量都较高,需要在冷却过程中挥发水分和降温,才能保持正常的形态,大多数品种冷却到 35~40℃ 进行包装。有些需要装饰的糕点出炉后,先在烤盘内冷却 10 分钟,取出继续冷却 1~2 小时,然后再加奶油或巧克力等需要的装饰。另外，还有些糕点(如海绵蛋糕)出炉后应马上翻转使表面向下，以免遇冷而收缩。

7. 装饰

许多糕点在包装前需要进行装饰，装饰能使糕点更加美观，也可增加糕点的风味和品种。常用的装饰方法有色调装饰、裱花装饰、馅料装饰、表面装饰和模型装饰。装饰需扎实的基本功，熟练精湛的技术，同时还涉及审美情调和艺术想象力。

8. 包装

蛋糕冷却后，要马上进行包装，以减少环境中的灰尘、苍蝇等不利因素对蛋糕质量的影响。

三、蛋糕质量标准

蛋糕质量指标见表 3-3。

表 3-3　蛋糕质量指标

	烤　蛋　糕	蒸　蛋　糕
色泽	表面油润，顶侧部金黄色，底部棕红色，色彩鲜艳，富有光泽，无焦煳和黑斑	表面乳黄色，内部月白色
形态	块形丰满周正，大小一致，厚薄均匀，表面有细密的小麻点，不粘边，无破碎，无崩顶	条块状应大小、厚薄、长短一致，碗装、梅花状则周正圆整
组织结构	发起均匀，柔软而具弹性，不死硬，切面呈细密的蜂窝状，无大小空洞，无硬块	有均匀蜂窝，无大空洞，有弹性，内部应均匀，层次分明
滋味和气味	蛋香味纯正，口感松软香甜，不撞嘴，不粘牙，有烤蛋糕独特香味	松软爽口，有蛋香味，不粘牙，有蒸蛋糕独特香味
杂质	内外皆无肉眼可见杂质，无糖粒，无粉块，无杂质	内外皆无肉眼可见杂质，无糖粒，无粉块，无杂质

第六节　方便面加工技术

一、概述

方便面按照生产过程中干燥工艺的不同，可以将方便面分为油炸方便面和热风干燥方便面两种。

方便面生产的基本原理是将成型后的面条通过汽蒸使淀粉充分糊化，然后通过油炸或热风干燥实现快速脱水，防止淀粉发生回生，以获得较好的复水性。可以概括为"充分糊化，快速干燥"。

二、方便面加工基本技术

方便面的生产工艺流程各厂各不相同。如有的在蒸面和切断之间加以着味工序，有的则将着味设在分排与干燥之间，还有相当一部分厂没有着味工序。但主要工序是基本相同的，如图3-1所示。图3-2所示为方便面生产线。

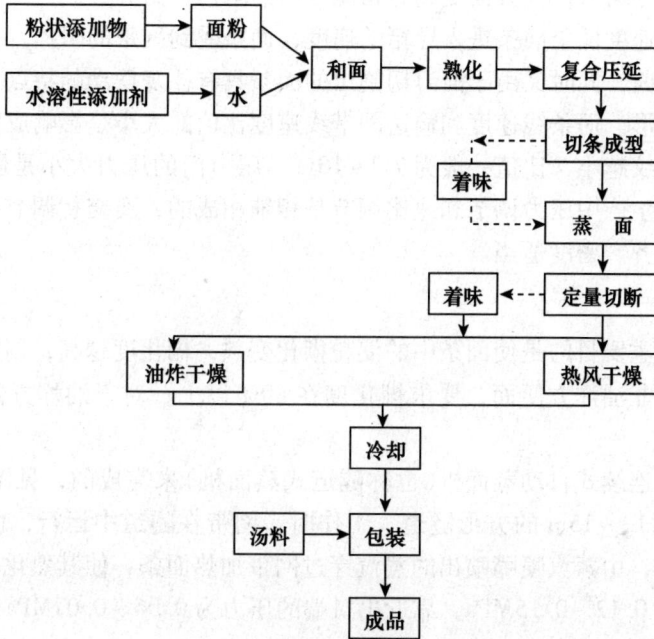

图3-1 方便面生产工艺流程图

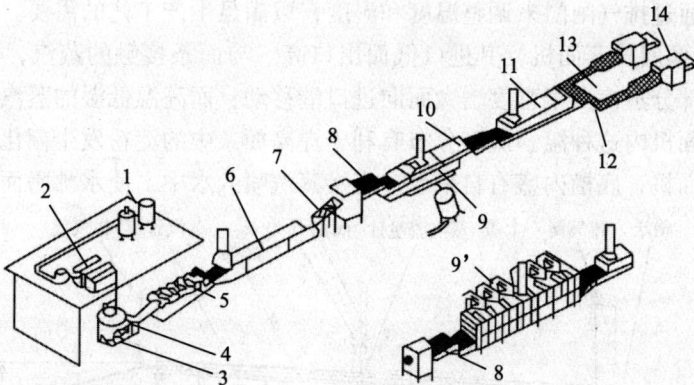

图3-2 方便面生产线

1-供水系统；2-和面机；3-喂料熟化机；4-复合压片机；5-连续压片机；6-蒸面机；7-连接架；8-切断分排机；9-油炸机；9'-热风干燥机；10-整理机；11-冷却机；12-分流输送机；13-检查输送带；14-枕式包装机

方便面的生产工艺流程中，和面、熟化、轧片、切条工序与挂面的相同，下面对其中的特殊工序进行介绍。

（一）波纹成型

方便面的形状一般是波纹状的，不仅为了美观，还利于加工过程中的快速熟化和脱水。波纹成型是在切条机面刀下方的一个波纹成型导箱内自动完成的，见图3-2。切条后的面条进入导箱后，一方面受到导箱压力门的阻挡，另一方面，由于导箱下方不锈钢输送网带的线速度低于面条进入导箱的速度，面条受到网带的阻挡。在双重阻力的作用下面条发生弯曲，同时又由于面刀切割出的面条具有往复摆动的特点，使得面条往复弯曲，形成波浪形。面条线速度和输送网带线速度比值的大小是影响成型效果的主要因素，比值越大波纹越小，比值一般为7:1~10:1。压力门的压力大小是影响成型的另一个重要因素，在生产中压力调节和速比调节是相辅相成的，要交替调节。波纹成型的工艺要求是波纹整齐、密度适当。

（二）蒸面

蒸面工序的主要目的是使面条中的淀粉糊化变熟，糊化度越高，制得的方便面的复水性越好。对于非油炸方便面，要求糊化度在80%以上；对于油炸方便面，要求糊化度在85%以上。

蒸面是通过连续式自动蒸面机(也称隧道式蒸面机)来完成的，见图3-3。蒸面机的主体是一条长12~15m的方形隧道。工作时，网带在隧道中运行，面条在网带上面随网带一起运行，由蒸汽喷嘴喷出的蒸汽穿过网带加热面条，使其熟化。生产时，蒸汽主管道的压力为0.12~0.15MPa，靠近出口端的压力为0.06~0.07MPa，使蒸面机的进口温度达到90~95℃，出口温度达到100~105℃。蒸面时间一般控制在60~90秒。可通过无级变速箱调节蒸面网带线速来控制蒸面时间，也可任意调节蒸汽压力来控制隧道内的温度，或通过排气闸门来调整温度和湿度，以满足生产工艺的需要。

图3-3为倾斜式蒸面机，其进口低而出口高。与面条接触的蒸汽，温度降低而湿度增大，使该部分蒸汽由于密度增大而向进口端移动；而高温低湿的蒸汽则向出口端移动。倾斜式蒸面机内这种温、湿度分布有利于提高面条中的淀粉发生糊化的程度。还有一种水平式蒸面机，底槽内盛有自来水，直接蒸汽喷入水中，使水沸腾而产生大量水蒸

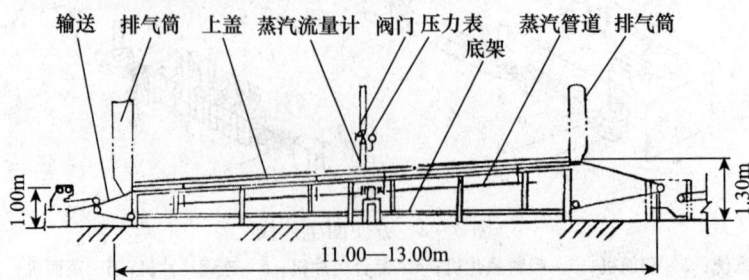

图3-3　连续式蒸面机

气，对面条进行加热。

（三）切断折叠

从连续蒸面机出来的熟波纹面带，在通过一对相对旋转的切刀和托辊时，按一定的长度被切断。与此同时，通过装在曲柄连杆机构上折叠板的往复运动，面带下落通过折叠导辊时，折叠板正好插在被切断面带的中部，推动面带进入折叠导辊和分排输送网带之间，这样就将面带折叠起来。分排输送网带能够把折叠好的两（或三）行面块分左右排列为四（或六）行，使之与面盒的行数相等。面块随输送网带运行到尽头时，通过溜板自动进入油炸机面盒或热风干燥机面盒。该工序的要求是定量基本准确，折叠整齐，进入面盒基本准确。

（四）干燥

干燥的目的除通过脱水便于保存外，还在于通过快速干燥使糊化面条的内部结构和外部形状及时固定，防止面条回生，并有利于提高复水性。与挂面的干燥不同，对方便面要求快速干燥，干燥方法有油炸干燥和热风干燥两种。

1. 油炸干燥

油炸干燥是我国方便面生产中普遍采用的快速脱水方式。油炸方便面与热风干燥方便面相比不仅蓬松性好、复水快、色泽美观，而且口味、风味也较好。另外，在油炸过程中，由于面条中水分的迅速汽化并逸出，不仅降低了水分，而且在面条中形成多孔性结构，并提高了淀粉的糊化度。

图3-4为连续油炸机的结构示意图。面块进入模盒后，随模盒输送链作间歇式运动，当装有面块的模盒运行至油炸锅时，在接触油之前，模盖输送链同步供给模盖，将模盒盖好，防止油炸过程中面块脱出。型模内的面块随输送链向前运动并经受油炸，当型模离开油锅时，模盖自动与模盒分开，当模盒转至盒口朝下时，面块脱盒进入下一道工序。

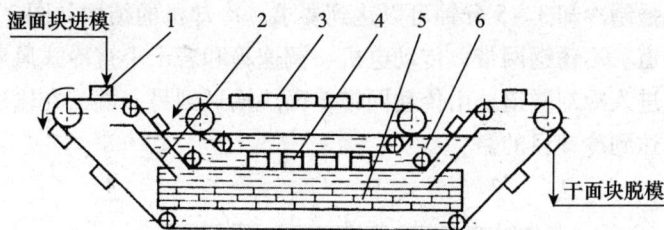

图3-4　连续油炸机结构示意图

1-模盒输送链；2-油槽；3-模盖输送链；4-模盖与模盒的配合；5-加热装置；6-炸面食用油

油炸的工艺要求是：油炸均匀，色泽一致，面块不焦不枯，水分在10%以下。氢化植物油和棕榈油是常用的方便面油炸用油，但这类油的风味欠佳，猪板油与棕榈油配合使用可以改进产品风味。油炸温度一般为140～150℃，油炸时间以70～80秒为宜。油炸过程中要及时补充消耗的油量，一般油量以高出模盒15～20mm为宜。

油炸后面条含有20%左右的油脂，易发生氧化酸败，缩短保质期，而且，食用过多油脂对人体健康也不利，因此，有待于开发非油炸且复水性好的方便面。

2. 热风干燥

常用的干燥设备为链盒式连续干燥机。图3-5为其结构示意图，主要由干燥室、链条、面盒、加热器和鼓风机组成。链条共有10层，链条上装有不锈钢面盒。由于面块装在面盒内，而面盒又与链条相连，这样，链条在往返时都是满载，不像网带式干燥机那样，前进时是满载而返回时是空载。

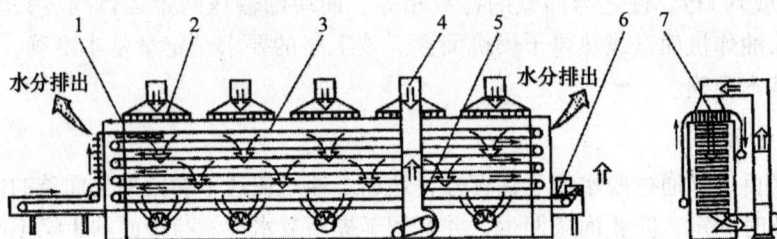

图3-5 链盒式连续干燥机结构示意图

1-机架；2-换热器；3-链条；4-风管；5-鼓风机；6-无级调速传动装置；7-不锈钢面盒

空气经换热器加热后自上而下穿过物料层，带走物料的水分而变成湿空气。部分湿空气进入鼓风机后循环利用，另一部分从干燥室的两端排出。为了达到快速干燥的目的，干燥用的热风温度一般为70~80℃，相对湿度<70%，时间持续35~45分钟。干燥后的水分含量应低于12%。

（五）冷却与包装

不论是油炸干燥还是热风干燥后的方便面，温度都明显高于室温，不宜立即包装，应先进行冷却。冷却后的面块要求接近室温或高于室温5℃左右。一般在冷却隧道中采用鼓风机用冷风强制冷却3~5分钟可以达到要求。冷却机的结构如图3-6所示。主要由机架、冷却隧道、不锈钢网带、传动电机、调速箱和若干个直冷式风扇组成。由干燥机来的高温面块进入冷却隧道，由传动网带将面块输送到另一端，在输送过程中与冷风进行热量交换而达到冷却目的。

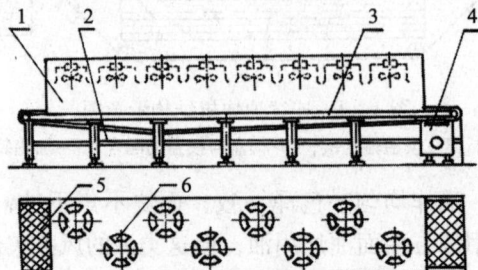

图3-6 冷却机结构示意图

1-冷却隧道；2-碎面接槽；3-机架；4-无级调速机构；5-不锈钢网带；6-风扇

从冷却机出来的面块落在检查输送带上，加上调味汤料包后进入自动包装机进行包装，常用的包装形式有袋装和碗装两种。

三、方便面质量标准

色泽：呈该产品特有的颜色，无焦、生现象，正反两面可略有深浅差别。

气味：气味正常，无霉味、哈喇味及其他异味。

形状：外形整齐，花纹均匀，不得有异物、焦渣。

烹调性：面条复水后，应无明显断条、并条，口感不夹生、不粘牙。

复习思考题

1. 简述一次发酵法、二次发酵法的工艺流程及优缺点。
2. 请介绍面包面团调制的方法及要点。
3. 分析面包常见质量问题及解决措施。
4. 鸡蛋在蛋糕制作中的作用是什么？
5. 如何延长蛋糕的货架期？
6. 为什么面团调制是饼干生产的关键工序？
7. 影响面团工艺性能的因素有哪些？

第四章 乳制品加工技术

学海导航

(1) 了解乳制品加工的基础知识；
(2) 掌握液态乳的加工方法、工艺流程及操作要点；
(3) 掌握酸乳的加工方法、工艺流程及操作要点；
(4) 掌握冰激凌和雪糕的加工方法、工艺流程及操作要点；
(5) 掌握乳粉的加工方法、工艺流程及操作要点。

第一节 乳制品加工基础知识

乳制品是以动物乳为原料经加工后的食品。在人类众多的动植物食品中，乳占有特殊的地位。乳中几乎含有人体所需的全部营养物质，并且极易被消化和吸收，是最接近完美的天然食品。它对增进人类健康和提高身体素质的重要价值已被全世界认同。乳品行业是改善国民营养、增强民族体质的朝阳产业，成为现代农业的重要组成部分，其发展可带动饲料、机械、包装、运输以及商业等相关产业的发展。在我国，乳品工业是一个发展较快的行业，特别是改革开放以来，乳品工业进入了快速发展时期，形成了许多国内知名品牌。

乳是雌性哺乳动物分娩后由乳腺细胞分泌的一种白色的或微黄色的不透明的生物学液体。它含有幼小机体生长发育所需要的全部营养成分，是哺乳动物出生后最适于消化和吸收的全价食物，被称为白色血液。

一、 乳的组成与性质

（一）乳的组成

乳的来源有人乳、牛乳、羊乳、马乳、驴乳、骆驼乳、猪乳等。牛乳中有乳牛乳、水牛乳、牦牛乳等，其中以乳牛乳产量最高，是乳制品加工的主要原料。在不作特殊说明的情况下，本书中所讲乳是牛乳。

牛乳的成分十分复杂，至少含有上百种化学成分，主要包括水分、脂肪、蛋白质、乳糖、盐类、维生素、酶类及气体等。

（二）乳的性质

1. 乳的化学性质

（1）乳中的水分。水分是乳中的主要组成部分，占 87%～89%。水中溶解有有机质、矿物质和气体。乳中水分又可分为自由水、结合水、结晶水。

（2）乳蛋白质。乳蛋白质是乳中主要的含氮物。牛乳的含氮化合物中 95% 为乳蛋白质，5% 为非蛋白态含氮化合物，蛋白质在牛乳中的含量是 3.0%～3.5%。牛乳中的蛋白质可分为酪蛋白和乳清蛋白两大类，另外还有少量脂肪球膜蛋白。

（3）乳脂肪。乳脂肪是牛乳中主要的脂质，占乳脂质的 97%～98%，是牛乳的主要成分之一，乳中的含量一般为 3%～5%，对牛乳风味起着重要作用。

在电子显微镜下观察到的乳脂肪球为圆球形或椭圆球形，表面被一层 5～10nm 厚的膜所覆盖，称为脂肪球膜，如图 4-1 所示。

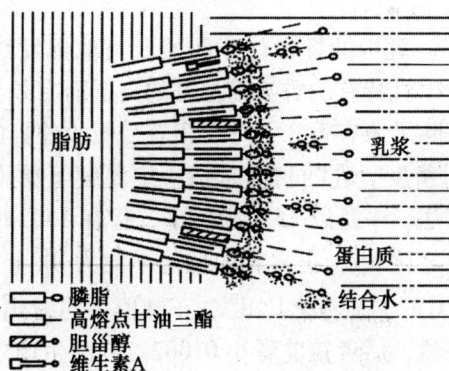

图 4-1 脂肪球膜的结构示意图

乳脂肪是由一个甘油分子和三个相同的或不同的脂肪酸分子组成的多种甘油三酯的混合物。组成乳脂肪的脂肪酸受饲料、营养、环境、季节等因素的影响而变化，尤其是饲料会影响乳中脂肪酸的组成。一般情况下，夏季放牧期间不饱和脂肪酸含量升高，而冬季舍饲期则饱和脂肪酸含量增多，所以夏季加工的奶油其熔点比较低，质地较软。

（4）乳糖。乳糖是哺乳动物乳汁中特有的糖类，在动、植物的组织中几乎不存在乳糖。牛乳乳糖含量约为 4.5%～5.0%，平均 4.7%，占干物质的 38%～39%。牛乳的甜味主要由乳糖引起。乳糖在乳中全部呈溶解状态，其甜度约为蔗糖甜度的 1/5。

（5）乳中的酶类。牛乳中酶类的来源有两个：一是来自于乳腺；二是来自微生物的代谢产物。牛乳中的酶种类很多，但与乳品生产有密切关系的主要为水解酶类和氧化还原酶类两大类。

（6）乳中的维生素。牛乳中含有人体营养所必需的各种维生素，特别是维生素 B_2 的含量很丰富，但维生素 D 的含量不高。乳中维生素按其溶解性分为两大类：脂溶性维生素和水溶性维生素。脂溶性的维生素有维生素 A、维生素 D、维生素 E、维生素 K 等，水溶性的维生素有维生素 B_1、维生素 B_2、维生素 B_6、维生素 B_{12}、维生素 C 等。

（7）乳中的无机盐。牛乳中含无机盐 0.7%～0.8%，无机盐也称矿物质、灰分，是指除碳、氢、氧、氮以外的各种元素，主要有磷、钙、镁、氯、钠、钾、硫等，此外还有一些微量元素。

（8）乳中其他成分。除上述成分外，乳中尚有少量的有机酸、气体、色素、免疫体、细胞成分、风味成分及激素等。

2. 乳的物理性质

（1）乳的色泽。正常的牛乳呈不透明的乳白色或稍带淡黄色。乳白色是乳的基本色调，这是由于乳中的酪蛋白酸钙－磷酸钙复合体胶粒及脂肪球等微粒对光的不规则反射的结果。牛乳中的脂溶性胡萝卜素和叶黄素使乳略带淡黄色。而水溶性的核黄素使乳清呈荧光性黄绿色。

（2）乳的滋味与气味。乳中的挥发性脂肪酸及其他挥发性物质，是构成牛乳滋味和气味的主要成分。这种牛乳特有的香味随温度的高低而有差异，即乳经加热后香味强烈，冷却后即减弱。牛乳除了原有香味之外，很容易吸收外界的各种气味。

（3）乳的密度及相对密度。乳的密度是指一定温度下单位体积的质量，而乳的相对密度主要有两种表示方法。一是以 15℃ 为标准，指在 15℃ 时一定容积牛乳的质量与同容积、同温度水的质量之比 d_{15}^{15}，正常乳的比值平均为 $d_{15}^{15}=1.032$；二是指乳在 20℃ 时的质量与同容积水在 4℃ 时的质量之比 d_4^{20}，正常值平均为 $d_4^{20}=1.030$。两种比值在同温度下，其绝对值相差甚微，后者较前者小 0.002。乳品生产中常以 0.002 的差数进行换算。通常用牛乳密度计（或称乳稠计）来测定乳的密度或相对密度。

（4）乳的酸度。

1）牛乳酸度的来源。刚挤出的新鲜乳是偏酸性的，这是因为乳蛋白分子中含有较多的酸性氨基酸和自由的羧基，而且受磷酸盐等酸性物质的影响，这种酸度称为固有酸度或自然酸度。挤出后的乳在微生物的作用下发生乳酸发酵，导致乳的酸度逐渐升高。由于发酵产酸而升高的这部分酸度称为发酵酸度或发生酸度。固有酸度和发酵酸度之和称为总酸度。一般情况下，乳品工业所测定的酸度就是总酸度。在正常范围内，乳的酸度越高，热稳定性就越低；乳的酸度越低，热稳定性就越好。

2）乳的滴定酸度及 pH。正常牛乳的酸度为 16～18°T。正常新鲜牛乳的滴定酸度用乳酸度表示时约为 0.13%～0.18%，一般为 0.15%～0.16%。

正常新鲜牛乳的 pH 为 6.4～6.8，一般酸败乳或初乳的 pH 在 6.4 以下，乳腺炎乳或低酸度乳的 pH 在 6.8 以上。

（5）乳的热学性质。

1）比热容。牛乳的比热容即将牛乳温度升高 1℃ 所吸收的热量与同质量的水温度升高 1℃ 所吸收的热量之比，单位为 kJ/（kg·℃）或 kcal/（kg·℃）。牛乳的比热容为其所含各成分之比热容的总和。

2）冰点。牛乳的冰点一般为 −0.565 ～ −0.525℃，平均为 −0.540℃。牛乳中的乳糖和盐类是导致冰点下降的主要因素。正常的牛乳其乳糖及盐类的含量变化很小，所以冰点很稳定。如果在牛乳中掺 10% 的水，其冰点约上升 0.054℃。

3）沸点。牛乳的沸点在 101.33kPa（1 个标准大气压）下为 100.55℃，乳的沸点受其固形物含量影响。浓缩过程中沸点上升，浓缩到原体积一半时，沸点上升到 101.05℃。

3. 乳中的微生物

牛乳是乳制品加工的主要原料，富含多种营养素，是营养价值很高的食品，同时也是微生物生长的良好培养基。乳中常见的微生物有细菌、酵母菌、霉菌和病毒等。其中，细菌是最常见并在数量和种类上占优势的一类微生物。

4. 异常乳

原料乳的质量是乳制品生产的关键因素之一，乳品生产中很多质量问题的根源就在于原料乳的质量。成分与性质正常的乳称为常乳，是乳制品加工的主要原料。但在有些特殊的情况下，如当乳牛受到饲养管理、疾病、气温以及其他各种因素的影响时，乳的成分往往发生变化，性质也与常乳有所不同，故不适用于做加工优质产品的原料，那些成分和性质发生了变化的乳称作异常乳。一般情况下，异常乳可分为生理异常乳、化学异常乳、混入异物乳、病理异常乳、微生物污染乳。

二、原料乳的检验与预处理

原料乳送到工厂后，必须根据指标规定，及时进行质量检验，按质论价分别处理

（一）原料乳的质量标准

食品安全国家标准 GB19301 生乳，对原料乳的定义和要求做了规定。

1. 感官要求（表 4 - 1）

表 4 - 1　感官要求

项　目	要　求	检验方法
色泽	呈乳白色或微黄色	取适量试样置于 50mL 烧杯中，在自然光下观察色泽和组织状态。闻其气味，用温开水漱口，品尝滋味
滋味、气味	具有乳固有的香味，无异味	
组织状态	呈均匀一致液体，无凝块、无沉淀、无正常视力可见异物	

2. 理化指标(表4-2)

表4-2 理化指标

项 目	指 标
冰点[a,b](℃)	-0.500 ~ -0.560
相对密度(20℃/4℃)	≥1.027
蛋白质(g/100g)	≥2.8
脂肪(g/100g)	≥3.1
杂质度(mg/kg)	≤4.0
非脂乳固体(g/100g)	≥8.1
酸度(°T)	
牛乳[b]	12 ~ 18
羊乳	6 ~ 13

注:a 挤出3h后检测;b 仅适用于荷斯坦奶牛。

3. 微生物限量(表4-3)

表4-3 微生物限量

项 目	限量[CFU/g(mL)]
菌落总数	≤2×10^6

此外,许多乳品收购单位还规定有下述情况之一者不得收购:①产犊前15天内的末乳和产犊后7天内的初乳;②牛乳颜色有变化,呈红色、绿色或显著黄色者;③牛乳中有肉眼可见杂质者;④牛乳中有凝块或絮状沉淀者;⑤牛乳中有畜舍味、苦味、霉味、臭味、涩味、煮沸味及其他异味者;⑥用抗生素或其他对牛乳有影响的药物治疗期间,奶牛所产的乳和停药后3天内的乳;⑦添加有防腐剂、抗生素和其他任何有碍食品卫生的乳;⑧酸度超过20°T的乳。

(二)原料乳的验收

1. 原料乳的收集与运输

牛乳是从奶牛场或奶站用奶桶或奶槽车送到乳品厂进行加工的。奶源分散的地方多采用奶桶运输;奶源集中的地方或运输距离较远的地方,多采用奶槽车运输;在国外有的还采用地下管道运输。

奶桶一般有塑料桶、马口铁桶、不锈钢桶等,容量为30L或50L。要求桶身有足够的强度,耐酸碱;内壁光滑,便于清洗;桶盖与桶身结合紧密,保证运输途中无泄漏。

奶槽车由汽车、奶槽、奶泵室、人孔、盖、自动气阀等构成,奶槽是不锈钢制成的,其容量为5~10t,内外壁之间有保温材料,以避免运输途中乳温上升。奶泵室内有离心泵、流量计、输乳管等。奶槽车可开到贮乳间,将输乳管与生乳贮罐直接相连。奶槽车的奶槽可分成若干个间隔,每个间隔需依次充满,以防止生乳在运输时晃动。当奶槽车按收奶路线收完奶后,应立即送往乳品厂。

2. 原料乳的检验

在牛场或奶站对原料乳的质量作一般性评价,到达乳品厂后通过若干实验对乳的成分和卫生质量进行测定。

(1)取样。生乳的取样一般由乳品厂检验人员进行,奶罐车押运人员监督。取样前应将乳搅拌均匀后取样,并记录奶罐车押运员、罐号、时间,同时检查奶罐车的卫生。

(2)感官检验。生乳的感官检验主要是通过看、闻、尝等进行的鉴定。具体方法是打开贮乳器或奶槽车的盖后,立即嗅生乳的气味,然后观察色泽,有无杂质、发黏或凝块,是否有脂肪分离。最后,试样含入口中,遍及整个口腔的各个部位,鉴定是否存在异味。

(3)理化检验。

1)相对密度。相对密度在一定程度上反映出乳中固形物含量的高低,相对密度越高,乳中固形物含量就越高,相对密度越低,乳中固形物含量就越低。相对密度常作为评定生乳成分是否正常的一个指标,正常牛乳的相对密度在1.028~1.032,采用专用"乳稠计"测量。

2)酒精试验。酒精试验是为观察生乳的抗热性而广泛使用的一种方法。乳中的酪蛋白以胶粒形式存在,胶粒具有亲水性而在其周围形成结合水层。酒精具有脱水作用,浓度越大,脱水作用越强。新鲜生乳对酒精的作用表现出相对稳定;而不新鲜的生乳,其蛋白质胶粒已呈不稳定状态,当受到酒精的脱水作用时,结合水层极易被破坏,则加速其聚沉。

3)滴定酸度。正常牛乳的酸度随乳牛的品种、饲料、挤乳和泌乳期的不同而略有差异,但一般为16~18°T。如果牛乳挤出后放置时间过长,由于微生物的作用,会使乳的酸度升高。如果乳牛患乳房炎,可使牛乳酸度降低。因此,测定乳的酸度可判定乳的新鲜程度。

4)煮沸实验。乳的酸度越高,其稳定性越差。在加热的条件下高酸度易产生乳蛋白质的凝固。因此,可用煮沸试验来验证原料乳中蛋白质的稳定性,判断其酸度高低,测定原料乳在超高温杀菌中的稳定性。

5)乳成分的快速测定。近年来随着分析仪器的发展,乳品检测方法出现了很多高效率的检验仪器。例如用微波干燥法测定总干物质(TMS检验),其特点是速度快,测定准确,便于指导生产。也有用红外线进行牛乳全成分测定,通过红外线分光光度计,自动测出牛乳中的脂肪、蛋白质、乳糖3种成分。

(4)微生物检验。原料乳生产现场的检验以感官检验为主,辅助以部分理化检验,一般不做微生物检验。但在加工以前,或原料乳量大而对其质量有疑问者,可定量采样后,在实验室中进一步检验其他理化指标及细菌总数和体细胞数,以确定原料乳的质量和等级。如果是发酵乳制品的原料乳，必须做抗生素检验。

1）菌落总数检查。菌落总数检查方法很多，有美蓝还原试验、平板菌落总数测定、直接镜检、菌落总数测定仪等方法。

2）细胞数检验。正常乳中的体细胞，多数来源于上皮组织的单核细胞，如有明显的多核细胞出现，可判断为异常乳，常用的方法有直接镜检法或加利福尼亚细胞数测定法（GMT法）。

3）抗生素残留量检验。牧场用抗生素治疗乳牛的各种疾病，特别是乳腺炎，有时用抗生素直接注射乳房部位进行治疗。经抗生素治疗过的乳牛，其乳中在一定时期内仍残存抗生素。对抗生素有过敏体质的人饮用该乳后，会发生过敏反应，也会使某些菌株对抗生素产生抗药性。我国规定乳牛最后一次使用抗生素后3天内的乳不得收购。

（三）原料乳的预处理

1. 原料乳的计量

检验合格的生乳要进行计量，计量的方法有体积法和重量法两种。重量法使用磅秤称重，体积法使用流量计。流量计在计量乳的同时也能把乳中的空气计量进去，结果不十分可靠，乳品厂多采用重量法计量。

2. 原料乳的脱气

牛乳刚刚挤出后约含5.5%~7.0%的气体。经过贮存、运输和收购后，一般气体含量在10%以上。

在牛乳处理的不同阶段进行脱气是十分必要的。首先，在奶槽车上安装脱气设备，以避免泵送牛乳时影响流量计的准确度。其次，在乳品厂收奶间的流量计之前安装脱气设备。在进一步处理牛乳的过程中，应使用真空脱气罐，以除去细小的分散气泡和溶解氧。

3. 原料乳的净化

原料乳净化的目的是除去乳中的机械杂质并减少微生物的数量。常用的净化方法有过滤净化和离心净化两种。

（1）过滤净化。在收购乳时，为了防止粪屑、牧草、牛毛以及蚊蝇等昆虫带来的污染，挤下的牛乳必须用清洁的纱布进行过滤。凡是将乳从一个地方送到另一个地方，从一个工序到另一个工序，或者由一个容器转移到另一个容器时，都应该进行过滤。

过去在牧场中，乳及时过滤的方法是用纱布过滤。乳品厂简单的过滤是在受乳槽上装不锈钢制金属网加多层纱布进行粗滤，进一步的过滤可采用管道过滤器。

（2）离心净化。生乳经过数次过滤后，虽然除去了大部分杂质，但乳中污染的很多极微小的细菌细胞和机械杂质、白细胞及红细胞等，不能用一般的过滤方法除去，需用离心净乳机进一步净化。即利用机械离心力将肉眼不可见的杂质去除，使乳达到彻底净化的目的。

4. 原料乳的冷却

净化后的乳最好直接加工，如果短期贮藏时，必须及时进行冷却，以保持乳的质量。通过冷却，抑制乳中微生物的繁殖，同时还具有防止脂肪上浮、水分蒸发及风味物质挥发、避免吸收异味等作用。我国国家标准规定，验收合格乳应迅速冷却至2～6℃，贮存期间不得超过10℃。

冷却的方法有水池冷却、浸没式冷却器冷却、板式热交换器冷却。目前许多乳品厂及奶站都用板式热交换器对乳进行冷却。用冷盐水作冷媒时，可使乳温迅速降到4℃左右。

5. 原料乳的贮存

为了保证工厂连续生产的需要，必须有一定的原料乳贮存量。一般工厂总的贮乳量应不少于1天的处理量。冷却后的乳贮存在贮乳罐（缸）内，贮乳罐也称储奶罐、奶缸、奶仓，贮乳罐一般采用不锈钢材料制成，贮乳罐要求保温性能良好。贮乳罐有立式、卧式两种，其容量规格有5～300t不等。贮乳罐的总容量应根据各厂每天牛乳总收纳量、收乳时间、运输时间及能力因素决定。一般贮乳罐的总容量应为日加工量的1～2倍。而且每只贮乳罐的容量应与生产品种的班生产能力相适应。

6. 原料乳的标准化

原料乳的标准化是指调整生乳中的脂肪含量，使乳制品中的脂肪含量和非脂乳固体含量（SNF）保持一定的比例关系。但是原料乳中脂肪与无脂干物质的含量随奶畜品种、地区、季节和饲养管理等因素不同而有较大的差别。因此，必须调整原料乳中脂肪和无脂干物质之间的比例关系，使其符合制品标准的要求。一般把该过程称为原料乳的标准化。例如，我国标准规定全脂、部分脱脂和脱脂巴氏杀菌乳的脂肪含量分别是：≥3.1%、1.0%～2.0%、≤0.5%。

如果原料乳中脂肪含量不足，应添加稀奶油或分离一部分脱脂乳；当原料乳中脂肪含量过高时，则可添加脱脂乳或提取一部分稀奶油。标准化在储乳缸的生乳中进行或在标准化机中连续进行。

7. 均质

所谓均质就是将乳中脂肪球在强大的机械作用下破碎成小的脂肪球，使之均匀一致地分散的过程。

通过均质处理，可减小乳中脂肪球的半径。均质乳具有下列优点：风味良好，口感细腻；储存期间不产生脂肪上浮现象；改善乳的消化、吸收程度，适合于喂养婴幼儿。乳进行均质时的温度宜控制在50～65℃，在此温度下乳脂肪处于熔融状态，脂肪球膜软化，有利于提高均质效果。一般均质压力为16.7～20.6MPa。使用二段均质机时，第一段均质压力为16.7～20.6MPa，第二段均质压力为3.4～4.9MPa。

第二节　液态乳加工技术

液态奶是由健康奶牛所产的生鲜乳汁，经有效的加热杀菌处理后，分装出售的饮用牛乳，不包括奶饮料。根据国际乳业联合会（IDF）的定义，液体奶（液态奶）是巴氏杀菌乳、灭菌乳和酸乳三类乳制品的总称，本章仅介绍巴氏杀菌乳、灭菌乳的加工。

一、巴氏杀菌乳

巴氏杀菌乳曾用名为市售乳、鲜乳、消毒乳，是指以新鲜牛乳为原料，经净化、标准化、均质、巴氏杀菌灯处理，以液态鲜乳状态直接供应消费者饮用的商品乳。巴氏杀菌乳可分为全脂、脱脂和部分脱脂的巴氏杀菌乳。

（一）工艺流程

原料乳验收→脂肪标准化→均质→巴氏杀菌→冷却→灌装、封口→装箱→冷藏→检验→成品

（二）操作要点

1. 原料乳验收

国标规定巴氏杀菌乳的原料是牛乳或羊乳，不能使用复原乳或再制乳。由于羊乳数量少、产量低，市场上销售的巴氏杀菌乳主要是牛乳，原料牛乳的验收前面已讲述，不再赘述。

2. 脂肪标准化

标准化的目的是保证牛乳中含有规定的最低限度的脂肪含量，我国食品安全国家标准《巴氏杀菌乳》规定：全脂巴氏杀菌乳脂肪含量≥3.1%。因此，凡不符合标准的乳，都必须进行标准化。其方法是：当原料乳脂肪含量过高时，从中提取稀奶油；当原料乳脂肪含量太低时，可在原料乳中添加稀奶油。由于奶油数量少且不易保存，因此脂肪的标准化主要是在较高脂肪含量的原料乳中分离脱去部分脂肪，使之符合相应的产品标准。

3. 均质

前面已讲述，不再赘述。

4. 巴氏杀菌

（1）巴氏杀菌的目的。

1）杀灭对人体有害的病原菌和大部分非病原菌，以维护消费者的健康。经巴氏杀菌的产品必须完全没有致病菌，如果仍有致病菌存在，其原因是热处理没有达到要求，或者是该产品被二次污染了。

2）抑制酶的活性，以免成品产生脂肪水解、酶促褐变等不良现象。

（2）巴氏杀菌的方法。为保证杀死所有的致病微生物，乳加热必须达到一定的温度。巴氏杀菌的温度和时间是非常重要的因素，应依照乳的质量和所要求的保质期等进行精确规定。由于各国的法规不同，巴氏杀菌工艺也不尽相同，表4-4列出了生产巴氏杀菌乳的主要热处理方式。

表4-4　生产巴氏杀菌乳的主要热处理方式

工艺名称	温度(℃)	时间(s)	方式
预杀菌	63~65	15	-
低温长时巴氏杀菌(LTLT)	63	1800	间歇式
高温短时巴氏杀菌(HTST)	72~75	15~20	连续式
	85~90	10~15	连续式
	94~98	10~15	连续式
超高温巴氏杀菌	125~138	2~4	连续式

5. 冷却

乳经杀菌后,虽然绝大部分细菌都已被杀灭,但仍有部分细菌存活,加之在以后的各项操作中还有被污染的可能,因此乳经杀菌后应立即冷却至5℃以下,以抑制乳中残留细菌的繁殖,增加产品的保存性。

6. 灌装封口

主要是便于分销及消费者饮用。此外还能防止污染;降低食品腐败和浪费;保持杀菌乳的原有风味和防止吸收外界气味而产生异味;减少维生素等营养成分的损失以及传播产品信息。我国乳品厂最早使用的容器是玻璃瓶,随着行业的发展、科技的进步,容器品种开始多样化,有玻璃瓶、塑料瓶、塑料袋、塑料夹层纸盒和涂覆塑料铝箔纸等。

7. 储存、运输和销售

灌装好的产品应及时分送给消费者,如不能立即发送,应储存于2~6℃冷库内。巴氏杀菌乳的储存和分销过程中,必须保持冷链的连续性,尤其是从乳品厂至商店的运输过程及产品在商店的储存过程是冷链的两个最薄弱的环节。应选用保温密封车甚至冷藏车运输,产品在装车、运输、卸车和最后运至商店的过程中,时间不应超过3小时。

我国巴氏杀菌乳在2~6℃的储藏条件下保质期为1周,欧美国家巴氏杀菌乳的保质期稍长,在15天左右。

二、超高温灭菌乳

(一) 分类

超高温灭菌乳又称长寿乳、保久乳,是以牛乳(或羊乳)或复原乳为主料,不添加或添加辅料,经灭菌制成的液体产品。

超高温灭菌乳根据脂肪含量、蛋白质含量、原料的不同分类。

1. 按脂肪含量分类

按脂肪含量不同可将灭菌乳分为全脂、部分脱脂、脱脂灭菌乳。

2. 按蛋白质含量分类

按蛋白质含量不同可将灭菌乳分为灭菌纯牛(羊)乳(P≥2.9%),灭菌调制乳

（P≥2.3%）。

（1）灭菌纯牛（羊）乳：以牛乳（或羊乳）或复原乳为原料，脱脂或不脱脂，不添加辅料，经超高温瞬时灭菌、无菌罐装或保持灭菌制成的产品。

（2）灭菌调味乳：以牛乳（或羊乳）或复原乳为主料，脱脂或不脱脂，添加辅料，经超高温瞬时灭菌、无菌罐装或保持灭菌制成产品。

3. 按原料来源分类

按原料来源不同可分为灭菌牛乳、灭菌羊乳、灭菌复原乳。

4. 根据用途分类

根据用途不同可分为学生奶、早餐奶、晚上好奶、儿童牛奶、高钙牛奶、低乳糖牛奶、准妈妈牛奶等。

5. 按灭菌方式分类

（1）超高温灭菌乳：以生牛（羊）乳为原料，添加或不添加复原乳，在连续流动的状态下，加热到至少132℃并保持很短时间的灭菌，再经无菌灌装等工序制成的液体产品。

（2）保持灭菌乳：以生牛（羊）乳为原料，添加或不添加复原乳，无论是否经过预热处理，在灌装并密封之后经灭菌等工序制成的液体产品。将乳液预先杀菌（或不杀菌），包装于密闭容器内，在不低于110℃温度下灭菌10分钟以上。

（二）超高温灭菌乳的加工工艺流程

原料乳的验收→预处理→超高温灭菌→无菌平衡罐→无菌灌装→装箱→检验→成品

（三）操作要点

1. 原料乳的验收

国标规定灭菌乳生产所用的原料可以是牛乳、羊乳和复原乳。用于生产灭菌乳的牛乳必须新鲜，有极低的酸度，正常的盐类平衡及正常的乳清蛋白含量（不得含初乳）。牛乳必须至少在75%的酒精中保持稳定。

2. 预处理

灭菌乳加工中的预处理，即净乳、冷却、贮乳、标准化等技术要求同巴氏杀菌乳。

3. 超高温灭菌

灭菌工艺要求杀灭乳中全部的微生物，而且对产品的颜色、滋味、气味、组织状态及营养品质的损害降低到最低程度。而牛乳在高温下保持较长时间，会产生一些化学反应，如蛋白质同乳糖发生美拉德反应；蛋白质发生某些分解产生不良气味，产生焦糖味；某些蛋白质变性而沉淀。这些都是生产灭菌乳所不允许的。

超高温灭菌可采用不同的加热温度与时间组合。

（1）直接蒸汽加热法。即乳先经预热后，将蒸汽直接喷射入牛乳中，使乳在瞬间被加热到140℃，然后进入真空室由蒸发而立即冷却，最后在无菌条件下进行均质、冷却。牛乳温度变化为：原料乳（5℃）→预热至75℃→蒸汽直接加热至140℃（保温4秒）→冷却至76℃→均质（压力15～25MPa）→冷却至20℃→无菌储罐→无菌包装。

（2）间接加热法。乳在板式热交换器内被高温灭菌乳预热至66℃（同时高温灭菌乳被冷却），然后经过均质机，在15～25MPa的压力下进行均质。

牛乳经预热及均质后，进入板式热交换器的加热段，被热水系统加热至137℃，热水温度由喷入热水中的蒸汽量控制（热水温度为139℃）。然后，137℃的热乳进入保温管保温4秒。

离开保温管后，灭菌乳进入无菌冷却段被水冷却。从137℃降温至76℃，最后进入回收段，被5℃的进乳冷却至20℃。牛乳温度变化如下：原料乳（5℃）→预热至66℃→加热至137℃（保温4秒）→水冷却至76℃→进乳冷却至20℃→无菌储罐→无菌包装。

间接法和直接法一样，工艺条件必须有严密的控制。在投入物料之前，先用水灌入物料系统进行循环加热，达到灭菌温度，将设备灭菌30分钟，操作时由定时器自动控制。如果灭菌进行过程中，温度达不到灭菌条件，定时器回到零，待达到温度后，再重新开始计时至30分钟，可保证投料前设备的无菌状态。

4. 无菌平衡罐

经超高温灭菌及冷却后的灭菌乳应立即在无菌条件下被连续地从管道内送往包装机。为了平衡灭菌机及包装机生产能力的差异，并保证在灭菌机或包装机中间停车时不致产生相互影响，可在灭菌机和包装机之间装一个无菌储罐，起缓冲作用。无菌乳进入储罐，不允许被细菌污染，因此，进出储罐的管道及阀门、罐内同乳接触的任何部位，必须一直处于无菌状态。罐内空气必须是经过滤后的无菌空气。如果灭菌机及无菌包装机的生产能力选择恰当，亦可不装无菌储罐，因为灭菌机的生产能力有一定伸缩性，且可调节少量灭菌乳从包装机返回灭菌机。无菌储罐的能力一般为3.5～20m³。

5. 无菌灌装

超高温灭菌乳多采用无菌包装。经过超高温灭菌生产出的商业无菌产品，是以整体形式存在的。必须分装于单个的包装中才能进行储存、运输和销售，使产品具有商业价值。因此，无菌灌装系统是生产超高温灭菌乳不可缺少的。

6. 装箱

装箱要做到数量准确，摆放整齐，封口严密，正确打印生产日期。

7. 贮存、运输和销售

超高温灭菌乳因为达到了商业无菌的要求，其贮存、运输和销售可以在常温下进行。

第三节　酸乳加工技术

酸乳是以生牛（羊）乳或乳粉为原料，经杀菌、接种嗜热链球菌和保加利亚乳杆菌（德氏乳杆菌保加利亚亚种）发酵制成的产品。

风味酸乳：以80%以上生牛（羊）乳或乳粉为原料，添加其他原料，经杀菌、接种嗜热链球菌和保加利亚乳杆菌（德氏乳杆菌保加利亚亚种）发酵前或后添加或不添加食品添加剂、营养强化剂、果蔬、谷物等制成的产品。

一、凝固型酸乳

（一）发酵剂的制备

1. 发酵剂的概念及作用

（1）发酵剂的概念。发酵剂是制作发酵乳制品的特定微生物的培养物，内含一种或多种活性微生物。

1）商品发酵剂：又称乳酸菌纯培养物，一般指所购得的原始菌种。

2）母发酵剂：是商品发酵剂的初级活化产物。

3）中间发酵剂：是母发酵剂的活化产物，也是发酵剂生产的中间环节。

4）工作发酵剂：又称生产发酵剂，能直接应用于实际生产

（2）发酵剂的作用。

1）乳酸发酵：通过乳酸菌的发酵，使牛乳中的乳糖转变成乳酸，乳的 pH 降低，产生凝固和形成风味。凝块是这样形成的：随着酸度的逐渐增加，牛乳中酪蛋白所带的负电荷逐渐消失。pH 为4.6时，酪蛋白所带电荷完全消失，酪蛋白颗粒互相聚合形成三维网状结构，这样就形成了酸乳凝块。

2）产生风味：乳酸发酵可使产品产生良好的风味。与风味有关的微生物以明串珠菌、丁二酮链球菌为主，并包括部分链球菌和杆菌。这些菌能使乳中所含柠檬酸分解生成丁二酮、羟丁酮、丁二醇等化合物和微量的挥发酸、乙醇、乙醛等。

3）产生抗生素：乳酸链球菌和乳油链球菌中的个别菌株，能产生乳酸链球菌素和乳油链球菌素抗生素，可防止杂菌和酪酸菌的污染。

2. 酸乳发酵剂菌种

酸乳生产中用的乳酸菌菌种是保加利亚乳杆菌和嗜热链球菌。

酸乳生产中常用保加利亚乳杆菌与嗜热链球菌组成的混合发酵剂，其比例通常为1:1，但由于菌种生产单位不同，杆菌与球菌的活力也不同，在使用时其配比应灵活掌握。研究证明，单一使用保加利亚乳杆菌或嗜热链球菌发酵乳，发酵时间都在10小时以上；而两种菌种混合使用，在45~50℃的温度下发酵2~3小时即可。这说明保加利亚乳杆菌和嗜热链球菌之间存在共生现象。保加利亚乳杆菌在发酵初期能分解蛋白质形成氨基酸（主要是缬氨酸）和多肽，它们是链球菌生长的基本因素，能促进嗜热链球菌的生长；而嗜热链球菌生长过程中产生的 CO_2 和甲酸又能刺激保加利亚乳杆菌的生长。

3. 发酵剂的制备

发酵剂的活化和培养步骤见图4-2。

（1）菌种的复活和保存。购买的纯菌种培养物通常都装在试管或安瓿中，由于存放时间长，菌种的活力较弱，通过多次传代，可恢复活力。

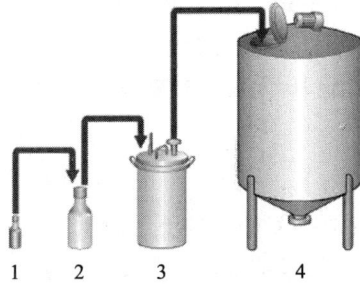

图4-2 发酵剂的活化和培养步骤

1-商品菌种；2-母发酵剂；3-中间发酵剂；4-生产发酵剂

1）移取菌种。先将装菌种的试管口用火焰灭菌，然后打开棉塞，用灭菌吸管从试管底部吸取1~2mL纯培养物，立即移入预先准备好的灭菌培养基中。该操作要在无菌的条件下进行，以防止杂菌污染。

2）保温培养。根据采用菌的生理特性，保温培养至凝固。

3）充分活化。取出1~2mL上述凝固物，按上述方法移入灭菌培养基中保温培养。反复数次使乳酸菌充分活化。

将凝固后的菌种保存于0~5℃冰箱中，每隔2周移植一次。

（2）中间发酵剂和工作发酵剂的制备。

乳酸菌纯培养物或中间发酵剂

↓

培养基的热处理(90℃、30~60分钟或121℃、15分钟)→冷却（至接种温度）→接种→保温培养→冷却→贮存或使用

1）冷却至接种温度。将杀菌后的培养基冷却到接种温度。接种温度根据所使用的发酵剂类型确定。可以按照商品发酵剂生产推荐的温度，也可以根据经验决定最适温度。

2）接种。培养基冷却到所需温度后，就可以加入定量的菌种。接种量要根据实际生产进行确定，而且接种要在无菌条件下进行操作。

3）保温培养。培养时间由发酵剂中微生物类型、接种量等决定，一般为3~20小时。培养过程中要严格控制培养温度。发酵剂中球菌和杆菌的比例对培养温度有一定的影响，二者比例为4:1时温度要控制在40℃左右，2:1时是45℃，1:1时约为43℃。

4）冷却。当发酵剂达到预定酸度后要及时进行冷却，冷却可以阻止细菌继续生长，以保证发酵剂具有较高的活力。如发酵剂能在6小时之内使用，冷却到10~20℃即可，否则需要冷却到5℃以下。在实际生产中，尤其是大规模生产时，为了能用到活力较强的发酵剂，最好每隔4小时制备一次发酵剂，既有利于安排生产，也能保证酸乳成品的质量。

5）贮存。为了更好地保存发酵剂的活力，对贮存方法已经进行了大量的研究工作。用液氮冷冻到-160℃来保存发酵剂，效果很好，而且在适当的温度下还能保存很

长时间，如浓缩发酵剂、深冻发酵剂、冻干发酵剂等。深冻发酵剂比冻干发酵剂需要更低的贮存温度，而且最好用装有干冰的绝热塑料盒包装运输，时间不能超过12小时；而冻干发酵剂在20℃条件下运输10天也不会缩短保质期，但是，购买者接到货后最好在建议的温度下贮存。

4. 发酵剂的储藏

培养后的发酵剂应存放在0~5℃的条件下。为维持其活性，乳酸菌纯培养物每1~2周应活化1次。根据细菌的生长繁殖规律，连续的培养会产生变异现象，如保加利亚乳杆菌和嗜热链球菌一般只能扩大培养20~25次。所以很多厂家采用定期更换发酵剂的方法来保证产品的质量。

（二）凝固型酸乳的加工

1. 凝固型酸乳的工艺流程

发酵剂　容器

原料乳验收→配料与标准化→预热→均质→巴氏杀菌→冷却→接种→灌装→发酵→冷却、后熟→检验→成品→贮存或销售

凝固型酸乳的生产线见图4-3。

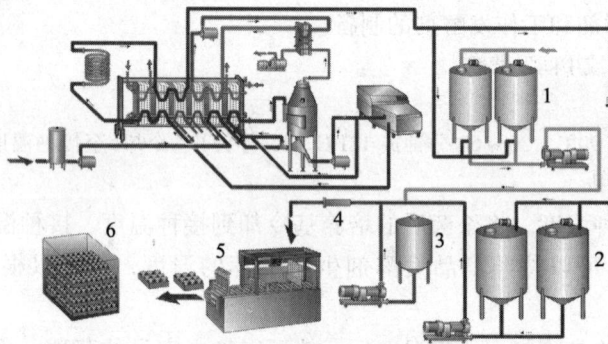

图4-3　凝固型酸乳的生产线
1-生产发酵剂罐；2-缓冲罐；3-香精罐；4-过滤器；5-灌装机；6-发酵室

2. 操作要点

（1）原料乳验收。生产酸乳所用的原料乳必须新鲜、优质，酸度不高于18°T，总乳固体含量不低于11.2%。研究表明，乳固体为11.1%~11.8%的原料乳可以生产出品质较好的酸乳。如果乳固体含量低，在配料的时候可添加适量的乳粉，以促进凝乳的形成。原料乳中不得含有抗生素、杀菌剂、洗涤剂、噬菌体等阻碍因子，否则会抑制乳酸菌的生长，使发酵难以进行。

（2）配料与标准化。原料牛乳中的干物质含量对酸乳质量颇为重要，尤其是酪蛋白和乳清蛋白的含量，可提高酸凝乳的硬度，减少乳清析出。

为了增加干物质含量，可以采用减压蒸发浓缩、反渗透浓缩、超滤浓缩等方法，将

牛乳中水分蒸发 10%～20%，相当于干物质增加了 1.5%～3%；也可以采用添加浓汁牛乳(如炼乳、牦牛乳或水牛乳等)或脱脂乳粉(添加量一般为 1%～1.5%)的方法，以促进发酵凝固。

在乳源有限的条件下，可以用脱脂乳粉、全脂乳粉、无水奶油为原料，根据原料乳的化学组成，用水进行调配和复原成液态乳。

混料温度一般控制在 10℃以下，混料水合时间一般不低于 30 分钟。

(3) 预热与均质。均质前预热至 55℃左右可提高均质效果。均质有利于提高酸乳的稳定性和稠度，并使酸乳质地细腻，口感良好。均质压力一般控制在 15.0～20.0MPa。

(4) 杀菌及冷却。均质后的物料以 90～95℃进行 5～10 分钟杀菌，其目的是杀死病原菌及其他微生物；使乳中酶的活力钝化和抑菌物质失活；使乳清蛋白热变性，变性乳清蛋白可与酪蛋白形成复合物，能容纳更多的水分，并且具有最小的脱水收缩作用，能改善酸乳的稠度。

杀菌后的物料应迅速冷却到菌种最适增殖温度范围 40～43℃，最高不宜大于 45℃，否则对产酸及酸凝乳状态有不利影响，甚至出现严重的乳清析出。

(5) 接种发酵剂。接种前对发酵剂的活力进行检测，根据活力检测情况确定接种量，一般接种量为 2%～4%。接种前发酵剂应搅拌均匀，发酵剂不应有大凝块，以免影响成品质量。接种生产发酵剂后，应充分搅拌均匀后进入灌装程序。

(6) 灌装。主要包装形式有：瓷瓶、玻璃瓶、塑料杯、塑料袋、复合纸盒、塑料壶(桶)等。在装瓶前需对玻璃瓶、陶瓷瓶进行蒸汽灭菌，一次性塑料杯、塑料瓶等可直接使用。

(7) 发酵。凝固型酸乳的发酵是在发酵室中完成的。采用保加利亚乳杆菌与嗜热链球菌的混合发酵剂时，温度宜保持在 41～43℃，培养时间 2.5～4.0 小时。采用其他种类的生产发酵剂时，应根据发酵剂的生长特性，确定适宜的发酵温度。

(8) 冷却、后熟。将发酵好的酸乳置于 2～6℃冷库中冷藏 12～24 小时进行后熟，进一步促使芳香物质的产生，并改善产品的黏稠度。

(9) 贮藏、运输和销售。贮藏、运输和销售都应在 2～6℃的环境中进行。贮藏应采用温度为 2～10℃的高温冷库，运输过程中需要用冷藏车，销售过程中需要冷藏柜或电冰箱，以确保产品的质量稳定。

二、搅拌型酸乳的加工

(一) 搅拌型酸乳的加工工艺

　　　　　　　　　　　　　　发酵剂　　果料、香料等　容器
　　　　　　　　　　　　　　　↓　　　　　↓　　　　↓

原料乳验收→配料与标准化→预热→均质→巴氏杀菌→冷却→接种→发酵→搅拌冷却→灌装→冷却、后熟→检验→成品→贮存或销售

（二）搅拌型酸乳的操作要点

搅拌型酸乳的加工工艺及技术要求与凝固型酸乳基本相同，主要区别是搅拌型酸乳多了一道搅拌混合工艺，这正是搅拌型酸乳的特点。

根据加工过程中是否添加果蔬料，搅拌型酸乳又分为天然搅拌型酸乳和加料搅拌型酸乳两种。下面仅对不同于凝固型酸乳的操作工序加以说明。

1. 发酵

发酵罐通过夹层内的热介质提供热量以维持发酵温度，热介质的温度可以根据培养的要求进行调整。

发酵罐内安装有温度计和 pH 计，可以测量罐中的温度和 pH。在 41～43℃下培养2～3小时，pH 就可降到 4.7 左右，同时料液在发酵罐中形成凝乳。搅拌型酸奶一般要添加 0.1%～0.5% 的明胶、果胶或琼脂等稳定剂。

2. 冷却

搅拌型酸乳冷却的目的是快速抑制细菌的生长和酶的活性，以防止发酵过程产酸过度和搅拌时脱水。搅拌型酸乳的冷却可采用片式冷却器、管式冷却器、表面刮板式热交换器、冷却罐等。

冷却要求在酸乳完全凝固(pH 为 4.6～4.7)后开始。冷却过程应稳定进行，控制好冷却的速度。冷却过快将造成凝块迅速收缩，导致乳清分离；冷却过慢则会造成产品过酸和添加的果料脱色。冷却后，酸奶的温度最好为 0～7℃，这样能充分发挥稳定剂的作用。

3. 搅拌

通过机械力破碎凝胶体，使凝胶体的粒子直径达到 0.01～0.4mm，并使酸乳的硬度和黏度及组织状态发生变化。这是搅拌型酸乳生产中的一道重要工序。

在搅拌过程中可添加草莓、菠萝、橘子果酱或果料制成相应的果料酸奶。或者添加香料制成调味酸奶。

4. 混合、灌装

在酸乳自缓冲罐到包装机的输送过程中，果蔬、果酱和各种类型的调香物质等可通过一台变速的计量泵连续加入酸乳中。果蔬混合装置一般固定在生产线上，计量泵与酸乳给料泵同步运转，保证酸乳与果蔬混合均匀。一般发酵罐内用螺旋搅拌器搅拌即可混合均匀。

三、酸乳常见质量问题分析

（一）凝固型酸乳常见的质量问题及控制措施

凝固型酸乳在生产中，由于种种原因，常会出现一些质量问题。下面简要介绍问题的发生原因和控制措施。

1. 凝固性差

凝固型酸乳有时会出现凝固性差或不凝固的现象，主要有以下原因。

（1）原料乳的质量。当乳中含有抗生素、防腐剂时，会抑制乳酸菌的生长，导致发酵失败，出现凝固性差或不凝固的现象。使用乳房炎乳时，由于其白细胞含量较高，对乳酸菌也会产生一定的吞噬作用。此外，原料乳掺假，特别是掺碱，使发酵所产的酸被消耗，而不能积累到凝乳所要求的 pH，从而使乳不凝或凝固不好。牛乳中掺水，会使乳的总干物质降低，也会影响酸乳的凝固性。

（2）发酵温度和时间。发酵温度应依乳酸菌种类的不同而异。若发酵温度低于该菌种的最适温度，则乳酸菌活力下降，凝乳能力降低，使酸乳凝固性降低。当发酵时间过短时，乳酸菌产酸不足，也会导致酸乳凝固性能下降。此外，发酵室温度不均匀也是造成酸乳凝固性降低的原因之一。

（3）噬菌体污染。噬菌体污染也是导致发酵缓慢、凝固不完全的原因之一。由于噬菌体对菌种的选择有严格的特异性，所以，可采用经常更换发酵剂的方法加以控制。此外，两种以上菌种混合使用也可减少噬菌体的危害。

（4）发酵剂的活力。发酵剂活力太弱或接种量太少也能造成酸乳的凝固性下降。灌装容器上残留的洗涤剂（如氢氧化钠）和消毒剂（如氯化物）都会影响菌种的活力，所以一定要清洗干净，以确保酸乳的正常发酵和凝固。

（5）加糖量。生产酸凝固型乳时，加入适量的蔗糖可使产品产生良好的风味，并有利于乳酸菌产酸量的提高和产品黏度的增加。若添加过多，则因产生高渗透压而抑制乳酸菌的生长繁殖，致使牛乳不能很好凝固。加糖量一般控制在 5% ~ 8%。

2. 乳清析出

乳清析出是凝固型酸乳常见的质量问题，其主要原因有以下几种。

（1）原料乳热处理不当。热处理温度偏低或时间不够，无法使 75% 的乳清蛋白变性，蛋白质的持水能力下降，导致乳清析出。

（2）发酵时间。若发酵时间过长，乳酸菌继续生长繁殖，使产酸量不断增加，过多的酸会破坏已形成的胶体结构，使其容纳的水分游离出来形成乳清析出。而发酵时间过短，乳蛋白质的胶体结构还未充分形成，不能包裹乳中原有的水分，也会形成乳清析出。因此，发酵时要抽样检查，合理判断发酵终点。

（3）其他因素。原料乳中总干物质含量低、酸乳凝胶受机械振动而破坏、乳中钙盐不足、发酵剂添加量过大等也会导致乳清析出。在实际生产中，向乳中添加适量的 $CaCl_2$，既可减少乳清析出，又可赋予凝固型酸乳一定的硬度。

3. 风味不良

正常酸乳应具有发酵乳固有的风味，但在生产过程中常出现以下不良风味。

（1）无芳香味。菌种选择不当是导致无芳香味的主要原因之一。在生产酸乳时一般选用含两种以上菌种的混合发酵剂，并使其保持适当比例，否则易导致产香不足，风味变劣。此外，加工操作不当，如采用高温短时发酵等，也会造成芳香味不足。

（2）不洁味。主要由发酵过程中污染的杂菌引起。如果发酵剂或原料被丁酸菌污染，酸乳会产生刺鼻怪味；若被酵母菌污染，不仅产生不良风味，还会使酸乳产生气泡，进而影响酸乳的组织状态。

（3）产品过酸、过甜。发酵过度、冷藏温度偏高、加糖量过低等会致使酸乳偏酸；而发酵不足、加糖过高又会导致酸乳偏甜。

因此，应尽量避免发酵过度。发酵结束后要立即置于 0~4℃ 的条件下进行冷藏，有效防止后发酵。此外，还要严格控制加糖量。

（4）原料乳的异味。原料乳的异味主要来源于牛体臭味、氧化臭味、加热臭（因过度热处理而产生的蒸煮味）等。另外，在配料时，如果添加了风味不良的炼乳或乳粉等，也会影响酸乳的风味。

4. 表面霉菌生长

贮藏时间过长、贮藏温度过高时，酸乳表面往往会出现霉斑。黑斑点易被察觉，而白色霉菌则不易被发现。这种酸乳一旦被人误食，轻者引起腹胀，重者导致腹痛腹泻。因此要控制好贮藏时间和贮藏温度。

5. 砂状口感

优质酸乳应具备柔嫩、细滑的口感。如果采用高酸度乳或劣质乳粉来生产酸乳，则产品口感粗糙，有砂状感。因此，生产酸乳时，应选用新鲜牛乳或优质乳粉，并进行适当的均质处理使乳中蛋白质颗粒细微化，达到改善口感的目的。

（二）搅拌型酸乳常见的质量问题及控制措施

1. 组织砂状

酸乳从外观组织上看有许多砂状颗粒存在，不细腻。砂状结构的产生有多种原因，普遍认为和发酵温度过高、发酵剂活力过低、接种量过多、发酵期间的震动有关。一些厂家，为防止降温缓慢造成过酸现象，在较高温度下就开始搅拌，这也是造成砂状组织的原因之一。此外，牛乳受热过度也是出现砂状组织的主要原因。

2. 乳清分离

其原因是凝乳搅拌速度过快，搅拌温度不合适。此外，酸凝乳发酵过度，冷却温度不适及干物质含量不足等因素也可造成乳清分离现象。搅拌速度的快慢对成品的质量影响较大，若搅拌速度过慢，不能使凝块破损，产品不能均匀一致；但搅拌速度过快又使酸乳的凝胶状态破坏，黏稠度下降，在贮藏过程中产生大量的乳清。因此，应选择合适的搅拌器并注意降低搅拌速度。

3. 风味不正

除了与凝固型酸乳相同的原因外，还有在搅拌过程中因操作不当而混入了大量的空气，造成酵母和霉菌的污染。此外，添加的果蔬若处理不当，也会因果蔬料的变质、变味而引起酸乳的风味不良。

第四节　冰淇淋与雪糕的加工技术

一、冰淇淋

（一）冰淇淋的概念及特点

以饮用水、乳和/或乳制品、糖等为主要原料，添加或不添加食用油脂、食品添加剂，经混合、灭菌、均质、老化、凝冻、硬化等工艺制成的体积膨胀的冷冻饮品。

冰淇淋以其轻滑而细腻的组织、紧密而柔软的形体、醇厚而持久的风味，以及营养丰富、清凉甜美等特点，有"冷饮之王"的美称，深受广大消费者欢迎。随着人们消费水平的提高，冰淇淋已成为人们四季都能享用的冷食。如今的冰淇淋产品，早已不是单纯的奶油或巧克力雪糕，而是在用料上不断创新，选用了果仁、果酱，还添加了多种水果口味及其他口味(如啤酒、果酒)。

（二）冰淇淋的分类

1. 冰淇淋的行业标准分类

全乳脂冰淇淋；半乳脂冰淇淋；植脂冰淇淋。

2. 按冰淇淋的形态分类

分为冰淇淋砖(冰砖)、杯状冰淇淋、锥状冰淇淋、异形冰淇淋、装饰冰淇淋等。

3. 按使用不同香料分类

分为香草冰淇淋、巧克力冰淇淋、咖啡冰淇淋和薄荷冰淇淋等。其中以香草冰淇淋最为普遍，巧克力冰淇淋其次。

4. 按所加的特色原料分类

分为果仁冰淇淋、水果冰淇淋、布丁冰淇淋、豆乳冰淇淋、酸味冰淇淋、糖果冰淇淋、蔬菜冰淇淋、巧克力脆皮冰淇淋、黑色冰淇淋、啤酒冰淇淋、果酒冰淇淋等。

5. 按冰淇淋的硬度分类

可分为软质冰淇淋、硬质冰淇淋。

6. 按冰淇淋的颜色分类

可分为单色冰淇淋、双色冰淇淋、三色冰淇淋。

7. 按添加物的位置分类

可分为夹心冰淇淋和涂层冰淇淋。

（三）冰淇淋的加工工艺

1. 工艺流程

原料乳预处理→配料→混合→杀菌→均质→冷却老化→凝冻→灌装成形→硬化→成品冷藏

2. 操作要点

（1）配料的计算。冰淇淋的口味、硬度、质地和成本都取决于各种配料成分的选择及比例。合理的配方设计，有助于配料的平衡恰当并保证质量的一致。

冰淇淋的种类很多，原料的配合各种各样，故其成分也不一致。设计配方时，原则上要考虑脂肪与非脂乳固体成分的比例、总干物质量、糖的种类和数量、乳化剂和稳定剂的选择等。在具体计算时，还要掌握原料的成分，然后按冰淇淋不同的质量标准进行计算，即无论使用哪些原料进行配合，最终都要达到产品标准对各项指标的要求。

（2）配料的处理。乳化稳定剂的溶解，乳化稳定剂首先与其重量 5 ~ 10 倍的白砂糖在干态下搅拌混合均匀，然后在 90 ~ 95℃的热水中边搅拌边加入至溶解均匀。

（3）配料顺序。由于冰淇淋配料种类较多，性质不一，配制时的加料顺序十分重要。一般先加入牛乳、脱脂乳等黏度小的原料及半量的水；再加入黏度稍高的原料，如糖浆、乳粉溶解液等，并进行搅拌和加热；再加入稀奶油、炼乳、果葡糖浆等黏度高的物料；最后以水或牛乳定容，使混合料的总固体控制在规定的范围内。混合溶解的温度通常为 40 ~ 50℃。

（4）杀菌。杀菌可以在配料缸内以直接或间接加热蒸汽使物料温度达到 80℃、20 分钟，或 85 ~ 90℃、5 分钟；若用板式换热器，杀菌条件为 90 ~ 95℃、20 秒。

（5）均质。均质的主要目的是将脂肪球的粒度减少到 $2\mu m$ 以下，使脂肪处在一种永久均匀的悬浮状态。另外，均质还有助于搅打的进行，可提高膨胀率、缩短老化时间，从而使冰淇淋的质地更加光滑细腻、形体松软、增加稳定性和持久性。

均质一般采用二级高压均质机进行，均质处理时最适宜的温度为 65 ~ 75℃。均质压力第一级 15 ~ 20MPa，第二级 2 ~ 5MPa。均质压力随混合料中的固形物和脂肪含量的增加而降低。

（6）冷却与老化（成熟）。混合料经杀菌、均质处理后，温度在 60℃以上，应迅速冷却至老化温度（2 ~ 4℃）。

冰淇淋老化是将经均质、冷却后的混合料置于老化缸中，在 2 ~ 4℃的低温下使混合料进行物理成熟的过程，亦称为"成熟"或"老化"。老化可促进脂肪、蛋白质和稳定剂的水合作用。稳定剂充分吸收水分，料液黏度增加，有利于搅拌时膨胀率的提高。一般说来，老化温度控制在 2 ~ 4℃，时间以 6 ~ 12 小时为最佳。

（7）凝冻。凝冻是冰淇淋生产最重要的步骤之一，是冰淇淋质量、可口性、产量的决定因素。凝冻是将混合料在强制搅拌下进行冰冻，使空气以极微小的气泡状态均匀分布于混合料中，在体积逐渐膨胀的同时，由于冷冻而成为半固体状的过程。

凝冻过程是由凝冻机完成的。凝冻机又有间歇式凝冻机和连续式凝冻机之分。混合料被连续泵入带夹套的冷冻桶内。冷冻过程非常迅速，这一点对形成细小冰晶非常重要。冻结在冷冻桶表面的混合料被冷冻桶内的旋转刮刀连续不断刮下来。混合料从老化缸不断被泵送流往连续式凝冻机，在凝冻时空气被搅入。凝冻温度一般在 −6 ~ −3℃范围内。凝冻后的冰淇淋为半流体状，称为软质冰淇淋。

最适当的膨胀率为 80% ~ 100%，过低则冰淇淋风味过浓、在口中溶解不良、组织也粗硬；过高则变成海绵状组织、气泡大，保形性和保存性不良，在口中溶解很快，风味感觉弱，凉的感觉小。

（8）成型。冰淇淋成型分为浇模成型、挤压成型和灌装成型三大类。

（9）硬化。硬化是将由凝冻机出来的冰淇淋经成型后迅速进行一定时间的低温冷冻，以固定冰淇淋的组织状态，并完成在冰淇淋中形成极细小冰结晶的过程，使其组织保持适当的硬度，保证冰淇淋的质量，以及便于销售与储藏运输。冰淇淋的硬化通常采用速冻硬化隧道，速冻硬化隧道的温度一般为 –45 ～ –35℃。

（10）包装及冻藏。硬化后的冰淇淋进行枕式包装或装盒，然后进行装箱，送入 –20℃以下的低温冷库中冻藏。在冻藏的过程中应注意温度的波动，特别注意停电给产品带来的影响。

二、雪糕

（一）雪糕的概念及分类

1. 雪糕的概念

雪糕是以饮用水、乳品和/或乳制品、食糖、食用油脂等为主要原料，可添加适量食品添加剂，经混合、灭菌、均质或轻度凝冻、注模、冻结等工艺制成的冷冻产品。

2. 雪糕的分类

（1）清型雪糕。不含颗粒或块状辅料的制品，如橘味雪糕。

（2）组合型雪糕。主体部分为雪糕，且所占质量比率不低于50%，与其他冷冻饮品和/或其他食品组成的雪糕。如白巧克力雪糕、菠萝沙冰雪糕、果汁冰雪糕、芝麻脆皮雪糕、水蜜桃夹心雪糕等。

（二）雪糕加工工艺

1. 雪糕的加工工艺流程

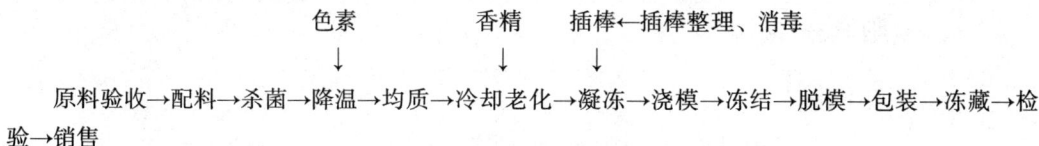

```
            色素          香精     插棒←插棒整理、消毒
             ↓            ↓        ↓
原料验收→配料→杀菌→降温→均质→冷却老化→凝冻→浇模→冻结→脱模→包装→冻藏→检
验→销售
```

2. 雪糕加工操作要点

普通雪糕不需经过凝冻工序，直接经浇模、冻结、脱模、包装而成，膨化雪糕则需要凝冻工序。

（1）凝冻。膨化雪糕要进行轻度凝冻，膨胀率为30%～50%，出料温度控制在 –3℃左右。

（2）浇模。浇模之前必须对模盘、模盖和扦子进行消毒，可用沸水煮沸或用蒸汽喷射消毒10～15分钟，以确保卫生。浇模时应将模盘前后左右晃动，使模型内混合料分布均匀后，盖上带有扦子的模盖，将模盘轻轻放入冻结槽(缸)内进行冻结。

（3）冻结。雪糕的冻结有直接冻结法和间接冻结法。直接冻结法即直接将模盘浸入盐水槽内进行冻结，间接冻结法即速冻库与隧道式速冻。进行冻结操作时，待模盘内混合料全部冻结，即可将模盘取出。

（4）脱模。使冻结硬化的雪糕由模盘内脱下，较好的方法是将模盘进行瞬时加热，使紧贴模盘的物料融化而使雪糕易从模具中脱出。加热模盘的设备可用烫盘槽，其由内通蒸汽的蛇形管加热。

脱模时，在烫盘槽内注入加热用的盐水至规定高度后，开启蒸汽间将蒸汽通入蛇形管控制烫盘槽温度在 50~60℃；将模盘置于烫盘槽中，轻轻晃动使其受热均匀，浸数秒钟后（以雪糕表面稍融为度），立即脱模；产品脱离模盘后，置于传送带上，脱模即告完成，便可进行包装。

第五节　乳粉加工技术

乳粉是以新鲜乳为原料，采用冷冻法或加热法除去乳中几乎全部水分加工而成的干燥粉末状乳制品。

（1）全脂乳粉：仅以乳为原料，添加或不添加食品添加剂、食品营养强化剂，经浓缩、干燥制成的粉状产品。

（2）部分脱脂乳粉：仅以乳为原料，添加或不添加食品添加剂、食品营养强化剂，脱去部分脂肪，经浓缩、干燥制成的粉状产品。

（3）脱脂乳粉：仅以乳为原料，添加或不添加食品添加剂、食品营养强化剂，脱去脂肪，经浓缩、干燥制成的粉状产品。

（4）全脂加糖乳粉：仅以乳、白砂糖为原料，添加或不添加食品添加剂、食品营养强化剂，经浓缩、干燥制成的粉状产品。

（5）调味乳粉：以乳为主要原料，添加辅料，经浓缩、干燥制成的粉状产品；或在乳粉中添加辅料，经干混制成的粉状产品。

一、全脂乳粉

（一）工艺流程

白砂糖溶解→过滤→杀菌→糖液
↓
原料乳验收→标准化→预热、均质→杀菌→真空浓缩→加糖→喷雾干燥→筛粉冷却→检验→包装→成品

（二）操作要点

1. 原料乳的验收

原料乳进入工厂后应立即进行验收，原料乳必须符合国家标准规定的各项要求。

2. 原料乳的标准化

一般乳脂肪的标准化是在离心净乳机净乳时同时进行的。调整原料乳使成品中含有

25%~30%的脂肪。由于这个含量范围较大，所以生产全脂乳粉时一般不用对脂肪含量进行调整。但要经常检查原料乳的含脂率，掌握其变化规律，以便于适当调整。

3. 预热均质

在加工乳粉过程中，原料乳在离心净乳和压力喷雾干燥时，不同程度地受到离心机和高压泵的机械挤压和冲击，有一定的均质效果。所以加工全脂乳粉的原料一般不经均质。但如果进行了标准化，添加了稀奶油或脱脂乳，则应进行均质，使混合原料乳形成一个均匀的分散体系。即使未进行标准化，经过均质的全脂乳粉质量也优于未经均质的乳粉。制成的乳粉冲调后复原性更好。所以标准化后的原料乳可以经冷却后暂储存于冷藏罐中，用于加工乳粉时再将原料乳预热至60℃左右，采用20MPa的压力进行均质。

4. 杀菌

牛乳经过杀菌有利于保藏。现在大多采用高温短时间杀菌或超高温瞬时杀菌法。设备上使用板式或管式杀菌器，采用80~85℃，30秒或95℃，20秒的杀菌条件，或采用120~135℃，2~4秒的超高温瞬时杀菌。

5. 加糖

（1）加糖量计算。GB5410规定全脂甜乳粉的蔗糖含量为20%以下。生产厂家一般控制在19.5%~19.9%。

（2）加糖的方法。常用的加糖方法有：①杀菌之前加糖；②将杀菌过滤的糖浆加入浓缩乳中；③包装前将处理过的蔗糖细粉加到奶粉中；④杀菌前加一部分，包装前再加一部分。

6. 浓缩

所谓浓缩，就是用加热的方法，使牛乳中的一部分水分汽化，并不断地除去，从而使牛乳中的干物质含量提高。为了减少牛乳中营养成分的损失，现均使用真空浓缩的方式。

浓缩后的喷雾干燥的乳粉，颗粒比较粗大，具有良好的流动性、分散性、可湿性和冲溶性，乳粉的色泽也较好。真空浓缩大大降低了乳粉颗粒内部的空气含量，颗粒致密坚实，不仅有利于乳粉的保藏，而且有利于包装。

7. 喷雾干燥

浓缩后的乳打入保温罐内，立即进行干燥。乳粉加工中所用的干燥方法有冷冻干燥、滚筒和喷雾干燥。现在国内外广泛采用喷雾干燥法，包括离心喷雾法和压力喷雾法。

喷雾干燥是一个较为复杂的包括浓缩乳微粒表面水分汽化以及微粒内部水分不断地向其表面扩散的过程。只有当浓缩乳的水分含量超过其平衡水分，微粒表面的蒸汽压超过干燥介质的蒸汽压时，干燥过程才能进行。喷雾干燥过程一般可以分为预热阶段、恒速干燥阶段、降速干燥阶段。

8. 筛粉、冷却、包装

喷雾干燥结束后，应立即将乳粉送至干燥室外并及时冷却，以避免乳粉受热时间过长，特别是对全脂乳粉。受热时间过长会使乳粉的游离脂肪增加，严重影响乳粉的质量，使之在保存中容易发生脂肪氧化变质，乳粉的色泽、滋味、气味、溶解度也会受到影响。

9. 出粉与冷却

（1）干燥的乳粉落入干燥室的底部，粉温可达60℃。

（2）筛粉与贮粉。乳粉过筛的目的是将粗粉和细粉(布袋滤粉器或旋风分离器内的粉)混合均匀，并除去乳粉团块、粉渣，并使乳粉均匀、松散，以便于晾粉冷却。

（3）包装。当乳粉贮放时间达到要求后，开始包装。包装规格、容器及材质依乳粉的用途不同而异。小包装容器常用的有马口铁罐、塑料袋、塑料复合纸袋、塑料铝箔复合袋。规格以500g、454g最多，也有250g、150g。大包装容器有马口铁箱或圆筒，12.5kg装；有塑料袋套牛皮纸袋，25kg装。包装要求称量准确、排气彻底、封口严密、装箱整齐、打包牢固。每天在工作之前，包装室必须经紫外线照射30分钟灭菌后方可使用。包装室最好配置空调设施，使室温保持在20~25℃，相对湿度75%。

二、脱脂乳粉

以脱脂乳为原料，经杀菌、浓缩、喷雾干燥而制成的乳粉即脱脂乳粉。脱脂乳粉因为脂肪含量不超过1.25%，所以耐保藏，不易引起氧化变质。一般脱脂乳粉的保质期为3年。脱脂乳粉一般用于食品工业作为原料，如饼干、糕点、面包、冰淇淋及脱脂鲜奶酪等都用脱脂乳粉。在生产奶油的工厂或生产奶油粉的工厂都可以生产脱脂乳粉。

稀奶油
↑
原料验收→预处理→预热分离→脱脂乳→预热杀菌→真空浓缩→喷雾干燥→冷却→过筛→包装→检验→成品

脱脂乳粉的生产工艺流程与全脂乳粉一样，凡生产奶油或乳粉的工厂都能生产脱脂乳粉。脱脂乳粉均采用大包装，用聚乙烯塑料薄膜袋包装，外面再用三层牛皮纸袋套装封口。

三、速溶乳粉

速溶乳粉是以某种特殊的工艺经喷雾干燥或真空薄膜干燥，或真空泡沫干燥而制得的乳粉。当用水冲调复原时，溶解很快，而且不会在水面上结成小团。这种乳粉在温度较低的水中，也同样能很快溶解复原为鲜乳状态。这需要具有良好的润湿性(也称为可湿性)、良好的沉降性和分散性。而溶解性与普通的乳粉相同，因此比普通的乳粉具有更好的复原性，这需要采取特殊的生产工艺。

常见的速溶乳粉的制造方法有喷雾干燥法、真空薄膜干燥法和真空泡沫干燥法等。喷雾干燥法又分再湿润法和直通法。再湿润法又称之为二段法，是把用喷雾干燥法制得的乳粉颗粒作为基粉，然后送入再湿润干燥器，喷入湿空气或乳液雾滴与乳粉附聚成团粒，再干燥后即为成品。直通法又称为一段法，这种方法不需要先制作基粉，而是在喷雾干燥室下部连接一组直通式速溶乳粉瞬间形成，连续地进行吸湿并流化床式地附聚成粒再干燥而成。通过附聚可将细粉微粒黏合为疏松的大颗粒，提高其溶解性和冲调性。

速溶乳粉一般采用附聚—喷涂卵磷脂的新工艺，而且多采用一段法速溶装置的喷雾干燥设备。

（1）采用高浓度、低压力、大孔径喷头生产大颗粒的并已附聚的全脂乳粉，以得到颗粒直径较大和颗粒分布频率在一定范围内的乳粉，用以改善乳粉的下沉性。

（2）用喷涂卵磷脂来改善乳粉颗粒的润湿性、分散性，使乳粉的速溶性大为提高。

喷涂卵磷脂时主要采用卵磷脂-无水脂肪溶液，卵磷脂和脂肪比例为60:40。卵磷脂用量一般占乳粉干物质的0.2%~0.3%，卵磷脂的喷涂厚度一般为0.1~0.15μm。若乳粉的脂肪比较多时，可以相应增加卵磷脂用量，但是一般不超过0.5%，否则制造出的全脂速溶乳粉就会有卵磷脂味道。

四、配方乳粉

近年来，婴儿用的配方乳粉已进入母乳化的特殊用途配方乳粉时期，以类似母乳组成的营养素为基本目标，通过添加或提取牛乳中的某些成分，使其组成不仅在数量上而且在质量上都接近母乳。这种制品更适合于喂养婴儿，各国都在大力发展特殊用途配方乳粉，且已成为一些国家乳粉工业中的主要产品。

另外，特殊用途配方乳粉的概念已不仅仅局限于婴儿用乳粉上，而是指针对不同人的营养需要，在鲜乳原料中或乳粉中调以各种营养素经加工而成的乳制品。因此，特殊用途乳粉的种类包括婴儿乳粉、母乳化乳粉、中老年乳粉、学生乳粉、准妈妈乳粉等。但主要还是指婴儿用乳粉类。

（一）婴儿乳粉的特性

母乳是婴儿最好的营养品，牛乳被认为是人乳的最好代用品。但牛乳的营养组成与人乳有所不同，牛乳中蛋白质和灰分量比人乳多，而乳糖则较少。用牛乳喂养婴儿会发生种种营养障碍，很难满足婴儿的生长发育需要。因此，需要将牛乳中的各种成分进行调整，使之接近母乳，并加工成方便食用的粉状产品。

（二）婴儿乳粉营养成分调整

1. 蛋白质的调整

牛乳蛋白质不仅含量比人乳高得多，而且组成与人乳差异也较大。对蛋白质加以调整的方法是添加脱盐的甜性乳清或乳清粉，使酪蛋白和乳清蛋白的比例接近人乳；或者用蛋白质分解酶对乳中蛋白质进行分解，以提高酪蛋白的消化性。

2. 脂肪的调整

牛乳脂肪含量与人乳基本相同，但构成甘油酯的脂肪酸组成却不同，可采用不饱和脂肪酸含量高的植物油调整脂肪酸的组成。调整后脂肪酸的构成接近母乳，可使乳脂肪的吸收率提高，接近母乳脂肪的吸收率。

3. 糖类的调整

牛乳中的乳糖含量远低于人乳。因此，在婴儿乳粉中要多补加一些乳糖分解物。

4. 矿物质的调整

牛乳中矿物质含量相当于人乳的 3.5 倍，这会增加婴儿的肾脏负担。因此，母乳化时应采用脱盐方法除掉部分盐类成分。而母乳中的铁比牛乳多，牛乳喂养儿易患缺铁性贫血，故还应再补充一部分铁。

5. 维生素的调整

婴儿乳粉应强化维生素，特别是叶酸和维生素 C，它们对芳香族氨基酸的代谢起辅助作用，婴儿乳粉一般添加的维生素为维生素 A、维生素 B_1、维生素 B_6、维生素 B_{12}、叶酸、维生素 C、维生素 D、维生素 E 等。添加时一定要注意维生素(也包括灰分)的可耐受最高摄入量，防止添加过量对婴儿产生毒副作用。

（三）婴儿乳粉生产工艺

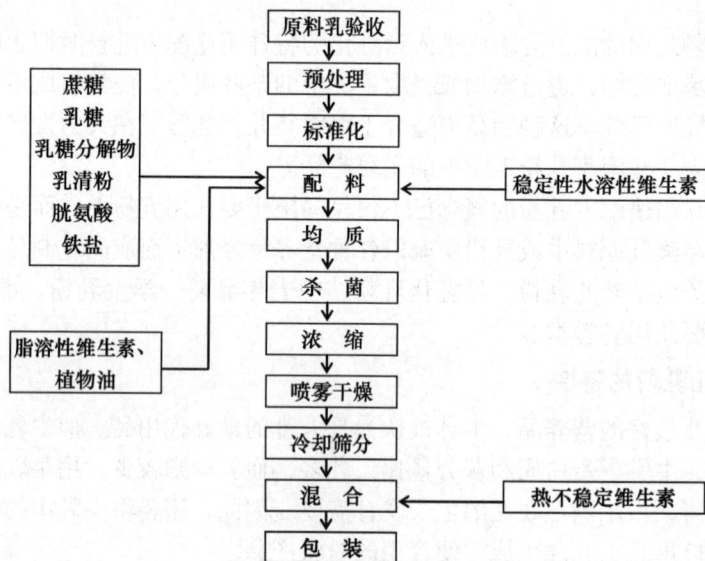

图 4-4　婴儿乳粉生产工艺流程

复习思考题

1. 试述乳的含义及其理化性质。
2. 举例说明乳在乳品加工中如何处理。
3. 简述巴氏杀菌乳与超高温杀菌乳的异同。
4. 凝固型酸奶的加工工艺及操作要点。
5. 简述冰淇淋与雪糕的加工工艺的区别。
6. 冰淇淋的质量标准有哪些？
7. 乳粉的分类及常见的干燥方法。
8. 乳制品中常见的质量问题及解决方法？

第五章 软饮料加工技术

第一节 软饮料加工基本知识

一、软饮料概述

我国 GB10789—1996 中,软饮料是指不含酒精或酒精含量小于 0.5% 的饮料制品,又称不含酒精饮料或非酒精饮料。

软饮料的主要原料是饮用水或矿泉水,果汁、蔬菜汁或植物的根、茎、叶、花和果实的抽提液。大部分含甜味剂、酸味剂、香精、香料、食用色素、乳化剂、起泡剂、稳定剂和防腐剂等食品添加剂。其基本化学成分是水分、糖类和风味物质,有些软饮料还含有维生素和矿物质。

(一)软饮料分类

软饮料一般分为果汁及其饮料、碳酸饮料、蔬菜汁及其饮料、含乳饮料、植物蛋白饮料、瓶装饮用水饮料、茶饮料、固体饮料和特殊用途饮料 9 类。

1. 果汁(浆)及果汁饮料类

包括果汁(浆)和果汁饮料 2 类。果汁(浆)是用成熟适度的新鲜或冷藏水果为原料,经加工所得的果汁(浆)或混合果汁类制品。果汁饮料,在果汁(浆)制品中,加入糖液、酸味剂等配料所得的果汁饮料制品,可直接饮用或稀释后饮用。分为原果汁、原果浆、浓缩果汁、浓缩果浆果汁饮料、果肉饮料、果粒果汁饮料和高糖果汁饮料。

2. 碳酸饮料类

在一定条件下冲入 CO_2 的软饮料，不包括由发酵法自身产生 CO_2 的饮料，其成品中 CO_2（20℃时容积）容量不低于2.0倍。分为果汁型、果味型、可乐型、低热量型及其他型。

3. 蔬菜汁饮料

由一种或多种新鲜或冷藏蔬菜（包括可食的根、茎、叶、花、果实、食用菌、食用藻类及蕨类）等经榨汁、打浆或浸提等制得的制品。包括蔬菜汁、混合蔬菜汁、混合果蔬汁、发酵蔬菜汁和其他蔬菜汁饮料。

4. 含乳饮料类

以鲜乳和乳制品为原料未经发酵或经发酵后，加入水或其他辅料调制而成的液体制品。包括乳饮料、乳酸菌类乳饮料、乳酸饮料及乳酸菌类饮料。

5. 植物蛋白饮料

用蛋白质含量较高的植物的果实、种子，核果类和坚果类的果仁等与水按一定比例磨碎、去渣后，加入配料制得的乳浊状液体制品，蛋白质含量不低于0.5%。分为豆乳饮料、杏仁乳（露）饮料、椰子乳（汁）饮料和其他植物蛋白饮料。

6. 瓶装饮用水饮料

密封在塑料瓶、玻璃瓶或其他容器中可直接饮用的水。其原料水除允许使用臭氧外，不允许有外来添加物。包括饮用天然矿泉水和饮用纯净水。

7. 茶饮料

茶叶经抽提、过滤、澄清等加工工序后制得的抽提液，直接灌装或加入糖、酸味剂、食用香精（或不加）、果汁（或不加）、植（谷）物抽提液（或不加）等配料调制而成的制品。包括茶饮料、果汁茶饮料、果味茶饮料和其他茶饮料。

8. 固体饮料

用糖（或不加）、果汁（或不加）、植物抽提液或其他配料为原料，加工制成粉末状、颗粒状或块状的经冲溶后饮用的制品，其成品水分含量＜5%。分果香型固体饮料、蛋白型固体饮料和其他型固体饮料。

9. 特殊用途饮料

为人体特殊需要而加入某些食品强化剂或为特殊人群需要而调制的饮料。包括运动饮料、营养素饮料和其他特殊用途饮料。

二、软饮料用水及水处理

（一）水源的分类及其特点

1. 地表水

地表水是指地球表面所存积的天然水，包括江水、河水、湖水、水库水、池塘水和浅井水等。部分江河水可能是地下水穿过土层或岩层流至地表。地表水具有水量丰富、矿物质含量较少、水质不稳定的特点。黏土、砂、水草、腐殖质、昆虫、微生物、无机盐以及工业废水是地表水的主要污染物。

2. 地下水

地下水是指经过地层的渗透、过滤，进入地层并存积在地层中的天然水，主要包括深井水、泉水和自流井水等。水质较澄清、水温较稳定、矿物质含量较高是地下水的特点。

3. 自来水

具有水质好、性质稳定，符合生活饮用水标准的特点，而且水处理设备简单，投资小，但价格高。

（二）天然水中的杂质

天然水源中的杂质按其微粒分散的程度，分为悬浮物、胶体物质和溶解物质等3类。

悬浮杂质主要有泥土、砂粒之类的无机物质，此外还包括浮游生物（如绿藻类、蓝藻类）及微生物等。胶体物质一般分为有机胶体和无机胶体两种。占水中胶体大部分的是无机胶体，主要包括黏土和硅酸胶体等，它们由许多离子和分子聚集而成，是水质混浊的主要原因。溶解物质主要包括溶解气体、溶解盐类和其他有机物。天然水中所含杂质及影响见图5-1。

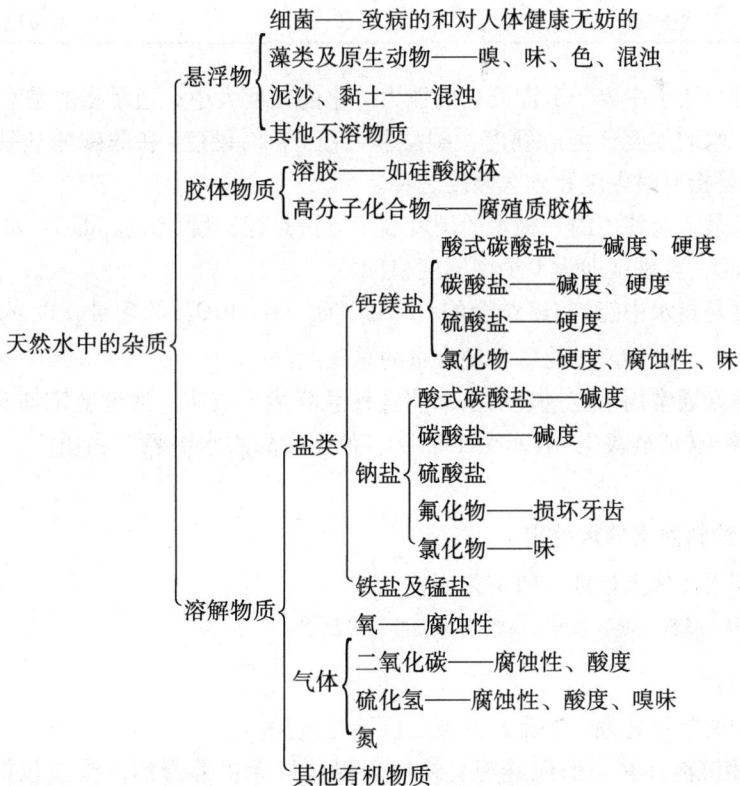

图5-1　天然水中所含杂质及其影响

（三）软饮料工业水质要求

水是软饮料生产中的重要原料。饮料用水必须符合生活饮用水水质标准（GB 5749—2006）。但饮用水的理化指标并不能完全满足生产饮料的要求，特别是果汁饮料和蛋白饮料。根据饮料工艺用水的特殊要求，部分指标见表5-1。

表5-1　饮用水与软饮料用水的差异

指　标	饮用水	饮料用水
浊度/度	<3	<2
色度/度	<15	<5
总固形物(mg/L)	<1000	<500
总硬度(以 $CaCO_3$ 计)(mg/L)	<450	<100
总碱度(以 $CaCO_3$ 计)(mg/L)	—	<50
铁(mg/L)	<0.3	<0.1
高锰酸钾消耗量(以 O_2 计)(mg/L)		<10
游离氯(mg/L)	≥0.3	<0.1
致病菌	—	不得检出

水的硬度是指水中离子沉淀肥皂的能力。水的硬度大小，通常指的是水中钙镁离子盐类的含量。水的硬度分为总硬度、碳酸盐硬度（暂时硬度）和非碳酸盐硬度（永久硬度）。总硬度是指暂时硬度和永久硬度之和。

我国目前最普遍使用的一种水的硬度表示方法是德国度（°d）。即1L水中含有相当于10mg 的 CaO，其硬度即为1个德国度（1°d）。

水的碱度是指水中能与 H^+ 结合的 OH^-，CO_3^{2-} 和 HCO_3^- 的含量，以 mmol/L 表示。水中 OH^-，CO_3^{2-} 和 HCO_3^- 的总含量为水的总碱度。

浊度和色度通常用来定量表示水中的各种悬浮物、胶体。浊度测定通常把1L水中含有1mg 高岭土（或硅藻土）表示为1浊度。色度指除去水中悬浮物质后，水样的色泽深浅。

（四）软饮料用水的水处理

软饮料用水总体水处理一般工艺流程：

原水→净化（混凝沉淀、过滤）→软化→消毒→成品水

1. 净化处理

水处理中的常见处理方法是水的混凝沉淀与过滤。

（1）混凝沉淀。常用的混凝剂是铁盐和铝盐等无机混凝剂，铁盐包括硫酸亚铁、硫酸铁及三氯化铁；铝盐包括明矾、硫酸铝、碱式氯化铝等。助凝剂可以提高混凝的效

果,加速沉淀。活性硅酸、海藻酸钠、羧甲基纤维素钠(CMC)是常用的助凝剂,此外还有化学合成的高分子助凝剂,包括聚丙烯胺、聚丙烯酰胺、聚丙烯等。碱、酸、石灰等可以用来调节 pH。硫酸铝或硫酸亚铁的凝聚沉淀法常用于硬度高的水的处理。

(2)过滤。过滤常用砂石过滤器、砂滤棒过滤器、活性炭过滤器等。通过过滤可以除去以自来水为原水中的悬浮杂质、氢氧化铁、残留氯及部分微生物,以及除去以井水(或矿泉水、泉水)为原水中的悬浮杂质、铁、锰及部分细菌。

活性炭过滤处理可以去除水中余氯和异臭杂味,会极大地影响饮料口感,使水质达到无色、无臭、无味。

2. 水的软化

硬度大的水(一般是地下水),未经处理不能作饮料生产和冷却等的用水。石灰软化法、离子交换法、电渗析法和反渗透法是水的软化常采用的方法。下面主要介绍电渗析法和反渗透法。

(1)电渗析法。电渗析法已在国内软饮料行业普遍应用。电渗析通过离子交换膜把溶液中的溶质(盐分)分离出来。

(2)反渗透法。反渗透是一种新的膜分离技术。反渗透技术可去除水中90%以上的溶解性盐类和99%以上的胶体、微生物、微粒和有机物等,除盐率常达98%～99%。

3. 水的杀菌

目前国内外常用的杀菌方法有氯杀菌、紫外线杀菌和臭氧杀菌。其中以紫外线杀菌最适用于软饮料用水的杀菌处理。

三、软饮料常用的食品添加剂

目前在软饮料生产中常用的添加剂主要有:甜味剂、酸味剂、香料和香精、色素、二氧化碳、防腐剂、抗氧化剂、增稠剂等。

(一)甜味剂

甜味剂是饮料生产中的基本原料,可分为天然甜味剂和合成甜味剂。一般生产中多使用合成甜味剂,但必须在国家规定的范围内使用。我国允许使用的合成甜味剂主要有糖精钠、安赛蜜、蛋白糖等。

1. 甜味剂的甜度

甜味的高低,称为甜度。一般以蔗糖为标准,其他甜味剂的甜度则是与蔗糖比较的相对甜度,以蔗糖的甜度为100;糖精的相对甜度为20000～70000,麦芽糖的相对甜度为2～60,葡萄糖的为50～74,果糖的为114～175,环己基氨基磺酸钠(甜蜜素)的为300～4000,天冬酰苯丙氨酸甲酯的为10000～20000。

2. 软饮料中常用的甜味剂

(1)蔗糖。蔗糖是白色透明的单斜晶体,相对密度是1.606,在常温下能溶解在1/3 体积的水里,但难溶于乙醇,熔点为161℃,加热到190℃以上,蔗糖分子结构发生变化，而变成焦糖。

（2）葡萄糖。葡萄糖作为甜味剂的特点是能使配合的甜味更为精细。固体葡萄糖溶解于水时是吸热反应，触及口腔、舌部时，给以清凉感觉。

（3）果葡糖浆。果葡糖浆主要为果糖和葡萄糖的糖浆，也称为异构糖。目前有两种产品，果糖含量分别为55%和90%，甜度高于蔗糖。

（4）糖醇类。糖醇是世界上广泛采用的甜味料之一，糖醇较糖耐热性更好，不会引起龋齿，代谢时不需胰岛素，溶解时吸热，有清凉感。常使用主要有山梨醇、木糖醇和麦芽糖醇等。

（5）糖苷类。主要有甜菊苷，是一种新型甜味剂。甜度是蔗糖的200～300倍，商品甜菊苷是一种混合物，对热、酸、盐比较稳定。

此外还有二氢查耳酮和素马啶。

（6）合成甜味剂。合成甜味剂具有甜度高、用量少、热量低等优点，目前已广泛使用。我国批准使用的合成甜味剂主要有糖精钠、环己基氨基磺酸钠、天冬酰苯丙氨酸甲酯、乙酰磺胺酸钾等。

1）糖精钠（邻-磺酰苯甲酰亚胺钠）。糖精钠为无色透明结晶或结晶性粉末，无臭，加热会发生轻微的苯醛样芳香，易溶于水，难溶于无水乙醇，在空气中缓慢风化，失去结晶水而成白色粉末。

糖精在水中溶解度低，能感到苦味，目前多用其钠盐。糖精钠甜度是蔗糖的200～700倍（一般为500倍），阈值为0.004%。糖精钠与酸味剂并用，有爽快的甜味，最适宜用于清凉饮料。

我国食品添加剂使用卫生标准中规定，糖精钠广泛用于浓缩果汁和冷饮类等。最大使用量为0.15g/kg，浓缩果汁按浓缩倍数80%加入。汽水最大使用量为0.08g/kg。

2）环己基氨基磺酸钠（甜蜜素或糖蜜素）。甜蜜素为白色结晶性粉末，无臭或几乎无臭，易溶于水，极微溶于乙醇，不溶于氯仿和乙醚，甜味比蔗糖大40～50倍。

根据我国食品添加剂卫生标准，本品用于清凉饮料和冰淇淋等，最大用量为0.25g/kg。

3）天门冬酰苯丙氨酸甲酯（甜味素或阿斯巴甜或蛋白糖）（APM）。阿斯巴甜学名天门冬酰苯丙氨酸甲酯，俗称甜味素，又称阿斯巴甜，是白色结晶性粉末，无臭、有强烈甜味，易溶于水；其甜味与砂糖十分近似，并有清凉感，无苦味或金属味。甜度约为蔗糖的200倍，热量仅为蔗糖的1/200。按照我国食品添加剂使用卫生标准，可用于汽水、乳饮料和咖啡饮料中，用量按正常生产需要与蔗糖或其他甜味剂合用。

4）乙酰磺胺酸钾（安赛蜜，简称AK）。安赛蜜，又称AK糖。甜度为蔗糖的200倍，口感似蔗糖，味道比糖更好。在体内不被代谢和分解，而是以原样形式直接排出体外，是完全"无热量"的。

我国政府于1991年12月正式批准使用安赛蜜，其使用范围包括饮料、冰淇淋等。

（二）酸味剂

酸味剂是软饮料生产中用量仅次于甜味剂的一种重要原料。通过酸味的调节，可得到口味适宜的软饮料制品。

1. 柠檬酸

柠檬酸为无色半透明结晶或白色颗粒，或白色结晶性粉末，无臭。柠檬酸特别适用于柑橘类饮料，其他饮料中也单独或合并使用。果汁饮料生产中使用量为 0.2%～0.35%，固体饮料中为 1.5%～5.0%，在制成水溶液贮备供生产应用时，通常配成50%的浓度。

2. 酒石酸

酒石酸是无色透明结晶或白色的结晶性粉末，有 D-型和 L-型之分。酒石酸使用量一般为 0.1%～0.2%，一般多与柠檬酸、苹果酸等共同使用。

3. 苹果酸

苹果酸是一种白色或荧白色粉状、粒状或结晶状固体，无臭。苹果酸的酸味比柠檬酸刺激性强，对使用合成甜味剂的饮料具有掩蔽后味的效果。可用于果汁、清凉饮料，用量为 0.25%～0.55%，果子露用量为 0.05%～0.1%。

4. 乳酸

乳酸是一种简单的羟基酸，是无色至淡黄色的透明黏稠液体，可以和水、醇以任意比例配合，酸味为柠檬酸的 1.2 倍，味质有涩、软收敛味，与水果中所含酸的酸味不同。乳酸主要用于乳酸饮料。通常与其他酸味剂如柠檬酸等并用，一般用量为0.04%～0.2%。

5. 葡萄糖酸

葡萄糖酸是无色至淡黄色的液体，稍有臭气，酸味约为柠檬酸的一半，难于结晶，市售为含葡萄糖酸50%的溶液，具有和柠檬酸相似的柔和酸味，易溶于水，常与其他酸味剂并用。

（三）食用香精香料

食用香精按其性能和用途可分为水溶性香精、油溶性香精、乳化香精和粉末香精等。在饮料生产中，香精一般在配料时加入，并用滤纸过滤，然后倒入配料容器，搅拌均匀后灌装。

（四）着色剂

食品色素按来源的不同可分为天然色素和合成色素两大类。天然色素种类繁多、色泽自然、安全性高，其使用范围和最大用量都比合成色素广。合成色素具有色泽鲜艳、着色力强、稳定性好、无臭无味、易溶于水和调色、品质均一、成本低廉等优点，被生产企业广泛使用。

1. 天然色素

天然色素是指来源于天然资源的食用色素，是多种不同成分的混合物。由于来源广泛、结构复杂，构成的天然色素种类繁多。

（1）胭脂红酸。胭脂红酸是南美洲一种雌性胭脂虫干燥虫体的提取物。胭脂红酸比紫胶色酸易溶于水。

（2）花色素类。主要包括葡萄果皮色素、萝卜红色素和玫瑰茄色素。

（3）甜菜花青。甜菜花青是红甜菜中呈红色的成分，占 75%～95%，商品甜菜红色素是由甜菜花青和甜菜黄素构成的。

（4）红花黄色素。红花黄色素是以水从菊科植物红花的花中提取的水溶性黄色色素，可使用于柠檬、葡萄、柚等饮料中。

（5）栀子黄色素。栀子黄色素系由栀子果实提取的色素，属于类胡萝卜素类的黄色色素，易溶于水，中性附近对光、热稳定。

（6）焦糖。糖类或糖的浓溶液加热到 100℃以上发生焦糖化反应，糖发生分解，同时有褐色产生。

2. 合成色素

我国目前允许使用的合成色素主要有胭脂红、苋菜红、柠檬黄、日落黄、靛蓝、亮蓝等。使用时，必须遵循我国食品添加剂的规定。

（五）防腐剂

我国食品添加剂使用标准中，对苯甲酸、苯甲酸钠、山梨酸、山梨酸钾、二氧化硫等已做了规定；此外，国外尚无广泛使用对羟基苯甲酸酯类。

1. 苯甲酸和苯甲酸钠

苯甲酸易溶于乙醇难溶于水；苯甲酸钠易溶于水。苯甲酸类防腐剂适用于苹果汁、软饮料、番茄酱等高酸食品中，添加苯甲酸类主要是抑制霉菌和酵母菌。

一般对 pH 为 2.0～3.5 的果汁，起作用的为 0.1% 的苯甲酸，但作为软饮料的许可使用量均低于 0.1%。

2. 对羟基苯甲酸酯类

对羟基苯甲酸酯类一般为无色的小结晶或白色的结晶性粉末，几乎无臭，入口开始无味，其后残存舌感麻痹的感觉。易溶于醇，几乎不溶于水。添加量宜控制在 0.005% 以下，并同时使用其他防腐剂或保存技术才比较好。

在美国，甲酯和丙酯被允许用于食品，最大用量不得超过 0.1%，从溶解度和抑菌作用两方面考虑，一般对羟基苯甲酸甲酯和丙酯以 (2～3):1 的比例配合使用。可用于果酒、啤酒、果品、软饮料、糖浆、泡菜等。

3. 山梨酸及其钾盐

山梨酸为无色针状或片状结晶，或为白色结晶粉末，具有刺激气味和酸味。对光、热稳定，易氧化，沸点 228℃。溶液加热时，山梨酸易随水蒸气挥发。山梨酸难溶于水，要将其预先溶于脂酸、乙醇、丙二醇中使用。

山梨酸盐由于口感温和且基本无味，几乎用于所有的水果制品（果汁、果浆、果酱、水果罐头等），使用量为 0.002% ~ 0.25%。对饮料类的添加使用量如下：碳酸饮料为 0.003% ~ 0.03%，橘汁为 0.025%，橘酱为 0.05% ~ 0.1%，番茄汁为 0.05%。

（六）软饮料加工中使用的其他食品添加剂

1. 抗氧化剂

软饮料生产中使用的是水溶性的抗氧化剂，如维生素 C、异维生素 C、亚硫酸盐类、葡萄糖氧化酶、过氧化氢酶等。

（1）维生素 C、异维生素 C 及其钠盐。维生素 C 及其钠盐一般对果实饮料使用量为 0.01% ~ 0.05%，使用钠盐时，其量要增加 1 倍。异维生素 C 是维生素 C 旋光异构体，使用量及其使用方法均与维生素 C 一致。

（2）二氧化硫和亚硫酸盐

它们有漂白、防腐和抗氧化作用。作为防止氧化变色的用量远低于其防腐用量。如防止柑橘汁在 15 ~ 20℃贮藏时变色，以二氧化硫计，需 10 ~ 90mg/kg；葡萄浓缩汁需 20mg/kg 即可。

（3）葡萄糖氧化酶

在果实饮料中添加，可以防止风味变化，以及金属罐中锡、铁离子的溶出。

2. 乳化稳定剂

饮料生产中常碰到的产品质量问题是沉淀、油析和水析，增稠剂和乳化剂就是用于改善或稳定饮料各组分的物理性质和组织状态的添加剂。

（1）常用增稠剂。

1）羧甲基纤维素钠：羧甲基纤维素钠简称 CMC-Na，为白色纤维状或颗粒状粉末，无臭、无味，在潮湿空气中会吸湿。我国食品添加剂使用卫生标准 GB 2760—1996 规定 CMC-Na 最大使用量为 5g/kg。

2）果胶：果胶分原果胶和果胶。在果汁或果汁汽水中加入适量的果胶溶液，能延长果肉的悬浮效果，改善饮料的口感。

3）藻酸丙二醇酯：藻酸丙二醇酯简称 PGA。PGA 使用时一般配成 1% ~ 5% 的溶液，添加量为 0.3% 左右。

4）海藻酸钠：海藻酸钠是白色或淡黄色的粉末，几乎无臭、无味，溶于水呈黏稠状胶状液体。在冰淇淋等食品中为稳定剂，添加量为 0.15% ~ 0.4%。

（2）乳化剂。

1）蔗糖脂肪酸酯（SE）：蔗糖酯由脂肪酸甲酯和蔗糖反应生成。蔗糖酯无臭、无味、无毒，乳化作用比其他乳化剂效果好。

2）山梨醇酐脂肪酸酯（Span）及其聚氧乙烯衍生物（Tween）：山梨醇酐脂肪酸酯（司盘）一般由山梨醇或山梨糖加热失水成酐后再与脂肪酸酯化而得。常用的 Span 类乳化剂 HLB 为 4 ~ 8，产品分类是以脂肪酸构成划分的，如 Span20（月桂酸 12C），SPan40（棕榈酸 14C），Span60（硬脂酸 18C），Span80（油酸 18C）等。

第二节 果蔬汁饮料加工技术

果汁和蔬菜汁合称为果蔬汁。一般是指天然汁,人工加入其他成分的称为果汁或蔬菜汁饮料或软饮料。目前,我国生产的高温杀菌果汁主要有柑橘汁、苹果汁、沙棘汁、梨汁、山楂汁、草莓汁、荔枝汁、菠萝汁等。蔬菜汁品种主要有番茄汁和芹菜汁。随着人们生活水平的提高,果蔬汁的需求会越来越大。

一、果蔬汁的生产工艺

世界上生产的主要果蔬汁产品,根据加工工艺的不同,可以分为澄清汁、混浊汁、果肉饮料、浓缩汁和果汁粉五大类型。

(一)澄清果汁

1. 工艺流程

原料选择→预处理(分级、清洗、挑选、破碎、热处理、酶处理等)→取汁→澄清→过滤→调配→杀菌→灌装→冷却→成品

2. 工艺要点

(1)原料选择。加工品种具有香味浓郁、色泽好、出汁率高、糖酸比合适、营养丰富等特点,同时生产时原料应该新鲜、清洁、成熟度适宜,加工过程要剔除腐烂果、霉变果、病虫果、未成熟果以及枝、叶等。

(2)清洗。清洗可以去除果蔬表面的尘土、泥沙、微生物、农药残留以及携带的枝叶等。

(3)破碎。通过破碎处理,可把果蔬的组织细胞中的汁液和可溶性固形物挤压出来,提高出汁率。破碎机的类型主要有辊式破碎机(挤压式)和锤式破碎机(锯齿式)。

(4)取汁。一般根据原料、产品的形式不同,取汁的方式有如下几种。

1)压榨:通过一定的压力取得果蔬中的汁液,榨汁可以采用冷榨、热榨甚至冷冻压榨等方式。

2)离心法:通过卧式螺旋离心机来完成,实现果汁与果肉的分离。

3)浸提法:主要适用于干果或水果中果胶含量较高,并且通过上述方法难以取汁的果蔬原料(如山楂),有分批式和连续式两种浸提方式。

4)打浆法:适用于果蔬浆和果肉饮料的生产。

(5)澄清处理的工艺要点。

1)酶法澄清:酶法澄清是利用果胶酶、淀粉酶等分解果汁中的果胶物质和淀粉等达到澄清目的。常用的商品酶制剂是果胶酶和淀粉酶。酶制剂的用量根据果蔬汁及酶的种类而不同,准确用量还需做预先试验而定。

2)电荷中和澄清法:果蔬汁中的果胶、单宁、纤维素等带负电荷,加入带正电荷的物质,发生电性中和,从而破坏果蔬汁稳定的胶体体系,产生沉淀。常用的高分子絮

凝法有：明胶－单宁絮凝法和膨润土－明胶－硅溶胶絮凝法。明胶能与果汁中的果胶、单宁相互凝聚并吸附果蔬汁中的其他悬浮物质，产生沉淀。

3）物理澄清法：分为加热澄清法和冷冻澄清法。通过加热或冷冻处理使果蔬汁中的胶体物质变性，絮凝沉淀。

（6）过滤方法的工艺要点。过滤工艺处理是为了得到澄清透明且稳定的果蔬汁，一般在果蔬汁澄清之后进行，目的在于除去细小的悬浮物质。

1）硅藻土过滤机过滤：常在果汁、果酒及其他澄清饮料生产中使用。硅藻土表面积大，形成厚度约1mm的过滤层，具有阻挡和吸附悬浮颗粒的作用。

2）板框过滤机过滤：是目前常用的分离方法，常作为果汁进行超滤澄清的前处理设备，对减轻超滤设备的压力十分重要。

3）离心分离：是果蔬汁分离的常用方法，在高速转动的离心机内悬浮颗粒得以分离，有自动排渣和间隙排渣两种。

4）膜分离技术：在果汁澄清工艺中所采用的膜主要是超滤膜，膜材料有陶瓷膜、聚砜膜、磺化聚砜膜、聚丙烯腈膜及共混膜。用超滤膜澄清的果汁在质量上优于其他澄清方法制得的澄清汁。

（二）混浊果汁

1. 工艺流程

$$原料\begin{cases}→预处理→破碎→热处理(酶处理)→取汁杀菌→灌装→冷却\\→软化→打浆→加水稀释……→调配→均质→脱气→灌装→杀菌→冷却\end{cases}$$

混浊果汁的工艺操作要点是均质和脱气。

2. 均质处理的操作要点

（1）均质。生产上常用的均质机械有高压均质机和胶体磨。

1）高压均质机。最常用的机械是高压均质机，均质压力随果蔬种类、物料温度、要求的颗粒大小而异，一般在15～40MPa。

2）胶体磨。胶体磨的破碎作用借助于快速转动和狭腔的摩擦作用，当果蔬汁进入狭腔(间距可调)时，受到强大的离心力作用，颗粒在转齿和定齿之间的狭腔中摩擦、撞击而分散成细小颗粒。

（2）脱气处理的操作要点。脱气的方法有真空脱气、气体置换脱气、加热脱气、化学脱气以及酶法脱气五种。

真空脱气的操作要点是：①控制适当的真空度和果汁的温度。果汁的温度应当比真空罐内绝对压力所对应温度高2～3℃。一般脱气罐内的真空度为90.7～93.3kPa。果汁热脱气为50～70℃，常温脱气为20～25℃。②被处理果汁的表面积要大，一般是使果汁分散成薄膜或雾状，以利于脱气，方法有离心喷雾、加压喷雾和薄膜式3种。③脱气时间充分。脱气时间取决于果汁的性状、温度和果汁在脱气罐内的状态。黏度高、固形物含量多的果汁脱气困难，脱气时间长。

气体置换脱气是通过向果蔬汁中充入一些惰性气体置换果蔬汁中存在的氧气；有的

企业使用加热脱气，但脱气不彻底；化学脱气是利用一些抗氧化剂，如维生素 C，消耗果汁中的氧气，它常常与其他方法结合使用；酶法脱气是利用葡萄糖氧化酶将葡萄糖氧化成葡萄糖酸而耗氧，生产中使用很少。

（三）浓缩果蔬汁

浓缩果蔬汁是由澄清果蔬汁经脱水浓缩后制得的，饮用时一般要稀释。浓缩果蔬汁容量小，可溶性固形物可高达 65% ~ 75%，果蔬汁的品质更加一致，糖、酸含量的提高，增加了产品的贮藏性。橙汁和苹果汁多为浓缩形式。

1. 工艺流程

香精回收
↓
澄清果蔬汁→浓缩→浓缩果蔬汁→冷却→灌装→贮存运输

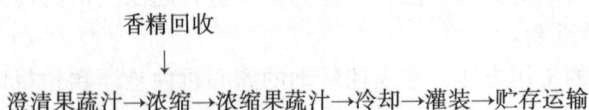

2. 浓缩法的操作要点

（1）真空浓缩法。浓缩温度一般为 25 ~ 35℃，真空度为 96kPa 左右。真空浓缩设备由蒸发器、真空冷凝器和分离器组成。

（2）膜浓缩法。反渗透技术在果蔬汁工业上可用于果蔬汁的预浓缩，与蒸发浓缩相比，反渗透浓缩的优点是不需加热，在常温下浓缩，不发生相变，挥发性芳香成分损失少。反渗透需要与超滤和真空浓缩结合，浓缩效果理想。其工艺过程是：

混浊汁→超滤→澄清汁→反渗透→浓缩汁→真空浓缩→浓缩汁

（3）冷冻浓缩。果蔬汁的冷冻过程为：

果蔬汁→冷却→结晶→固液分离→浓缩汁

将果汁注入搪瓷或不锈钢容器中，然后浸入 -28℃ 的盐水中进行搅拌，待果汁凝结成冰粒状时，立刻放到 -10℃ 盐水中，并间接地搅拌，直至冰粒全部形成时取出。离心分离冰粒与果汁，离心机网孔直径应在 2mm 左右，得到的果汁浓度为 25% ~ 30%；经二次冷冻浓缩，最后浓度可达 40% ~ 45%。

（4）浓缩汁的冷却。一般地，冷藏浓缩汁的冷却温度是 8 ~ 10℃。

（5）芳香物的回收。芳香物质回收系统是各种真空浓缩果蔬汁生产线的重要部分。能回收苹果 8% ~ 10%，黑醋栗 10% ~ 15%，葡萄、甜橙 26% ~ 30% 的芳香物质。

（6）浓缩果汁的贮存与运输。浓缩果汁可贮于塑料桶或不锈钢桶中。浓缩汁在运输期间的温度不超过 6℃，时间不超过 30 ~ 40 小时。卸车以后，置于 -18℃ 下冻藏。如果是果浆或果汁，应该重新消毒灭菌，并贮于无菌容器中。

高度浓缩汁（最低浓度 68 ~ 70°Be），贮藏温度为 5 ~ 10℃；浓缩度低于 68°Be 时，一般冻藏运输，温度 -18℃；低 pH 的浓缩果汁，贮存温度 25 ~ 30℃，该法适用于番茄浓缩汁、无酒精橘汁饮料的橘子浓缩汁、香蕉、杏子的果浆和其他浓缩汁。

（四）复合汁

复合汁是用不同的果品、蔬菜或花卉原料制作的产品。复合汁原料的种类繁多，生产方法各异，在制定具体的复合汁生产中一般考虑营养素互补、风味协调和果蔬汁的调配等原则。

(五) 果蔬汁的包装与杀菌

饮料企业广泛采用超高温杀菌(UHT)和高温短时杀菌(HTST)。对于 pH > 3.7 的果蔬汁,一般采用超高温杀菌方法,杀菌温度为 120 ~ 130℃,时间为 4 ~ 8 秒,尤其是对蔬菜汁;而对于 pH < 3.7 高酸性果汁,采用高温短时杀菌方法,温度为 95℃,时间为 15 ~ 20 秒。

果蔬汁加工的生产过程中,一般采用热灌装、冷灌装和无菌灌装等三种方式,见表 5 - 2。

表 5 - 2 果汁灌装方法、杀菌温度、灌装温度、包装容器、流通温度及货架期

灌装方法	杀菌温度	灌装温度	包装容器	流通温度	货架期
热灌装	95℃	>80℃	金属罐、塑料瓶、玻璃瓶	常温	1 年
冷灌装	95℃	<5℃	塑料瓶、屋脊包	5 - 10℃	2 周
无菌灌装	95℃	<30℃	纸包装、塑料瓶、玻璃瓶	常温	6 个月以上

二、果蔬汁加工中常见质量问题及控制

(一) 变色

色泽的改变是果蔬汁生产中常见的问题。变色的原因是酶促褐变和非酶褐变。在加工中发生的变色多为酶促褐变,在贮藏期间发生的变色多为非酶褐变。

1. 酶促褐变

酶促褐变主要防止措施:①加热处理尽快钝化酶的活性;②破碎时添加抗氧化剂;③添加有机酸,如柠檬酸,抑制酶的活性;④隔绝或驱除氧气。果蔬加工过程中,最有效地减轻色泽变化的措施就是脱气处理。

2. 非酶褐变

非酶褐变主要措施是:①防止过度的热力杀菌和尽可能避免过长的受热时间,防止羟甲基糠醛的形成;②控制 pH 在 3.2 以下;③低温、避光贮藏,如温度低于 10℃。

(二) 混浊和沉淀

澄清果汁要求汁液透明,混浊果汁要求有均匀的混浊度,但在贮藏过程中常发生果汁的混浊和沉淀。

1. 后混浊、分层及沉淀

果蔬汁饮料生产中的主要质量问题是澄清汁的后混浊、混浊汁的分层及沉淀。澄清汁在加工和贮藏中很容易重新出现不溶性悬浮物或沉淀物,这种现象称为后混浊现象。而混浊汁(包括果肉果汁饮料)在存放过程中容易发生分层及沉淀现象。

澄清汁的后混浊现象。可以采取以下措施防止这类现象发生:①采用成熟而新鲜的

果蔬原料；②适量地加入澄清剂，澄清时合理地加入酶制剂，使用酶制剂可使果胶、淀粉完全分解，但不可使用过量，否则汁中的极少量的酶会产生后混浊；③制汁工艺要求合理，压榨时采用较为轻柔的方法；④加强原辅料管理与正确使用，加工用水若未达到软饮料用水的要求，带来沉淀和混浊的物质，并与果蔬汁中的某些成分发生反应而产生沉淀和混浊现象；调配时所用的糖及其他食品添加剂的质量差，可能会有致混浊沉淀的杂质；香精水溶性低或香精用量过大，贮藏过程中，香精可能从果蔬汁中分离出来而引起混浊；同时加强原料和设备的清洗，保证生产的卫生条件；⑤采用超滤技术，超滤技术可以降低多种引起后混浊的成分的含量，但不能完全防止后混浊的产生；⑥避免设备、马口铁罐内壁的腐蚀金属离子与果蔬汁中的有关物质发生反应，产生沉淀；⑦产品应采用低温贮藏。

2. 分层及沉淀

混浊果蔬汁分层与沉淀主要是由果肉颗粒下沉而引起的。可以采取降低颗粒和液体之间的密度差（增加汁液的密度，加入高脂化和亲水的果胶分子，进行脱气处理）；汁液微粒化处理；添加稳定剂，增加分散介质的黏度等措施。

混浊果蔬汁中的果胶会在残留果胶酶的作用下逐步水解使混浊汁失去胶体性质和果胶的保护作用，并使果蔬汁的黏度下降，从而引起悬浮颗粒的沉淀。

加工用水中的盐类与果蔬汁中的有机酸等发生反应，并破坏果蔬汁体系的 pH 和电性平衡，从而引起胶体物质及悬浮颗粒的沉淀。调配时所用的糖中含有蛋白质，可与果蔬汁中的单宁物质等发生沉淀反应。香精的种类和用量不合适，易引起沉淀和分层。

此外，微生物的繁殖可分解果蔬汁的果胶，并产生致沉淀物质。

（三）微生物引起的败坏

微生物的生长繁殖引起的果蔬汁腐败，产生馊味、酸味、臭味、酒精味和霉味等异味，甚至引起长霉、混浊和发酵。

防止腐败的措施有：采用新鲜、无霉烂、无病虫害的果实原料；注意原料的预处理，减少污染。严格车间和设备、管道、工具、容器等的消毒，缩短工艺流程的时间。果汁灌装后封口要严密，并且杀菌程序规范。

第三节　碳酸饮料加工技术

一、碳酸饮料的概念和分类

1. 碳酸饮料（汽水）的概念

碳酸饮料是含有 CO_2 的软饮料的总称。指在一定条件下充入二氧化碳气体的饮料，包括碳酸饮料、充气运动饮料等具体品种，不包括由发酵法自身产生二氧化碳气体的饮料。成品中二氧化碳的含量（20℃时体积倍数）不低于 2.0 倍。碳酸饮料主要成分为糖、色素、甜味剂、酸味剂、香料及碳酸水等，一般不含维生素，也不含矿物质。

碳酸饮料主要成分包括碳酸水、柠檬酸等酸性物质，甜味剂（白糖）、香料，有些含有咖啡因、人工色素等。碳酸饮料因含有二氧化碳气体，不仅能使饮料风味突出，口感强烈，还能让人产生清凉爽口的感觉，是人们在炎热的夏天消暑解渴的优良饮品。

2. 碳酸饮料的分类

根据 GB107889—1996（软饮料的分类）、GB/T10792—1995（碳酸饮料），碳酸饮料主要分为以下几类。

（1）果味型碳酸饮料。以果香型食用香精为主要赋香剂，原果汁含量低于 2.5% 的碳酸饮料。

（2）果汁型碳酸饮料。原果汁含量不低于 2.5%，如橘汁汽水、橙汁汽水、菠萝汁汽水或混合果汁汽水等。

（3）可乐型碳酸饮料。含有可乐香精（可乐果、古柯叶、月桂等物质提取的辛香和白柠檬油、甜橙油等果香的混合型香气）、焦糖色素、磷酸的碳酸饮料。

（4）低热量型碳酸饮料。以甜味剂全部或部分替代糖类的碳酸饮料。成品热量低于 75kJ/100mL。

（5）其他型碳酸饮料。是指含有植物抽提物或非果香型的食用香精为赋香剂以及补充人体运动后失去的电解质、能量等的碳酸饮料。如冰淇淋汽水、乳蛋白碳酸饮料等。

二、碳酸饮料的生产工艺流程

碳酸饮料生产工艺大多采用两种方法，即一次灌装法和二次灌装法。

1. 一次灌装法工艺

将调味糖浆与水预先按照一定比例泵入汽水混合机内，进行定量混合后再冷却，然后将该混合物碳酸化后再装入容器。又称为预调式灌装法、成品灌装法或前混合法。

水源→水处理→冷却→汽水混合←净化←CO_2
　　　　　　　　　↓
白砂糖→称得→溶解→过滤→糖浆调和→冷却→净化→定量混合→灌装→压盖→检查→成品
　　　　　　　　　　　　　　　　　　　　　　　　　　↑
　　　　　　　　　　　　　容器→清洗→消毒→检验

一次灌装法的优点是糖浆和水的比例准确，灌装容量容易控制；当灌装容量发生变化时，不需要改变比例，产品质量均一；灌装时，糖浆和水的温度一致，起泡少，CO_2 的含量容易控制和稳定。产品质量稳定，含气量足，生产速度快，因此成为碳酸饮料生产主要工艺。

2. 二次灌装法工艺

饮用水→水处理→冷却→汽水混合←CO_2
　　　　　　　　　↓
糖浆→调配→冷却→灌浆→灌水→密封→混匀→检验→成品饮料
　　　　　　　　　　　　↑
　　　　　　　容器→清洗→检验

二次灌装法是先将调味糖浆定量注入容器中，然后加入碳酸水至规定量，密封后再混合均匀。也称为现调式灌装法、预加糖浆法或后混合法。适用于中小企业，含果肉碳酸饮料的灌装；糖浆和碳酸水各成独立系统，便于清洗。

对于二次灌装法，因糖浆和碳酸水的稳定性不一样，在向糖浆中灌碳酸水时容易产生大量的泡沫，造成 CO_2 的损失和灌装量不足。

三、碳酸饮料工艺操作要点

糖浆的配制、碳酸化和灌装是碳酸饮料生产的三个基本工艺。

1. 糖浆的制备

糖浆的制备是碳酸饮料生产中最重要的工艺。采用优质砂糖，溶解于一定量的水中，制成预计浓度的糖液，再经过滤、澄清后备用。一般称为原糖浆或单糖浆。溶解用水也是纯净的水，其水质与灌装用水相同。

糖浆制备的工艺流程：

砂糖→称量→溶解→净化过滤→杀菌、冷却→脱气→浓度调整→配料→精滤（均质）→杀菌→冷却→储存（缓冲罐）→糖浆

主要操作要点：

（1）热溶。热溶能杀灭糖内细菌；溶解迅速，短期内可生产大量糖液；分离出凝固糖中的杂质。一般采用带有搅拌器不锈钢的双层溶糖锅，锅底部有放料管道蒸汽加热溶解。

（2）连续式加工。指糖和水从供给到溶解、杀菌、浓度控制和糖液冷却均连续进行。特点是生产效率高，全封闭，糖液质量好，浓度差异小，但设备投资大。

连续式生产工艺如下。

计量、混合→热溶解→脱气、过滤→糖度调整→杀菌、冷却→糖液

溶糖时，温度高，溶解度大，一般制备65%为宜的糖浆浓度。

（3）糖浆过滤和净化。净化处理方法是加入0.5%～1%活性炭到热糖浆中，边添加边搅拌，活性炭与糖液接触15分钟，温度80℃，通过过滤器前加入0.1%的硅藻土，避免活性炭堵塞过滤器面层。对于高质量优质砂糖制备的糖浆，采用不锈钢丝网、帆布、棉饼、板框等方式过滤。

2. 糖浆的调配

糖浆一般是根据不同碳酸饮料的要求，在一定浓度的糖液中，加入甜味剂、酸味剂、香精香料、色素、防腐剂等，并充分混匀后所得的浓稠状糖浆，又称为调和糖浆或主剂。

糖浆调配投料顺序：糖液（测定其浓度及需要的容积）→防腐剂（称量后温水溶解配成20%～30%的水溶液）→甜味剂（温水溶解配成50%水溶液）→酸味剂（50%溶液）→果汁→乳化剂、稳定剂→色素（5%的水溶液）→香精→加水定容。

首先调配量大的物料，如糖液、水；然后考虑配料间容易发生化学反应的先调入；

注意黏度大、易起泡的原料较迟调入；最后调入挥发性的原料。同时注意，各种原料应先配成溶液过滤后，在搅拌下徐徐加入以避免局部浓度过高，同时搅拌不能太剧烈，以免造成空气大量混入，影响碳酸化、灌装和降低保藏性。投料前要测定原糖浆浓度及需要的容积；防腐剂和甜味剂称量后用温水溶解后分别加入。

调合方式分为间歇式和连续式。间歇式调合又包括热调合和冷调合。热调合是在高温下进行配料，通常用热溶糖液直接配料，然后冷却。冷调合是在常温下（低于20℃）进行配料，然后巴式杀菌、冷却。多用于含热敏性香料多的果味型饮料和果汁饮料的生产，一般过程是：常温下调合原料→均质→第二调合罐（缓冲作用为主）→90℃以上杀菌（30秒）→杀菌不合格的返回溶解罐→冷却至25℃→缓冲罐→糖浆输出到灌装车间。

连续式调合方法是：各溶液高位槽→定量比例泵→混合器→第一调合罐→均质机→第二调合罐→定量比例泵（用水调节调节浓度）→混合器→糖浆输出到灌装车间。连续式配制糖浆浓度的精度高（±0.05°Be），可大大降低糖原料的损耗，且封闭操作，卫生状况良好，但设备投入大。

3. 碳酸化

碳酸化是指二氧化碳与水的混合。碳酸化程度会直接影响碳酸饮料的质量和口感，是饮料生产的重要工艺之一。

（1）二氧化碳的作用。碳酸在腹中进行分解，当 CO_2 从体内排放出来时，会把体内的热带出来，起到清凉作用，具有舒服的刹口感，CO_2 配合汽水中的气体成分，产生一种特殊的风味，香味突出。同时阻碍微生物的生长，延长汽水货架寿命。国际上认为 3.5～4 倍含气量是汽水的安全区。

（2）二氧化碳在水中的溶解度。碳酸饮料中常用的溶解量单位叫"本生容积"，简称"容积"。CO_2 的溶解度在压力 0.1MPa、温度为 15.56℃ 时，一容积的水可以溶解一容积的 CO_2。在标准情况下，1mol 气体的体积为 22.41L，二氧化碳的密度是 1.98g/L。

CO_2 气体的纯度、液体中存在的溶质的性质、气液体系的绝对压力和液体的温度、气体和液体的接触面积和接触时间等条件会影响 CO_2 在水中的溶解度。

（3）CO_2 理论需要量的计算。根据气体常数 1mol 气体在 0.1MPa、0℃ 时为 22.41L，所以 $1mol CO_2$ 在 T℃ 时的体积：

$$V_{mol} = (273 + T)/273 \times 22.41(L)$$

则：

$$G_{理} = V_{汽} \times N/V_{mol} \times 44.01$$

式中：$G_{理}$ 为 CO_2 理论需要量；$V_{汽}$ 为汽水容量（L）（忽略了汽水中其他成分对 CO_2 溶解度的影响以及瓶颈空隙部分的影响）；N 为气体吸收率，即汽水含 CO_2 的体积倍数；44.01 为 CO_2 的摩尔质量（g）；V_{mol} 为 T℃ 下 1mol CO_2 的容积。

（4）CO_2 的利用率。CO_2 的实际消耗量在碳酸饮料生产中比理论需要量大。装瓶过程中损耗为 40%～60%，即实际上 CO_2 的用量为瓶内含气量的 2.2～2.5 倍；采用二次灌装时，用量为 2.5～3 倍。

一般果汁型汽水含 2～3 倍容积的 CO_2，可乐型汽水和勾兑苏打水含 3～4 倍容积的 CO_2。

（5）碳酸化方式和设备。碳酸化设备包括二氧化碳气调压站（根据所供应的压力和混合机所需压力进行调节的设备）、水冷却器、汽水混合机、薄膜式混合机、喷雾式混合机、喷射式混合机、填料塔式混合机、静态混合器等设备。

冷却包括水的冷却、糖浆的冷却、水和糖浆混合液的冷却、水冷却后与糖浆混合后再冷却等。

在碳酸化过程中，要保持合理的碳酸化水平；维持灌装机一定的过压程度和恒定的灌装压力；把空气混入控制在最低限度；保证水或产品中无杂质，保证产品质量。

4. 碳酸饮料的灌装

（1）灌装系统。是灌糖浆、碳酸水和封盖等工艺的组合体系。一次灌装系统加糖浆工序中，配比器放在混合机之前。灌装系统由一个动力机构驱动的灌装机和压盖机组成；二次灌装系统由灌浆机、灌水机和压盖机组成。常见的设备有灌浆机与配比器，灌装机，压差式、等压式、负压式封口机，灌装生产线。

（2）灌装方法。包括一次灌装和二次灌装。

1）一次灌装工艺：是将糖浆和处理水按一定比例加到二级配料罐中搅拌均匀，再经冷却、碳酸化后灌装。

该工艺的灌装特点是糖浆和水的比例准确，灌装容量容易控制；产品质量稳定，含气量足，生产速度快；灌装时糖浆和水的温度一致，气泡少，CO_2 气体的含量容易控制和稳定。但是不适合带果肉的碳酸饮料，而且设备复杂，混合机与糖浆接触，洗涤和消毒不方便。

2）二次灌装工艺：二次灌装容易保证产品卫生。设备简单，投资少，适合中小型饮料厂。

在灌装时，碳酸化水平达到预期目标，保证糖浆和水的准确比例，如糖浆和碳酸水的比例为1:4，成品含气量为 3.5 倍容积，则碳酸水的含气量为 $3.5 \times 5/4 = 4.375$ 倍的容积；维持合理的和一致的灌装高度；容器顶隙应保持最低的空气量；同时密封严密；这样才能达到灌装质量。

5. 碳酸饮料的清洗系统

CIP，是英文 clean-in-place 的缩写，即就地清洗或原位清洗，意思是在密闭的条件下，不拆卸设备或元件，用一定温度和浓度的清洗液自动清洗装置，使与食品接触的表面洗净和杀菌的方法。饮料行业清洗程序工艺如下。

（1）洗涤 3~5 分钟，常温或 60℃ 以上的热水；碱洗 5~10 分钟，1%~2% 溶液，60~80℃；中间洗涤 5~10 分钟，60℃ 以下的清水；杀菌 10~20 分钟，90℃ 以上的热水。

（2）洗涤 3~5 分钟，常温或 60℃ 以上的热水；碱洗 10~20 分钟，1%~2% 溶液，60~80℃；中间洗涤 5~10 分钟，60℃ 以下的清水；最后洗涤 3~5 分钟，清水。

清洗流量保证流量实际上是为了保证清洗时的清洗液流速，从而产生一定的机械作用，即通过提高流体的湍动性来提高冲击力，取得一定的清洗效果。

四、碳酸饮料常见的质量问题

碳酸饮料出现的质量问题主要有以下几种情况：有固形物杂质；有沉淀物生成，包括絮状物的产生和不正常的混浊现象；CO_2含量低，刹口感不明显；风味异常变化，出现霉味、腐臭和产生异味等；变色，包括褐变和褪色；过分起泡或不断冒泡；生成黏性物质等现象。

1. 杂质

杂质主要是指肉眼可见的、具有一定形状的非化学反应产物。杂质包括不明显杂质、明显杂质和使人厌恶的杂质。其中最主要的问题是瓶子清洗不干净。不明显杂质一般是指数量极少、体积极小的灰尘、小白点、小黑点等。明显杂质是指数量较多的小体积杂质，或数量虽然不多，但体积较大的杂质。而使人厌恶的杂质是指刷毛、大片商标纸、蚊虫、苍蝇及其他昆虫等。

采取以下措施，可以明显的去除杂质。保证瓶子或瓶盖清洗干净；去除机件碎屑或管道沉积物；过滤水、糖及其他辅料含有的杂质；操作人员规范操作。

2. 变色

碳酸饮料在贮存中会出现变色、褪色等现象。特别是受到阳光的长时间照射，使饮料中的CO_2不稳定。此外，色素在受热或氧化酶作用下发生分解，或饮料贮存时间太长，也会使色素分解，失去着色能力，在酸性条件下形成色素酸沉淀，饮料的色泽也会逐渐消失。所以，碳酸饮料应避光、低温贮藏，贮存时间也不宜太长。

3. 混浊与沉淀

碳酸饮料有时会出现白色絮状物，使饮料混浊不透明，同时在瓶底生成白色或其他沉淀物。通常是由于物理作用、化学反应和微生物活动等造成饮料的混浊、沉淀等不良现象。

（1）物理变化引起的混浊沉淀。物理变化引起的混浊沉淀一般表现为生产出的饮料7天内即出现混浊、不透明或瓶底有一层云雾水，或有微小颗粒沉积瓶底。

如瓶子未洗涤干净，附着于瓶壁的杂质被水浸泡后形成沉淀；水过滤不彻底，未使其中的矿物杂质清除干净；水质不适也会出现混浊或不透明等情况造成混浊沉淀出现。

（2）化学性变化引起的混浊沉淀。由化学反应引起的混浊沉淀，多数是由于糖中胶质凝聚而形成的。此外，糖中含有的蛋白质，也容易发生凝聚造成沉淀。

饮料用水硬度过高，水中的钙、镁与柠檬酸作用，生成不溶性沉淀物。色素用量过大也会引起沉淀。香精用量过大，或者使用不合格的、变质的香精，也会引起白色混浊或悬浮物。

对于物理原因和化学反应引起的混浊沉淀，企业在生产中应做到：提供硬度适宜的生产用水；选择合格优质砂糖；选用优质香精和食用色素，严格控制使用量；严格执行配料操作程序；严格洗瓶、验瓶及水处理操作规程。

（3）微生物引起的混浊沉淀。在饮料生产过程中，微生物杀菌不彻底，与柠檬酸作用(柠檬酸含量少时尤为明显)使其形成丝状或白色云状沉淀；与糖作用使糖变质产生混浊。产生的原因主要是封盖不严，使 CO_2 溢出，细菌进入瓶中，从而使产品发生酸败；或者因设备清洗不彻底或生产中没有及时将糖浆冷却装瓶，以致感染杂菌产生酸败味。

从水处理、配料、容器洗涤到灌装、压盖等工序都要进行严格的卫生管理，减少加工环节的污染；对所有容器、设备、管道、阀门定期进行消毒杀菌，加强过滤介质的消毒灭菌工作；防止空气混入；保证足够的 CO_2 含量；加强原辅材料的管理。这些措施可以减少微生物造成的混浊沉淀现象。

4. 变味

碳酸饮料的组成成分适合微生物生长繁殖，若在生产过程中操作不当，受到微生物污染后，会引起碳酸饮料的变质。此外，因饮料中原料添加量不足或配料使用不当，也会产生异味。如柠檬酸用量过多造成涩味；糖精钠用量过多造成苦味；香精质量差、使用量不当形成异味；有的碳酸饮料甜味不足，辣味有余，喝后很快就打嗝。

5. 气不足或爆瓶

气不足俗称没劲，开盖时无声，没有气泡冒出。饮料中 CO_2 含量不足，影响饮料的风味，同时产品易变质。

CO_2 含量不足的原因主要有：混合机压力不够；碳酸化时液体温度过高；CO_2 气不纯；生产过程中有空气混入或脱气不彻底；灌装时排气不完全；封盖不及时或不严密，瓶与盖不配套。

爆瓶是由于 CO_2 含量太高，压力太大，在贮藏温度高时，瓶内气体体积膨胀超过瓶子的耐压程度，或是瓶质量太次而造成的。

第四节　茶饮料加工技术

按 GB10789—1996 软饮料中的定义，茶饮料是用水浸泡茶叶，经抽提、过滤、澄清等工艺制成的茶汤或在茶汤中加入水、糖液、酸味剂、食用香精、果汁或植(谷)物抽提液等调制加工而成的制品。又分为茶汤饮料、果汁茶饮料、果味茶饮料和其他茶饮料等。茶汤饮料指将茶汤(成浓缩液)直接灌装到容器中的制品；果汁茶饮料指在茶汤中加入水、原果汁(或浓缩果汁)、糖液、酸味剂等调制而成的制品，成品中原果汁含量不低于 5.0%(M/V)；果味茶饮料指在茶汤中加入水、食用香精、糖液、酸味剂等调制而成的制品；其他茶饮料指在茶汤中加入植(谷)物抽提液、糖液、酸味剂等调制而成的制品。

从产品的形态来分，又可分成液态的茶饮料和速溶的固体状茶饮料。在液态的茶饮料中又有加气(一般为 CO_2)和不加气之分。

从包装形式来看，目前国内销售的茶饮料有用三片罐(马口铁)罐装、二片罐(铝镁合金)罐装、利乐包罐装、PET 聚酯瓶罐装以及玻璃瓶罐装等不同形式，其中以 PET 瓶、二片罐和利乐包的较为普遍。

一、茶饮料加工工艺

（一）加工工艺

原料的选择→萃取→过滤→澄清→调配→灭菌→无菌罐装→成品

茶饮料加工的工序流程会对茶饮料的品质有较大的影响，包括原料选择、萃取、过滤、调配、包装、灭菌等工艺。

（二）工艺操作要点

1. 原料的选择

原料包括茶叶原料和浸提用水。选择优良的茶叶原料和浸提用水可有效减少产品的浑浊沉淀、香气损失等问题。

浸提用水对茶汤品质至关重要，水质不好会影响茶汤的色泽和滋味，还会使茶饮料中产生茶乳。所以一般用经过净化处理的纯净水进行浸提。

2. 萃取

浸提的温度一般为80~95℃，浸提时间不超过20分钟。茶叶原料不同，萃取工艺要点不同。乌龙茶饮料以pH5.8~6.5、红茶以pH5.0左右、绿茶以pH5.0~6.5。乌龙茶、红茶饮料的萃取温度为70~95℃，绿茶和花茶饮料的萃取温度为50~80℃。

3. 过滤

茶饮料由于存在一定的固体颗粒和水质原因会出现沉淀浑浊现象，通常采用多级过滤的方式逐步去除茶汁中的固定物质。超滤可有效地去除茶叶中的大部分蛋白质、果胶等大分子物质，同时减少茶多酚、儿茶素、氨基酸、咖啡碱等功能成分的损失，并能基本消除沉淀的产生。此外，在茶汤中添加酶制剂或加入胶体物质也能使茶饮料中大分子降解。

4. 调配

调配主要是将过滤后的茶汁调至合适的浓度和pH，并加糖和香精等。在实际生产中，萃取后的茶汁为浓缩汁，需要对浓度进行调整。

5. 罐装

罐装方式主要有热罐装和常温无菌罐装。热灌装温度一般在95℃以上，对产品风味影响较大。常温无菌罐装可保持茶饮料风味，包装成本低，现在大部分采取无菌常温灌装方法。

饮料茶的包装又可分为无充气包装（空气包装）、充气包装（如充入N^2、CO^2）、真空包装。因茶叶萃取物中的多酚类物质容易氧化，多采用充气包装或真空包装。

6. 灭菌

一般采用135~140℃的超高温瞬时灭菌技术。茶饮料的包装方式不同，灭菌方式也不同。用PET瓶包装的茶饮料先灭菌再罐装封口，用易拉罐包装的茶饮料则是先罐装封口再灭菌(高温 121℃灭菌)。

二、影响茶饮料品质的因素

(一) 水质的影响

萃取用水中含有的离子(如铁、钙)对茶汤的滋味及色泽有不利的影响。一般来说,水中的钙、镁、铁、氯等离子影响茶汤的色泽和滋味,会使茶饮料发生混浊,形成茶乳。钙离子含量超过 $60\mu g/g$ 会导致红茶汤的水色明亮度及彩度下降,同时有茶乳现象产生;铁离子含量大于 $5\mu g/g$ 时,茶汤将显黑色并带有苦涩的味道;氯离子含量高时会使茶汤带腐臭味。茶叶中的植物鞣质与多种金属离子可以反应,并可生成多种颜色。软水的硬度低于 7.5,并且钙离子含量低于 $25\mu g/g$,可以得到较好的茶汤水色。萃取用水的 pH 越低则茶汤呈现红黄橙色,pH 越高则茶汤越呈现红褐色。较好的萃取水质特性包括 pH6.7~7.2、铁含量少于 $\mu g/g$、形成暂时硬水的化学物质总含量低于 $10\mu g/g$ 及形成永久硬水的化学物质总含量低于 $3~4\mu g/g$。

(二) 萃取工艺的影响

萃取方法可以分为浸出式、浇渗式和逆向式连续萃取。浇渗式萃取方法可以获得较高浓度的茶汤,但其处理需要较多人力而且操作复杂,生产成本较高。逆向连续萃取方法的优点是萃取效率高、可以连续操作、所需劳动力少,萃取所得茶汤浓度比浸出式萃取法高 1.5~2.5 倍。

茶叶形状、萃取温度、萃取水量与茶叶量比例等影响茶叶萃取效率。茶叶萃取温度一般为 80~90℃。

茶叶颗粒度会影响可溶性成分的萃取效率,颗粒度小因与萃取溶剂的接触面积大,可溶性成分较易萃取出来。但是茶叶颗粒太小,则茶汤在过滤时容易堵塞,造成处理上的不便及过滤器材的耗损。

水温越高、时间越长,原料颗粒越小、茶叶比例越大,萃取率越高,茶汤的苦涩味越重,成本越高,香味新鲜度也受影响,而萃取是否采用多级方法,也影响茶汤品质。

三、茶饮料常见质量问题分析

1. 混浊沉淀

茶饮料生产的关键技术是避免和消除茶饮料中的混浊和沉淀。目前普遍采用的是物理法,使茶汤冷却后用高速离心机除去或用超滤法滤去,以提高茶叶汤汁的澄净度。

沉淀法是在茶汁中加入酸碱调节剂、明胶、乙醇、钙离子等物质,促使沉淀迅速产生,然后离心除处。

浓度抑制法,在茶汁中加入阿拉伯胶、海藻酸钠、聚酰胺、丙二醇、三聚磷酸钠等物质,与茶多酚和咖啡碱形成沉淀,然后进行过滤。此方法可有效解决沉淀,但损失了一部分有效可溶物。

其他还有酶促降解法、氧化法、吸附法等。

2. 颜色褐变

在氧气、金属离子的影响下，茶汤中的叶绿素、黄酮类物质等发生变化，颜色变深，影响其外观品质。可以通过添加抗氧化剂，阻止氧气；保持茶汁 pH 的稳定；低温萃取等方法解决褐变。

3. 香气损失

由于加热等工艺，茶叶中丰富的芳香物质容易散失，致使茶饮料品质下降。应尽量选择新鲜的茶叶作为原料，并在低温无氧的条件下贮存，对于久置陈化的茶叶可用高温复火减轻异味，同时添加芳香物质，增加茶叶的香气。此外还可以采取分子包埋法，如加入 β-环糊精，减轻茶饮料加工过程中的香气损失，并可包埋臭味物质，防止杀菌时不良气味的产生。

还可以采用超临界二氧化碳萃取法或分馏法对茶叶中的芳香成分进行回收，在最后的工序将它包埋加入茶汁中。

第五节 蛋白饮料加工技术

一、蛋白饮料分类

蛋白饮料可分为动物性蛋白饮料和植物性蛋白饮料两种。动物性蛋白饮料主要为含乳饮料。

1. 含乳饮料类

以鲜乳或乳制品为原料(经发酵或未经发酵)，加水或其他辅料调制而成的饮品。又分为调配型含乳饮料和发酵型含乳饮料两类。

以鲜乳或乳制品为原料，加入水、糖、果汁、可可、酸等调制而成的制品，不经发酵。成品中蛋白质≥1.0%(m/v)的称乳饮料，蛋白质≥0.7%(m/v)的称乳酸饮料。

以鲜乳或乳制品为原料，经乳酸菌培养发酵制得的乳液中加入水、糖、酸等调制而成的制品。成品中蛋白质≥1.0%(m/v)的称乳酸菌乳饮料，蛋白质≥0.7%(m/v)的称乳酸菌饮料。

2. 植物蛋白饮料类

植物蛋白饮料是以蛋白质含量较高的植物的果实、种子或核果类、坚果类的果仁等为主要原料，经加工制成的制品。主要有豆乳、花生乳、杏仁露、核桃露等产品。成品中蛋白质含量≥0.5%(m/v)。

(一)含乳饮料

1. 配制型含乳饮料

主要品种有咖啡乳饮料、可可乳饮料、果汁乳饮料、巧克力乳饮料、红茶乳饮料、蛋乳饮料、麦精乳饮料、配制乳酸饮料等。

2. 发酵型含乳饮料

我国国家标准把不同蛋白质含量的发酵型含乳饮料分别称为乳酸菌乳饮料和乳酸菌饮料。在实际生产中，发酵型含乳饮料的产品品种很多，包括浓缩型乳酸菌饮料、稀释型乳酸菌饮料。按照是否杀菌又可分为活性乳酸菌饮料和非活性乳酸菌饮料两类。乳酸菌饮料与酸乳的不同点在于饮料的乳固体含量较低，呈液体状，乳酸菌数量较少。

（二）植物蛋白饮料

根据 GB10789—1996 及我国原轻工行业标准 QB/T2132—1995 规定，我国植物蛋白饮料可分为以下几类。

（1）豆乳类饮料。以大豆为主要原料，经磨碎、提浆、脱腥等工艺制得浆液后，加入水、糖液等调制而成，成品中蛋白质含量不低于 0.5%（质量浓度）。可分为纯豆乳、调制豆乳和豆乳饮料 3 类。

1）纯豆乳。用水提取大豆中的蛋白质和其他成分，除去豆渣后制得的乳状液，其大豆固形物含量在 8.0%（以折光计）以上，也可添加营养强化剂。

2）调制豆乳。在纯豆乳中，添加糖、精炼植物油（或不加）等，经调制而成的乳状饮料，其大豆固形物含量在 5.0%（以折光计）以上，也可添加风味料及营养强化剂。

3）豆乳饮料。①非果汁型豆乳饮料。在纯豆乳中添加糖、风味料（除果汁外），经调制而成的乳状饮料，其大豆固形物含量：一级品在 3.5% 以上；二级品在 2.0% 以上，也可添加营养强化剂。②果汁型乳状饮料。在纯豆乳中，添加糖、风味料等，经调制而成的乳状饮料，其大豆固形物含量在 2.0%（以折光计）以上，原果汁含量在 2.5%（以折光计）以上，也可添加营养强化剂。③酸豆乳饮料。纯豆乳用乳酸发酵（或加入酸味剂），加入糖、乳化剂、着色剂等配料制得的制品，其大豆固形物含量不低于 4%（以折光计）。

（2）椰子乳（汁）饮料。以新鲜、成熟适度的椰子为原料，取其果肉加工制得椰子浆，在其中加入水、糖液等调制而成的制品。成品中蛋白质含量不低于 0.5%（质量浓度）。

（3）杏仁乳（露）饮料。以杏仁为原料，经浸泡、磨碎等工艺制得的浆液，在其中加入水、糖液等调制而成的制品。成品中蛋白质含量不低于 0.5%（质量浓度）。

（4）其他植物蛋白饮料。以核桃仁、花生、南瓜籽、葵花籽等为原料经磨碎等工艺制得的浆液中加入水、糖液等调制而成的制品。成品中蛋白质含量不低于 0.5%（质量浓度）。

二、豆乳类饮料加工工艺

（一）豆乳生产工艺

豆乳又称豆奶，是一种新型的大豆制品，它以大豆及其他豆类为原料加工而成，是一种高蛋白饮料。豆乳类饮料加工中的关键技术主要有以下几个方面：豆类腥味、涩味的脱除技术；提高产品稳定性的技术；提高原料豆中的营养成分提取率的技术；改善产品色泽的技术；提高豆乳耐贮藏性的技术等。这关系到产品风味、外观、营养价值及储藏保险期。

生产高质量的豆乳原料应挑选籽粒饱满、无虫粒、无霉变的优质新鲜大豆。辅料最好选用符合国家饮用纯净水标准的纯净水来生产豆乳。

1. 豆乳生产工艺流程

容器清洗消毒
↓
大豆原料→清洗→脱皮→浸泡→磨浆与酶钝化→浆渣分离与脱臭→调质→均质→杀菌→包装→成品检验

2. 工艺要点

（1）清理。清理的目的是除去豆中混杂的沙石、豆壳、杂草等杂质或不合格的大豆。

（2）脱皮。脱皮是豆乳生产中的关键工序。大豆脱皮有两种方法，即湿脱皮和干脱皮。湿脱皮在浸泡之后进行，干脱皮在浸泡之前进行。干法脱皮由辅助脱皮机和脱皮机共同完成，可以除去豆皮和胚芽。

（3）磨浆与酶的钝化。常用的灭酶方法有干热处理法、蒸汽法、热水浸泡法与热磨法、热烫法、酸或碱处理法等。

1）干热处理法：通常干热处理温度为 120～200℃，处理时间 10～30 秒。

2）蒸汽法：多用于大豆脱皮后入水前，利用高温蒸汽对脱皮豆进行加热处理，温度 120～200℃，加热时间 7～8 秒。

3）热水浸泡法与热磨法：热水浸泡法是把清洗过的大豆用高于 80℃ 的热水浸泡 30～60 分钟，然后磨碎制浆；热磨法是将浸泡好的大豆沥去浸泡水，另外沸水磨浆，并在高于 80℃ 的条件下保温 10～15 分钟，然后过滤、制浆。

4）热烫法：这种方法是将脱皮的大豆迅速投入 80℃ 以上的热水中，并保持 10～30 分钟，然后磨碎制浆。一般 80℃ 以上只要保温 18～20 分钟，90℃ 以上保温 13～15 分钟，而沸水保温 10～12 分钟。

5）酸或碱处理法。①常用的酸主要是柠檬酸，一般调节 pH 至 3.0～4.5，此法一般在热浸泡法中使用。②常用的碱有 Na_2CO_3、$NaHCO_3$、$NaOH$、KOH 等，一般调节 pH 至 7.0～9.0，碱可以在浸泡时加入，也可以在热磨、热烫时加入。

（4）浸泡。通常将大豆浸泡于 3 倍的水中，待其吸水量为自身重量的 1～2 倍即可。一般采用高温浸泡，温度控制在 80～85℃，时间为 0.5～1 小时。

（5）磨浆。用钝化酶后的大豆直接进入磨浆机中，同时注入相当于豆重 8 倍的 80℃ 热水，也可注入少量 $NaHCO_3$ 稀溶液来增进磨碎效果，经粗磨后的豆糊再泵入超微磨中，经此磨后豆糊中 95% 的固形物可通过 150 目筛。

（6）浆渣分离。一般控制豆渣含水量在 85% 以下。豆渣含水量过大，则豆乳中蛋白质等固形物回收率降低。分离常采用离心分离，常用的离心分离设备为三足式离心分离机。分离豆浆采用热浆分离，可降低浆体黏度，有助于分离。

（7）真空脱臭。真空脱臭工序首先是利用高压蒸汽（压力600MPa）将豆乳加热到140~150℃，然后将热浆体迅速导入真空冷却室，对过热的豆乳抽真空，降低豆浆温度至70~80℃左右。

（8）豆乳的调制。豆乳饮料的调制即按照产品配方和标准要求，在调制缸中将豆浆、营养强化剂、乳化剂、赋香剂和稳定剂等加在一起，充分搅拌均匀，并用无菌水调整至规定浓度的过程。

（9）均质。通常均质压力13~23MPa，均质温度70~80℃。豆乳生产常采用两次均质。

（10）杀菌。常压杀菌、高温高压杀菌和超高温瞬时杀菌是豆乳加工中常用的杀菌方法。

常压杀菌的豆乳在常温下存放，产品一般不超过24小时即出现败坏。但常压杀菌包装好的豆乳迅速冷却，且贮存于2~4℃的环境下，可存放1~3周。加压杀菌普遍采用的是杀菌温度121℃、恒温10~20分钟的工艺。超高温瞬时灭菌是将未包装的豆乳在135~138℃以上的高温下，保持4~12秒，然后迅速冷却、灌装。

（11）包装。常见的有玻璃瓶包装、PET（聚酯）瓶、复合袋和无菌包装、利乐包装等。

（二）豆乳生产安全质量控制要点

1. 目前豆乳生产中常出现的问题及控制措施

（1）豆腥味。钝化脂肪氧化酶是消除豆腥味的重点措施。在大豆细胞破碎前浸泡，先将大豆中的脂肪氧化酶钝化，用40℃、pH为7~8的0.5%的碳酸氢钠水溶液浸泡数小时，浸泡后的大豆转入85℃的水中脱皮，并使脂肪氧化酶失活。脱皮后的大豆在85℃时研磨成浆也能促使脂肪氧化酶失活。最后在灭酶工艺中，使豆浆保持在80~90℃，时间为25分钟。

1）钝化脂肪氧化酶。①热磨法：在磨豆时热水或蒸汽将温度提高到80℃以上，并保温10分钟左右使酶钝化。②预煮法：将脱皮大豆在沸水中煮30分钟，以钝化脂肪氧化酶（水中加入0.25%NaHCO$_3$能增强效果），可获得风味良好的豆乳。③远红外线加热法：远红外线渗透性好，热量可快速传至内部，使脂肪氧化酶活性迅速钝化。

2）真空脱臭。采用真空脱臭法予以排除臭味。在高温杀菌后，使豆乳喷入真空罐，急骤降温到80℃左右，此时带有不良气味的挥发性物质被真空泵抽出排去（闪蒸蒸发）。

（2）大豆蛋白的提取率低。工业生产中通常采用pH7.0~7.5，以保证提高大豆蛋白的提取率。pH6.5以上蛋白质提取率较高，但碱性过大则会使蛋白变性和产生涩味。

（3）豆乳的褐变。降低杀菌温度和缩短杀菌时间，以防止豆乳液发生美拉德反应而出现褐变。经高温杀菌时，pH低于6.5，此时产品色泽好，但易造成蛋白质沉淀。

（4）豆乳的稳定性。蛋白质在受热高于85℃时易变性，且有放置时间长易分层等不稳定现象。在实际工艺中，配料的混合、预热、净化过程也会影响豆乳的稳定性；选用合适的乳化剂、增稠剂，以及合适的均质条件、合理的工艺可提高豆乳的稳定性。

（5）胀气性物质与有害物质。加热或者用酶处理可去除大豆中含有的胰蛋白酶阻碍因子和有害物质。采用流动蒸汽加热30分钟，或是在6.81kg压力下加热15～20分钟。同时在加热过程中增加水分可以改进营养价值，水分含量19%时，可保持最好的营养价值。

总之，影响豆乳质量的主要因素及工艺环节归纳如下：辅料水、原料大豆、脱皮、浸泡、酶钝化、磨浆、脱臭、调质、均质、灭菌、包装。在实际生产中，要相据生产的具体情况，采取相应的质量控制方法，以确保生产出高质量的豆乳。

2. 影响豆乳质量的主要因素

（1）大豆原料。

1）原料大豆中可能存在沙粒、尘土及虫蛀霉变大豆等，杂质清除不彻底对豆乳色泽、稳定性、口感会造成影响。

2）大豆在生长和采收后可能被污染多种土壤中的耐热性细菌，且带菌数量多，细菌耐热性强。若大豆污染严重，这些菌的存在将使蛋白质变性。

3）大豆本身有胰蛋白酶抑制素、植物血凝素、抗甲状腺素、皂苷等有毒因子，这些毒素须高温才能被破坏。

另外，大豆中的大豆黄素、花青素会使豆乳色泽灰暗。

（2）脱皮。脱皮是豆乳生产中的关键工序。脱皮率的高低对豆乳的质量有直接影响，脱皮率低对于细菌量、风味，以及降低贮存蛋白的热变性，缩短脂肪氧化酶钝化所需要的加热时间和豆乳色泽有不利影响。

（3）浸泡。大豆浸泡时间：春夏2～3小时，秋冬4～5小时，并且隔0.5小时换水一次。

（4）酶钝化。酶钝化时需要控制温度、pH，否则对豆乳质量会产生不良影响。

（5）磨浆。磨浆细度在100～200目、颗粒大小在10～12μm。

（6）浆渣分离。浆渣分离工序中豆渣含水量的控制不准将严重影响豆乳蛋白质和固形物的回收。豆渣含水量过大，则豆乳中蛋白质等固形物回收率降低。

（7）脱臭。脱臭工序中，如真空度、温度、时间掌握不准会使豆腥味残存或香味损失。

（8）调制。调制工序中乳化剂、增稠剂、营养强化剂、赋香剂和稳定剂等添加量的变化会影响成品的稳定性、香味等。

（9）均质条件。均质的压力、温度、次数的不同对成品口感的细腻与否、乳化效果有影响。

（10）杀菌。杀菌温度、时间掌握不当可导致产品褐变，维生素、糖类等营养成分损失。杀菌强度不够，导致耐热芽孢菌在饮料中残存，会使豆乳包装胀包或出现絮状物及沉淀等蛋白质变性。

（11）包装、成品、生产管道。包装材料不符合卫生标准，自动包装机不清洁或包装人员不注意卫生，会使杀菌后的豆乳重新污染。生产场所、容器、管道、车间卫生管理、个人清洁卫生对豆乳质量也存在着不可忽视的影响。

（12）灌装速度及密封情况。按工艺要求，均质后每批料液必须在30分钟内灌装完毕并密封。

复习思考题

1. 软饮料的定义及分类。
2. 软饮料生产中常用的原辅料有哪些？
3. 简述软饮料加工中常用水的分类及水处理的目的。
4. 简述瓶装饮用水的生产技术。
5. 简述苹果汁的加工工艺及操作要点。
6. 简述碳酸饮料的配制原理及操作要点。
7. 简述二次灌装法生产碳酸饮料的工艺流程。
8. 简述茶饮料生产的一般工艺流程及注意事项。
9. 试述豆乳的加工工艺及操作要点。
10. 果汁澄清的方法有哪些？

第六章　果蔬加工技术

第一节　果蔬制品加工基础知识

一、概述

我国的果蔬加工乃至农产品加工尚处于初级阶段，还未能向深层次推进，技术与装备落后是最主要的原因，如发达国家早已用于产业化的食品生物技术、真空干燥技术、膜分离技术、超临界萃取技术等高新技术在我国多处于起步阶段，差距明显。我国的果蔬加工业规模小、技术水平低、综合利用差、能耗高、加工出的成品品种少、质量差。就果品加工而言，一些技术难题尚未得到根本解决。如我国果汁生产中的果汁褐变、营养素损耗、芳香物逸散及果汁浑浊沉淀等问题没有很好地解决，与国外先进水平相比还存在很大差距，这些技术难题并没有因引进了国外果汁加工生产线而得到解决。在蔬菜加工方面，目前我国加工手段比较少，如罐藏、速冻、干制，科技含量低，大部分蔬菜仍然沿袭新鲜蔬菜上市的传统做法，基本上没有经过任何加工。

二、果蔬原料的加工特性

(一) 果蔬原料的品种及其组织结构 (表6-1、表6-2、表6-3)

表6-1 蔬菜加工原料表

蔬菜类	根菜类	十字花科	萝卜、芜菁甘蓝、芜菁等
		伞形科	胡萝卜、美洲防风等
		菊科	牛蒡、菊牛蒡、婆罗门等
		藜科	
	薯芋类	块根	豆薯等
		块茎	马铃薯、薯蓣、菊芋、草石蚕等
		球茎	芋、魔芋等
		根茎	姜等
	白菜类		
	芥菜类		
	甘蓝类		结球甘蓝、皱叶甘蓝、赤甘蓝、抱子甘蓝、羽衣甘蓝、球茎甘蓝、芥蓝、花椰菜和青花菜等
	绿叶类		菠菜、芹菜、莴苣、茼蒿、芫菜、苋菜、蕹菜、落葵、茴香等
	葱蒜类		韭菜、大蒜、韭葱、大葱、细香葱、楼葱、洋葱、薤和胡葱等
	茄果类		茄子、番茄、辣椒等
	瓜类		黄瓜、南瓜、西葫芦、笋瓜、冬瓜、瓠瓜、甜瓜、西瓜、丝瓜、苦瓜、佛手瓜等
	豆类		菜豆、豇豆、毛豆、扁豆、刀豆、豌豆、蚕豆、多花菜豆和四棱豆等
	水生类		茭白、莲藕、慈姑、水芹、荸荠、菱、莼菜、芡实、蒲菜、豆瓣菜等
	多年生蔬菜	木本	竹笋、香椿 等
		草本	石刁柏、百合、金针菜、朝鲜蓟、辣根 等
	菌类	担子菌亚门	双孢蘑菇、香菇、草菇、北风菌、牛肝菌、口蘑、银耳、木耳、猴头菌等
		子囊菌亚门	羊肚菌、钟菌等

表6-2　水果加工原料表

果树类型	仁果类	梨、苹果等
	核果类	桃、梅、李、杏、樱桃等
	浆果类	葡萄、猕猴桃等
	坚果类	核桃、板栗、榛子等
	柑橘类	柑、橘、橙、柚等

表6-3　果蔬原料结构表

果蔬原料	有生命部分（原生质体）	细胞质		细胞质膜（原生质膜）、中质层、液泡膜
		线粒体		
		质体		白色体、叶绿体、有色体（在一定条件下可以转化）
		细胞核		核膜、核质、核仁
	无生命部分	细胞壁		中胶层
				初生层
				次生层
		内含物	液泡	内部充满细胞液
			贮藏物质	淀粉、蛋白质、脂肪

（二）果蔬的化学成分

1. 水分

果蔬中的水分根据其物理、化学性质，可以定性地分为两种存在形式：一种为自由水，这种水没有被非水物质化学结合，存在于果蔬的组织细胞中，容易结冰并具很强的溶剂能力，如存在于液泡及导管中的水，对微生物、酶、化学反应起作用的就是这部分水；第二种为结合水，通常是指存在于溶质或其他非水组分附近的、通过化学键结合的那部分水，如与蛋白质、糖类等相结合的水，与自由水相比在果蔬加工中较难失去，不易结冰(冰点约 -40℃)，不能作为溶剂，不能为微生物所利用，占果蔬水分总量的比例较小。

显然，从果蔬中水分的存在状态可以看出，只有自由水（有效水分）会对果蔬及其加工制品的品质有影响。

2. 糖类

糖类在植物原料中最丰富，占植物干重的90%以上，对食品的风味、颜色、品质产生重要的影响。所以，研究糖类的加工特性对果蔬加工具有举足轻重的作用。果蔬中的糖类可以分为单糖、低聚糖及多糖。果蔬中的单糖主要是葡萄糖、果糖，低聚糖主要为蔗糖，多糖则包括淀粉、纤维素及半纤维素、果胶物质等。

3. 有机酸

果蔬中的有机酸一般包括苹果酸、柠檬酸、酒石酸，由于在水果中含量较高而通称为果酸。有些果蔬中还有少量的苯甲酸、草酸、水杨酸、琥珀酸等。

4. 含氮物质

果蔬中含氮物质主要是蛋白质和氨基酸，也含有少量的酰胺、铵盐、硝酸盐及亚硝酸盐等。其特点是含量较少。

5. 单宁

Seguin 于 1796 年定义了一个专门术语 Tannin（音译为单宁，意为鞣质）来表示植物水浸提物中能产生使生皮转变为革的化学成分。怀特于 1957 年进一步指出，能对生皮产生鞣制作用的有效成分是浸提物中相对分子质量为 500～3000 的植物多酚。因此，按照传统定义，单宁是指相对分子质量为 500～3000 的植物多酚。单宁（鞣质）具有收敛性的涩味，对果蔬及其制品的风味起着重要作用。它在果实中普遍存在，在蔬菜中含量较少。在加工过程中，对含单宁的果蔬，如处理不当，常会引起各种不同的色变。

6. 色素

（1）果蔬中色素的分类。

1）按化学结构不同分为：四吡咯衍生物（卟啉类衍生物），如叶绿素；异戊二烯衍生物，如类胡萝卜素；多酚类衍生物，如花青素、花黄素等。

2）按溶解性不同分为：①脂溶性色素（质体色素），叶绿素（绿色），类胡萝卜素（橙色），包括胡萝卜素、叶黄素、番茄红素。②水溶性色素（液泡色素）：花青素（红、蓝等色），花黄素（黄色）

（2）叶绿素。叶绿素是所有果蔬所含的主要色素，存在于植物细胞内的叶绿体中，与类胡萝卜素、类脂质及脂蛋白复合在一起。它是由吡咯组成的卟吩族化合物，分子由脱镁叶绿素母环、叶绿酸、叶绿醇（或称植醇）、甲醇、二价镁离子等部分构成。叶绿素不溶于水，易溶于有机溶剂，常可用极性有机溶剂（乙醇、丙酮、乙酸乙酯等）从植物匀浆中提取它。由于其 C3 位上的取代基不同，叶绿素有 a、b 之分。叶绿素 a 呈青绿色，叶绿素 b 为黄绿色，在植物体内约以 3:1 的比例存在。

（3）花青素。在果蔬中主要为 6 种花青素，即天竺葵色素、矢车菊色素、飞燕草色素、芍药色素、牵牛花色素及锦葵色素。自然条件下游离状态的花青素很少见，它常与一个或多个葡萄糖、鼠李糖、半乳糖、木糖、阿拉伯糖和由这些单糖构成的均匀或不均匀双糖和三糖等通过糖苷键形成花色苷。

（4）类胡萝卜素。又称多烯色素，是由 8 个异戊二烯单位组成的含共轭双键的四萜类发色基团。一类为纯碳氢化合物，即胡萝卜素类；另一类的结构中含有羟基、环氧基、醛基、酮基等含氧基团，为叶黄素类。胡萝卜素类：α-胡萝卜素、β-胡萝卜素、γ-胡萝卜素和番茄红素。前三者为维生素 A 原，果蔬中 85% 的胡萝卜素为 β-胡萝卜素。叶黄素类：含胡萝卜素类的组织往往也富含叶黄素类。作为胡萝卜素类的含氧衍生物，叶黄素类比胡萝卜素类的种类更多，如叶黄素、玉米黄素、辣椒红素、隐黄素及柑橘黄素等。随着叶黄素羟基、羰基等的增加，其脂溶性下降。胡萝卜素作为果蔬中的 V_A 源存在，不仅可作为色素，而且可以作为营养物质。类胡萝卜素耐高温，对酸、碱较稳定，在果蔬加工中较稳定。在有氧及酶的条件下，亦发生氧化，虽然对产品的色泽影响不大，但可能会导致产品产生异味。

（5）花黄素。即类黄酮色素，是广泛存在于植物组织细胞中的色素。在花、叶、果中，多以苷的形式存在，易溶于水；在木质部组织中，多以游离苷元的形式存在，不易溶于水。和花青素一样，类黄酮苷元的碳架结构也是 C6 – C3 – C6 结构，区别于花青素的显著特征是 C4 – 位皆为酮基。常见的花黄素主要有槲皮素、圣草素、橙皮素等，广泛存在于柑橘、苹果、洋葱、玉米、芦笋等果蔬中，多呈淡黄色。花黄素与铁离子络合后可呈蓝、黑、紫、棕等不同颜色，影响制品的色泽。可发生酶促褐变，形成褐色物质。

7. 酶

在果蔬加工时，酶是影响制品品质和营养成分的重要因素。与果蔬加工有关的主要有氧化酶和水解酶。

（1）氧化酶类：酚酶、维生素 C 氧化酶、过氧化氢酶及过氧化物酶等。

（2）水解酶类：果胶酶、淀粉酶、蛋白酶等。

8. 芳香物质

果蔬特有的芳香是由其所含的多种芳香物质所致，此类物质大多为油状挥发物质，故又称挥发油，由于其含量极少，也称精油。

9. 糖苷类

糖苷类是糖与其他物质如醇类、醛类、酚类、甾醇、嘌呤等配糖体脱水缩合的产物，广泛存在于植物的种子、叶、皮内。大多数糖苷具有苦味或特殊的香味，有些则有剧毒。

10. 维生素

（1）维生素 C（抗坏血酸）：广泛存在于果蔬中，在果皮中的含量远远高于果肉，易溶于水，在酸性溶液或浓度较大的糖液中比在碱性溶液中稳定。

（2）维生素 B_1（硫胺素）：果蔬中含量为 0.1～0.2mg/100g。在酸性条件下稳定，耐热，在碱性条件下极易受到破坏。

（3）维生素 A：新鲜果蔬中含有大量的胡萝卜素，在人体内可以转变成具有生物活性的维生素 A。理论上一分子 β-胡萝卜素可转化成两分子维生素 A，而 α-胡萝卜素和 γ-胡萝卜素却只能形成一分子维生素 A。维生素 A 属脂溶性维生素，较维生素 C 稳定，但也可因氧化而失去活性，在果蔬一般加工条件下相对较稳定。

11. 矿物质

矿物质又称无机质，是构成机体、调节人体生理机能的重要物质。果蔬中含丰富的矿物质，主要有钙、镁、钾、铁、磷、钠、铜、锰、锌、氟、氯、碘等，是人体矿质营养的主要来源，其中80%是钾、钠、钙等金属成分，非金属成分为20%。这些矿物元素或者以无机态或有机盐类的形式存在，或者与有机物质结合而存在。

12. 脂质

果蔬中所含的脂质主要包括不挥发的油脂、蜡质和角质。植物的茎、叶和果实表面常有一层薄薄的蜡，它的主要成分是由高级脂肪酸和高级一元醇形成的高分子酯。植物的蜡质与角质是一种保护组织，对于果蔬的健康生长影响很大，加工中一般应去除。苹果、梨、桃、杏、李和柑橘类等果实可食部分中的脂质含量一般为0.12%~0.4%。冬枣的表皮覆盖一层较厚的蜡质层，热处理可以改变蜡质层结构。

三、果蔬加工原料的预处理

虽然果蔬制品加工方法很多，但加工前一般都要经过预处理。果蔬加工原料的预处理包括选别、分级、洗涤、去皮、修整、切分、烫漂（预煮）、护色、半成品保存等。尽管果蔬种类和品种、组织特性各异，加工的方法也不同，但加工前的预处理过程基本相同。

（一）原料的选别

果蔬原料进厂后首先要进行粗选，即要剔除霉烂、病虫害及不新鲜的果实，除去肉眼可见的土石、草木屑等有形物。对残、次果蔬和损伤不严重的则先进行修整后再应用。

（二）原料的分级

1. 分级的目的

（1）适应机械化操作的需要：机器对其加工对象的形态等是有一定要求的。

（2）便于按同一工艺条件加工：分级后，每一级的工艺处理具有一致性。

2. 分级的方法

包括按大小分级、按成熟度分级和按色泽分级，其中色泽和成熟度分级常用目视估测进行。大小分级是分级的主要内容，几乎所有的加工类型都需要按大小分级。

3. 分级的设备

常用的分级设备有：滚筒式分级机，振动筛，分离输送机。

（三）原料的清洗

（1）清洗的目的：除去原料表面附着的灰尘、泥沙、微生物及部分残留的农药。

（2）清洗用水：除蜜饯、果脯可用硬水外，其余加工原料的洗涤都必须用软水。水温一般采用常温，有时为增加洗涤效果，也可用温水。

（3）清洗方法：手工清洗、机械清洗。

（四）原料的去皮

1. 去皮的目的

（1）保证产品口感一致。有些果蔬外皮有不良风味，其口味与口感均与果肉组织有差异，不去皮，影响产品质量。

（2）保证产品形态一致。果蔬外皮与果肉组织质地不一致，加工时变化亦会不一致。

2. 去皮的方法

（1）手工去皮：用刀、刨等工具人工去皮。

（2）机械去皮：常用机械有旋皮机、擦皮机、专用去皮机。

（3）碱液去皮：是果蔬原料去皮中应用最广的方法。采用碱性化学物质，如氢氧化钠、氢氧化钾或两者的混合液去皮。利用碱的腐蚀性，将果蔬表皮与肉质间的果胶物质腐蚀溶解，皮肉之间的细胞松脱，使表皮与肉质发生分离而去皮。碱液去皮时碱液的浓度、处理的时间和碱液温度为三个重要参数。碱液去皮后的果蔬原料应立即投入流动的水中进行彻底漂洗，擦去皮渣，漂洗时可用 0.1%～0.2% 盐酸或 0.25%～0.5% 的柠檬酸水溶液中和碱液并防止变色。

（4）热力去皮：一般是利用 100℃ 左右的高温对果蔬原料进行短时间加热，果蔬表皮在这种急热作用下变得松软，并与内部肉质组织脱离，甚至膨胀破裂，之后迅速将其冷却而去皮。此方法适用于成熟度较高的果蔬。热源为蒸汽（常压或加压）、热水。

（5）冷冻去皮：将果蔬原料置于低温环境中，在极短时间内使表皮冻结，其冻结深度略厚于皮层而不深及肉质层，然后解冻，使皮层松弛，表皮与肉质发生分离而去皮。

3. 注意事项

机械、蒸汽去皮及苛性碱去皮会严重破坏水果、蔬菜的细胞壁，使细胞汁液大量流出，增加了微生物生长及酶促褐变的可能性，因而损害了产品质量；健鹰脱皮剂在实验设计中考虑到了这一因素，增加了对细胞壁保护的成分。但理想的方法还是采用锋利的切割刀具进行手工去皮。

（五）原料的切分、去心（核）、修整

原料的切分目的首先是满足产品形态的要求，要求片状、丝状等都需要切分；其次出于工艺考虑，如糖制时切分后容易渗糖等。有一些专用机械供加工不同的制品使用。去心（核）时，可以人工使用简单的工具或由机械来完成。修整则是除去去皮后的芽眼窝处杂质、肉质部分残存的黑点、腐烂点等，在人工去心（核）时，修整同时进行。

（六）原料的烫漂

1. 烫漂的目的

（1）钝化酶活性、防止酶褐变。果蔬受热后氧化酶类可被钝化，从而停止其本身的生化活动，防止制品品质的进一步劣变。

（2）软化或改进组织结构。果蔬原料中常含有一定量的气体，烫漂可使其被迫逸出，因而组织变得柔韧，不易破裂；一些细胞发生质壁分离，使细胞膜的渗透性加大。

（3）稳定或改进色泽。烫漂时，细胞壁中的空气被排除，致使细胞壁更透明，含叶绿素的果蔬颜色更鲜艳，不含叶绿素的果蔬则变成半透明状。

（4）除去部分辛辣味和其他不良风味。很多果蔬均存在不同程度的辛、辣、苦、涩等不良风味，对产品的品质会有一定的影响，经过烫漂处理可以适度减轻。

（5）降低果蔬中的污染物及微生物数量。果蔬原料在去皮、切分等其他预处理过程中难免受到微生物等污染，烫漂可以部分杀灭微生物，减少微生物及其他污染物对原料的污染。

2. 烫漂的方法

（1）热水烫漂：将果蔬原料置于沸水或略低于沸点的热水中进行加热处理，时间因原料而不同。

（2）蒸汽烫漂：将果蔬原料直接在蒸汽的喷射下进行热处理，温度在100℃左右。

（3）热风烫漂：利用温度高达150～160℃的高温热风来处理果蔬原料，同时喷入少量蒸汽可增进抑制酶活的效果。烫漂的设备主要有夹层锅、链带式连续预煮机、螺旋式连续预煮机。

3. 烫漂的要求

果蔬烫漂的程度常以果蔬中最耐热的过氧化物酶的钝化做标准。过氧化物酶活性的检查可用0.1%的愈创木酚酒精溶液（或0.3%的联苯胺溶液）及0.3%的过氧化氢作试剂。方法是将试样切片后随即浸入愈创木酚或联苯胺中，也可以在切面上滴几滴上述溶液，再滴上0.3%的过氧化氢数滴，数分钟后，遇愈创木酚变褐色、遇联苯胺变蓝色则说明酶未被破坏，烫漂程度不够，如果不变色，表示酶被钝化，已达到烫漂要求。烫漂后的果蔬，必须用冷风或冷水迅速冷却，以停止高温对果蔬的作用，保持果蔬的脆性。

（七）工序间护色

去皮、切分后的果蔬变色主要是酶促褐变。常用的护色方法有以下几种。

（1）烫漂护色：钝化酶活性，防止酶褐变，稳定或改进色泽。

（2）食盐溶液护色：食盐对酶的活力有一定的抑制和破坏作用；另外，氧气在盐水中的溶解度比空气中小，也起到一定的护色效果。果蔬加工中常用1%～2%的食盐水护色。

（3）亚硫酸盐溶液护色：亚硫酸盐既可抑制酶褐变又可抑制非酶褐变，抑制酶褐变的机制尚无定论，有学者认为是SO_2抑制了酶活性，有的认为是由于SO_2把醌还原为酚，还有的认为是SO_2和醌加合而防止了醌的聚合作用，很可能这三种机制都是存在的。

（4）有机酸溶液护色：大多数情况下，多酚氧化酶的最适pH在4～7之间，所以，有机酸溶液可以降低pH，抑制多酚氧化酶的活性，同时它又可以降低氧气的溶解度而兼有抗氧化的作用。

（八）原料硬化

硬化又称保脆，是大多数果蔬加工都必须进行的一道预处理工序。

（1）硬化的目的：使果蔬耐煮制、不软烂；改善制品品质，如硬化后的果蔬制品食之有生脆之感等。

（2）硬化方法：使用硬化剂硬化，常用的硬化剂有氯化钙、亚硫酸氢钙等，硬化剂的浓度、硬化时间因果蔬原料种类、加工制品的要求不同而异。硬化后的原料加工前应进行漂洗。

（九）半成品的保存

1. 盐腌处理

食盐溶液的高渗透压和降低水分活性的作用使微生物难以滋生。盐腌方法有干腌和湿腌，干腌食盐用量为原料的 14% ~ 15%，湿腌一般配制 10% 的食盐溶液使用。

2. 硫处理

（1）抑制酶褐变、非酶褐变；

（2）消耗组织中的氧气，抑制好气性微生物生长、繁殖，起到防腐作用，对细菌和霉菌作用较强，对酵母菌作用较差；

（3）抗氧化，因其可以消耗组织中的氧，从而抑制氧化酶的活性；

（4）具有漂白作用，对花青素中红色、紫色特别明显，脱除 SO_2，颜色仍可恢复，对类胡萝卜素影响较小，对叶绿素不起作用；

（5）硫处理能增大原料细胞膜的渗透性，利于后续加工，如缩短干燥脱水时间、有利于糖分渗透等，方法有熏硫法和浸硫法。

3. 防腐剂的应用

多使用苯甲酸钠或山梨酸钾，使用剂量针对不同果蔬加工制品都有相应的国家标准供参照。

4. 大罐无菌保存

这是无菌包装的一种特殊形式，是将经过巴氏杀菌并冷却的果蔬汁或果浆在无菌条件下装入已灭菌的大金属罐内，经密封而进行长期保存。半成品可以是果蔬浓缩产品，也可以是果蔬原汁(浆)。

第二节　果蔬罐头加工技术

一、果蔬罐头加工的一般工艺

1. 装罐

空罐在使用前首先要检查空罐的完整性。对铁皮罐要求罐形整齐，缝线标准，焊缝完整均匀，罐口和罐盖边缘无缺口或变形，铁壁无锈斑或脱锡现象。对玻璃罐要求罐口平整、光滑，无缺口、裂缝，玻璃壁中无气泡等。

其次，要进行清洗和消毒。罐藏容器在加工、运输和贮藏中附有灰尘、微生物、油脂等污物，因此，必须对容器进行清洗和消毒，保证容器的清洁卫生，提高杀菌效率。

对玻璃罐的清洗、消毒方法为：玻璃罐容器上的油脂和污物常采用有毛刷的洗瓶机刷洗，或用高压水喷洗。方法是先将玻璃罐浸泡于温水中，然后逐个用转动的毛刷刷洗罐瓶的内外部，再放入万分之一的氯水浸泡，取出后再用清水洗涤数次，沥干水后倒置备用。

回收的旧瓶罐，常粘有食品碎屑和油脂，需用2%～3%的NaOH溶液，在40～50℃温度下浸泡5～10分钟，除去脂肪和贴商标的胶水。此外，也可采用无水碳酸钠（Na_2CO_3）、磷酸二氢钠（NaH_2PO_4）溶液进行清洗。

果品贮藏中，除了液态食品（果汁）、糜状黏稠食品（果酱）或干制品外，一般要向罐内加注液汁，称为罐注液、填充液或汤汁。果品罐头的罐注液一般是糖液。加注罐液能填充罐内除果蔬以外所留下的空隙，增进风味、排除空气，并加强热的传递效率。

（1）糖液的配制。糖液的浓度，依水果种类、品种、成熟度、果肉装量及产品质量标准而定。我国目前生产的糖水果品罐头，一般要求开罐糖度为14%～18%。

（2）装罐注意事项。

1）经预处理整理好的果蔬原料应尽快进行装罐，不应堆积过久，否则微生物生长繁殖，轻者影响杀菌效果，重者使食品腐败变质造成损失。

2）确保装罐量符合要求，要保证质量、力求一致。净重和固形物含量必须达到要求。净重是指罐头总重量减去容器重量后所得的重量，它包括固形物和汤汁。固形物含量是指固体物在净重中占的百分率，一般要求每罐固形物含量为45%～65%。各种果蔬原料在装罐时应考虑其本身的缩减率，通常按装罐要求多装10%左右。另外，装罐后要把罐头倒过来沥水10秒左右，以沥净罐内水分，这样才能保证开罐时的固形物含量和开罐糖度符合规格要求。

3）保证内容物在罐内的一致性，同一罐内原料的成熟度、色泽、大小、形状应基本一致，搭配合理，排列整齐。有块数要求的产品，应按要求装罐。然后注入罐液，罐液温度应保持在80℃左右，以便提高罐头的初温，这在采用真空排气密封时更重要。

4）罐内应保留一定的顶隙，所谓顶隙是指装罐后罐内食品表面（或液面）到罐盖之间所留空隙的距离。一般装罐时食品表面与翻边相距4～8mm，待封罐后顶隙高度为3～5mm。顶隙大小将直接影响到食品的装量、卷边的密封性能、产品的真空度、铁皮的腐蚀、食品的变色、罐头的变形或假胖等。

5）保证产品符合卫生：装罐的操作人员应严守工厂有关卫生制度，勿使毛发、纤维、竹丝等外来杂质混入罐中，以免影响产品质量。

装罐的方法可分为人工装罐与机械装罐。果蔬原料由于形态、大小、色泽、成熟度的不同，以及排列方式不一样，所以除少数产品采用机械装罐外，多数产品采用人工装罐。各种罐头产品，装入固形物均要保证达到规定重量，因此，装罐时必须每罐过秤。

2. 排气

（1）排气的目的与作用。排气的主要目的是将罐头顶隙中和食品组织中残留的空气尽量排除，使罐头封盖后形成一定程度的真空状态，以防止罐头的败坏和延长贮存期限。

（2）排气的方法。排气的方法主要有热力排气法和真空排气法两种。①热力排气法：利用空气、水蒸气和食品受热膨胀冷却收缩的原理将罐内空气排除。②真空排气法：一般真空度为 46662～59994kPa 为宜。

3. 密封

罐头食品的密封设备，除四旋、六旋等罐型用手旋紧外，其他使用封罐机密封。封罐机类型很多，有手扳封罐机、半自动真空封罐机、全自动封罐机等。

4. 杀菌

依果蔬原料的性质不同，果蔬罐头杀菌方法可分为常压杀菌和加压杀菌两种。其过程包括升温、保温和降温三个阶段。

（1）常压杀菌。适用于 pH 在 4.5 以下的酸性和高酸性食品，如水果类、果汁类、酸渍菜类。常用的杀菌温度是 100℃ 或 100℃ 以下。

（2）加压杀菌。加压杀菌是在完全密封的加压杀菌器中进行的，杀菌的温度在 100℃ 以上。此法适用于低酸性食品，如蔬菜类及混合罐头。

5. 冷却

罐头杀菌后冷却越快越好，但玻璃瓶的冷却速度不能太快，常采用分段冷却的方法，如 80℃、60℃、40℃ 三段，以免爆裂受损。罐头冷却的温度一般控制在 40℃ 左右。

6. 罐头检验和贮藏

（1）贮藏：果品罐头的贮存场所要求清洁、通风良好。

（2）果品罐头的检验。

1）罐头的感官检验包括容器的检验和罐头内容物质量检验。

2）理化检验包括罐头的总重、净重、固形物的含量、糖水浓度、罐内真空度及有害物质等。

3）微生物检验是将罐头堆放在保温箱中，维持一定的温度和时间，如果罐头食品杀菌不彻底或再侵染，在保温条件下，便会繁殖，使罐头变质。

为了获得可靠数据，取样要有代表性。通常每批产量至少取 12 罐。

抽样的罐头要在适温下培养，促使活着的细菌生长繁殖。中性和低酸性食品以在 37℃ 下至少 1 周为宜。酸性食品在 25℃ 下保温 7～10 天。在保温培养期间，每日进行检查，若发现有败坏现象的罐头，应立即取出，开罐接种培养，但要注意环境条件洁净，防止污染。经过镜检，确定细菌种类和数量，查找带菌原因及防止措施。

二、果蔬罐头常见质量问题分析

（一）胖听罐头

合格罐头其底盖中心部位略平或呈凹陷状态。当罐头内部的压力大于外界空气的压力时，底盖鼓胀，形成胖听，或称胀罐。

从罐头的外形看，可分为软胀和硬胀。软胀包括物理性胀罐及初期的氢胀或初期的微生物胀罐。硬胀主要是微生物胀罐，也包括严重的氢胀罐。

1. 物理性胀罐

（1）原因：罐头内容物装得太满，顶隙过小，加热杀菌时内容物膨胀，冷却后即形成胀罐；加压杀菌后，消压过快，冷却过速；排气不足或贮藏温度过高；高气压下生产的制品移置低气压环境里等，都可能形成罐头两端或一端凸起的现象，这种罐头的变形称为物理性胀罐。

此种类型的胀罐，内容物并未坏，可以食用。

（2）防止措施：应严格控制装罐量，切勿过多；注意装罐时，罐头的顶隙大小要适宜，在 3~8mm；提高排气时罐内的中心温度，排气要有较高的真空度，即达 3999~5065Pa；加压杀菌后的罐头消压速度不能太快，使罐内外的压力较平衡，切勿悬殊过大；控制罐头制品适宜的贮藏温度(0~10℃)。

2. 氢胀罐

（1）原因：高酸性食品中的有机酸(果酸)与罐头内壁(露铁)起化学反应，放出氢气，内压增大，从而引起胀罐。

这种胀罐虽然内容物有时尚可食用，但不符合产品标准，以不食为宜。

（2）防止措施：防止空罐内壁受机械损伤，以防出现露铁现象；空罐宜采用涂层完好的抗酸全涂料钢板制罐，以提高对酸的抗腐蚀性能。

3. 细菌性胀罐

（1）原因：由于杀菌不彻底，或罐盖密封不严细菌重新侵入而分解内容物，产生气体，使罐内压力增大而造成胀罐。

（2）防止措施：对罐藏原料充分清洗或消毒，严格注意加工过程中的卫生管理，防止原料及半成品的污染；在保证罐头食品质量的前提下，对原料的热处理(预煮、杀菌等)必须充分，以消灭产毒致病的微生物；在预煮水或糖液中加入适量的有机酸降低罐头内容物的 pH，提高杀菌效果；严格封罐质量，防止密封不严而泄漏；罐头生产过程中，及时抽样保温处理，及时处理。

4. 罐壁的腐蚀

（1）原因。

1）氧气：氧对金属是强烈的氧化剂。在罐头中，氧在酸性介质中显示很强的氧化作用。因此，罐头内残留氧的含量，对罐头内壁腐蚀是个决定性因素。氧含量愈多，腐蚀作用愈强。

2）酸：水果罐头、一般酸性或高酸性食品，含酸量越多，腐蚀性越强。当然，腐蚀性还与酸的种类有关。

3）硫及含硫化合物：果实在生长季节喷施的各种农药中含有硫，如波尔多液等。硫有时在砂糖中作为微量杂质而存在。当硫或硫化物混入罐头中也易引起罐壁的腐蚀。

此外，罐头中的硝酸盐对罐壁也有腐蚀作用。环境相对湿度过高，易造成罐外壁生锈、腐蚀乃至罐壁穿孔。

（2）防止措施。

1）对采前喷过农药的果实，加强清洗及消毒，用酸浸泡5～6分钟，再冲洗，以助脱去农药。

2）对含空气较多的果实，最好采取抽真空处理，降低组织中空气（氧）的含量，进而降低罐内氧的浓度。

3）加热排气要充分，适当提高罐内真空度。

4）注入罐内的糖液要煮沸，以除去其中的 SO_2。

5）对于含酸或含硫高的内容物，则容器内壁一定要采用抗酸或抗硫涂料。

（二）罐头的变色与变味

1. 原因

许多果蔬罐头在加工过程或在贮藏运销期间，常发生变色、变味的质量问题，这是由果蔬中的某些化学物质在酶或罐内残留氧的作用下或长期贮温偏高而产生的酶褐变和非酶褐变所致。

罐头内平酸菌（如嗜热性芽孢杆菌）的残存，会使食品变质后呈酸味；橘子的囊衣及种子的存在，会使制品带有苦味。

2. 措施

（1）选用含花青素及单宁低的原料制作罐头。

（2）加工过程中，对某些易变色的品种如苹果、梨，去皮、切块后，迅速浸泡在稀盐水（1%～2%）或稀酸中护色。

（3）装箱前根据不同品种的制罐要求，采用适宜的湿度和时间进行热烫处理，破坏酶的活性，排除原料组织中的空气。

（4）加注的糖水中加入适量的抗坏血酸，对苹果、梨、桃等有防止变色的效果。

（5）苹果酸、柠檬酸等有机酸的水溶液，既能对半成品护色，又能降低罐头内容物的 pH，从而降低酶褐变的速率。

（6）配制的糖水应煮沸，随配随用。

（7）加工中，防止果实（果块）与铁、铜等金属器具直接接触，要求用具要用不锈钢制品，并注意加工用水的重金属含量不宜过多。

（8）杀菌要充分，以杀灭平酸菌之类的微生物引起的酸败。

（9）柑橘罐头，其原料囊衣及种子必须去净。

（三）罐内汁液的混浊和沉淀

此类现象产生的原因有：加工用水中钙、镁等金属离子含量过高（水的硬度大）；原料成熟度过高，热处理过度，罐头内容物软烂；制品在远销中振荡过大，而使果肉碎屑散落；保管中受冻，化冻后内容物组织松散、破碎；微生物分解罐内食品等。

（四）贮藏

罐头食品的贮存场所要求清洁、通风良好。罐头食品在贮存过程中，影响其质量好坏的因素很多，但主要的是温度和湿度。

1. 温度

在罐头贮存过程中，避免库温过高或过低以及库温的剧烈变化。

温度过高会加速内容物的理化变化，导致果肉组织软化，失去原有风味，发生变色，降低营养成分。并会促进罐壁腐蚀，也给罐内残存的微生物创造发育繁殖的条件，导致内容物腐败变质。但温度过低（低于罐头内容物冰点以下）也不利，制品易受凉，造成水果蔬菜组织解体，易发生汁液混浊和沉淀。果蔬罐头贮存适温一般为 10～15℃。

2. 湿度

库房内相对湿度过大，罐头容易生锈、腐蚀乃至罐壁穿孔。因此要求库房干燥、通风，有较低的湿度环境，以保持相对湿度在 70%～75% 为宜，最高不要超过 80%。

第三节　果蔬干制品加工技术

一、果蔬干制的一般工艺

果蔬的干制在我国历史悠久，源远流长。古代人们利用日晒进行自然干制，大大延长果蔬的保藏期限。随着社会的进步，科技的发展，人工干制技术也有了较大的发展。从技术、设备、工艺上都日趋完善。但自然干制在某些产品上仍有用武之地，特别是我国地域广，经济发展不平衡，因而自然干制在近期仍占重要地位。如在甘肃新疆，由于气候干燥，因而葡萄干的生产采用自然干制法，不仅质量好，而且成本低。还有一些落后山区对野菜干制至今仍用自然干制法。

果蔬干制是指脱出一定水分，而将可溶性物质的浓度提高到微生物难以利用的程度，同时保持果蔬原来风味的果蔬加工方法。制品是果干或菜干。它是一种既经济又大众化的加工方法，其优点是：干制设备可简可繁，简易的生产技术较易掌握，生产成本比较低廉，可就地取材，当地加工；干制品水分含量低，有良好的包装，则保存容易，而且体积小、重量轻、携带方便，较易运输贮藏；由于干制技术的提高，干制品质量显著改进，食用方便；可以调节果蔬生产淡旺季，有利于解决果蔬周年供应问题。因此，果蔬干制品对于勘测、航海、旅游、军需等方面都具有重要意义。

（一）果蔬中的水分性质及干燥机理

1. 果蔬组织内部的水分状态及性质

果蔬的含水量很高，一般为 70%～90%。果蔬中的水分以游离水、胶体结合水和化合水 3 种不同的状态存在。游离水：以游离状态存在于果蔬组织中，是充满在毛细管中的水分，所以也称为毛细管水。游离水是主要的水分状态，它占果蔬含水量的 70% 左右。如马铃薯总含水量为 81.5%，游离水就占 64.0%，结合水仅占 17.5%；苹果总含水量为 88.7%，其中游离水占 64.6%，结合水占 24.1%。游离水的特点是能溶解糖、酸等多种物质，流动性大，借毛细管和渗透作用可以向外或向内迁移，所以干燥时排除的主要是游离水。

2. 水分活度

水分活度(A_w)又叫水分活性，是溶液中水的蒸气压与同温度下纯水的蒸气压之比。

不含任何物质的纯水 $A_w=1$，如食品中没有水分，水蒸气压为0，$A_w=0$。A_w值高到一定值时，酶的活性才能被激活，并随着 A_w 值增高，酶的活性增强，A_w 为0.2时脂肪氧化反应速度最低，A_w 值大时叶绿素变成脱镁叶绿素；蔗糖水解，花青素被破坏，维生素C、B族维生素损失速度加快。

表6-4为食品中重要的微生物类群生长的最低 A_w 值，A_w 值对食品的保藏性极为重要，也为通过控制 A_w 值达到免杀菌而保存食品提供了科学的依据和途径。

表6-4　食品中重要微生物类群生长最低 A_w 值

微生物	发育所需要的最低 A_w 值	微生物	发育所需要的最低 A_w 值
普通细菌	0.90	嗜盐细菌	>0.75
普通酵母	0.87	耐干燥细菌	0.65
普通霉菌	0.80	耐渗透细菌	0.61

3. 干燥机理

果品蔬菜在干制过程中，水分的蒸发主要依赖两种作用，即水分的外扩散作用和内扩散作用，果蔬干制时所需除去的水分，是游离水和部分胶体结合水。由于果蔬中水分大部分为游离水，所以蒸发时，水分从原料表面蒸发得快，称水分外扩散（水分转移是由多的部位向少的部位移动），蒸发至50%~60%后，其干燥速度依原料内部水分转移速度而定。干燥时原料内部水分转移，称为水分内部扩散。由于外扩散的结果，造成原料表面和内部水分之间的水蒸气分压差，水分由内部向表面移动，以求原料各部分平衡。此时，开始蒸发胶体结合水，因此，干制后期蒸发速度就明显显得缓慢。另外，在原料干燥时，因各部分温差发生与水分内扩散方向相反的水分的热扩散，其方向从较热处移向不太热的部分，即由四周移向中央。但因干制时内外层温差甚微，热扩散作用进行得较少，主要是水分从内层移向外层的作用。如水分外扩散远远超过内扩散，则原料表面会过度干燥而形成硬壳，降低制品的品质，阻碍水分的继续蒸发。这时由于内部水分含量高，蒸气压力大，原料较软部分的组织往往会被压破，使原料发生开裂现象。干制品含水量达到平衡水分状态时，水分的蒸发作用就看不出来，同时原料的品温与外界干燥空气的温度相等。

干燥过程可分为两个阶段，即恒速干燥阶段和降速干燥阶段。在两个阶段交界点的水分称为临界水分，这是每一种原料在一定干燥条件下的特性。

4. 干制对酶活性的影响

酶是引起食品变质的主要因素之一。酶的活性与很多条件有关，如温度、水分活度、pH、底物浓度等，其中水分活度的影响非常显著。水分活度影响酶促反应主要通过以下途径：①水作为运动介质促进扩散作用（底物与酶靠近）；②稳定酶的结构和构象；③水是水解反应的底物；④通过水化作用使酶和底物活化。由于活性中心的反应速度大于底物或产物的扩散速度，因此运动性是限制酶促反应的主要因素。

（二）影响干燥速度的因素

干燥速度的快慢，对果蔬干制品的好坏起着决定性作用。在其他条件相同的情况下，干燥越快，越不容易发生不良变化，成品的品质也越好。干燥速度与下列因素有关。

1. 干燥介质的温度

果蔬的干燥是把预热的空气作为干燥介质。它有两个作用，一是向原料传热，原料吸热后使它所含水分汽化，二是把原料汽化水气带到室外。要使原料干燥，就必须持续不断地提高干空气和水蒸气的温度，温度升高，空气的湿度饱和差随之增加，达到饱和所需水蒸气越多，空气中湿度越高。温度低，干燥速度慢，空气中湿度也低。空气中相对湿度每降低10%，饱和差增加100%，干燥速度越快。所以采取升高温度同时降低相对湿度是提高果蔬干制速度的最有效方法。果蔬干制时，尤其在干制初期，一般不宜采用过高的温度，否则会产生以下不良现象。

（1）果蔬含水量很高，骤然和干燥的热空气相遇，则组织中汁液迅速膨胀，易使细胞壁破裂，内容物流失。

（2）原料中的糖分和其他有机物因高温而分解或焦化，有损成品外观和风味。

（3）高温低湿易造成原料表面结壳，而影响水分的散发。

因此，在干燥过程中，要控制干燥介质的温度稍低于致使果蔬变质的温度，尤其对于富含糖分和芳香物质的原料，应特别注意。

2. 干燥介质的湿度

在一定温度下相对湿度越小，空气的饱和差越大，果蔬干燥速度越快。红枣在干制后期，分别放在60℃相对湿度不同的烘房中，一个烘房相对湿度为65%，红枣干制后含水量是47.2%；另一个烘房相对湿度为56%，干制后的红枣含水量则为34.1%。再如，甘蓝干燥后期相对湿度为30%，最终含水量为8.0%，在相对湿度8%~10%的条件下，干甘蓝含水量则为1.6%。

3. 气流循环的速度

干燥空气的流动速度愈大，果蔬表面的水分蒸发也愈快；反之，则愈慢。据测定，风速在3m/s以下的范围内，水分蒸发速度与风速大体成正比例地增加。

4. 大气压力或真空度

大气压力为1.013×10^5Pa（一个大气压）时，水的沸点为100℃。若大气压下降，则水的沸点也下降。气压越低，沸点也越低。若温度不变，气压降低，则水的沸腾加剧。因而，在真空室内加热干制时，就可以在较低的温度下进行。如采取与正常大气压下相同的加热温度，将加速食品的水分蒸发，还能使干制品具有疏松的结构。云南昆明的多味瓜子质地松脆，就是在隧道式负压干制机内干制而成。对热敏性食品采用低温真空干燥，可保证其产品具有良好的品质。

5. 果蔬的种类和状态

果蔬的种类不同，所含化学成分及其组织结构也有差异，因而干燥速度也不相同。如在烘房干制红枣采用同样的烘干方法，河南灵宝产的泡枣，由于组织比较疏松，经24小时即可达到干燥。而陕西大荔县产的疙瘩枣则需36小时才能达到干燥。此外，原料的切分与否以及切块大小、厚薄不一，干燥速度也不一样。切分越薄，表面积越大，干燥速度就越快。

6. 原料的装载量

烘房单位面积上装载的原料量，对于果蔬的干燥速度也有很大影响。烘盘上原料装载量多，则厚度大，不利于空气流通，从而影响水分蒸发。

7. 干制品的包装

经过必要处理的干制品，应尽快包装。包装是一切食品在运输、贮存中必不可少的工序，包装对果蔬干制品的质量影响很大。干制品的包装材料和包装容器应能够密封、防潮、遮光、防虫，符合食品卫生要求。常用的包装材料和容器有：金属罐、木箱、纸箱、聚乙烯袋、复合薄膜袋等。一般内包装多用有防潮作用的材料：聚乙烯、聚丙烯、复合薄膜、防潮纸等；外包装多用起支撑保护及遮光作用的金属罐、木箱、纸箱等。

纸箱和纸盒是干制品常用的包装容器。金属罐是包装干制品较为理想的容器，具有密封、防潮、防虫及牢固耐久的特点，并能避免在真空状态下发生破裂。坚固质轻的塑料罐也常用于果蔬干制品的包装。复合薄膜袋由于能热合密封，用于抽真空和充气包装。有时包装内也附装干燥剂、吸氧剂以保证干制品的品质稳定。

二、果蔬干制品常见质量问题分析

（一）果蔬在干燥过程中的变化

1. 体积缩小、重量减轻

果品蔬菜干制后，体积和重量明显减小。一般体积约为原料的20%～35%，重量为原料的10%～30%。

2. 色泽的变化

果蔬在干制过程中（或干制品在贮藏中）色泽的变化包括三种情况。

（1）色素物质的变化：果蔬中所含的色素，主要是叶绿素（绿）、类胡萝卜素（红、黄）、黄酮素（黄或无色）、花青素（红、青、紫）、维生素（黄）等。普通绿叶中含有叶绿素0.28%，绿色果品蔬菜在加工处理时，由于与叶绿素共存的蛋白质受热凝固，使叶绿素游离于植物体中，并处于酸性条件下，这样就加速了叶绿素变为脱镁叶绿素，从而使其失去鲜绿色而形成褐色。将绿色蔬菜在干制前用60～75℃热水烫漂，可保持其鲜绿色。但在加热达到叶绿素沸点时，叶绿素容易被氧化。将菠菜放在水中，经高温真空处理数分钟除去组织中的氧后，再经过烫漂，可使其绿色较好地保持。烫漂用水最好选用微碱性，以减少脱镁叶绿素的形成，保持果蔬鲜绿色。用稀醋酸铜或醋酸锌溶液处理，能较好地保持其绿色，但铜的含量要控制在食品卫生许可的范围内。叶绿素在低温和干燥条件下也比较稳定。因此，低温贮藏和脱水干燥的果蔬都能较好地保持其鲜绿色。

花青素在长时间高温处理下，也会发生变化。如茄子的皮紫色是一种花青苷，经氧化后则变成褐色；与铁、铝等离子结合后，可形成稳定的青紫色络合物；硫处理会促使花青素褪色而漂白；花青素在不同的 pH 中会表现不同颜色；花青素为水溶性色素，在洗涤、预煮过程中会大量流失。

（2）褐变：果蔬在干制过程中（或干制品在贮藏中），常出现颜色变黄、变褐甚至变黑的现象，一般称为褐变。按产生的原因不同，又分为酶褐变和非酶褐变。

1）酶褐变：在氧化酶和过氧化物酶的作用下，果蔬中单宁氧化呈现褐色。如制作苹果干、香蕉干等在去皮后的变化。

单宁中含有儿茶酚。这种酚类物质在氧化酶的催化下与空气中的氧相互作用，形成过氧儿茶酚，使空气中氧分子活化。

单宁是果蔬褐变的基质之一，其含量因原料的种类、品种及成熟度不同而异。就果实而言，一般未成熟的果实单宁含量远高于同品种的成熟果实。因此，在果品干制时，应选择含单宁少而成熟的原料。

单宁氧化是在氧化酶和过氧化酶构成的氧化酶系统中完成的。如破坏氧化酶系统的一部分，即可终止氧化作用的进行。酶是一种蛋白质，在一定温度下可凝固变性而失去活性。酶的种类不同，其耐热能力也有差异。氧化酶在 71~73.5℃、过氧化物酶在 90~100℃的温度下，5 分钟即可被破坏。因此，干制前，采用沸水或蒸气进行热处理、硫处理，都可因破坏了酶的活性而抑制褐变。

2）非酶褐变：不属于酶的作用所引起的褐变，均属于非酶褐变。

非酶褐变的原因之一是果蔬中氨基酸游离基和糖的醛基作用生成复杂的络合物。氨基酸可与含有羰基的化合物，如各种醛类和还原糖起反应，使氨基酸和还原糖分解，分别形成相应的醛、氨、二氧化碳和羟基呋喃甲醛，其中，羟基呋喃甲醛很容易与氨基酸及蛋白质化合而生成黑蛋白素。这种变色的快慢程度取决于氨基酸的含量与种类、糖的种类以及温度条件。

黑蛋白素的形成与氨基酸含量的多少呈正相关。

黑蛋白素的形成与温度关系极大，提高温度能促使氨基酸和糖形成黑蛋白素的反应加强。据实验，非酶褐变的温度系数很高，温度每上升10℃，褐变率增加 5~7 倍，因此，低温贮藏干制品是控制非酶褐变的有效方法。

此外，重金属也会促进褐变，按促进作用由小到大的顺序排列为：锡、铁、铅、铜。如单宁与铁生成黑色的化合物；单宁与锡长时间加热生成玫瑰色的化合物。单宁与碱作用容易变黑。而硫处理对非酶褐变有抑制作用，因为二氧化硫与不饱和的糖反应形成磺酸，可减少黑蛋白素的形成。

（3）透明度的改变：新鲜果蔬细胞间隙中的空气，在干制时受热被排除，使干制品呈半透明状态。因而干制品的透明度决定于果蔬中气体被排除的程度。气体愈多，制品愈不透明，反之，则愈透明。干制品愈透明，质量愈高，这不只是因为透明度高的干制品外观好，而且由于空气含量少，可减少氧化作用，使制品耐贮藏。干制前的热处理即可达到这个目的。

3. 营养成分的变化

果蔬干制中，营养成分的变化虽因干制方式和处理方法的不同而有差异，但总得来说，水分减少较大，糖分和维生素损失较多，矿物质和蛋白质则较稳定。

（1）水分的变化。由于果蔬在干制过程中水分大量蒸发，干制结束后，水分含量发生了很大变化。一般水分含量按湿重所占的百分数表示。但在干燥过程中，原料重量及含水量均在变化，用湿重的百分数不能说明干燥速度。为了能够了解水分减少的情况或干制进行的速度，宜采用水分率表示。水分率就是一份干物质所含有水分的份数。干燥时，果蔬中的干物质是不变的，只有水分在变化。因此，当干制作用进行时，一份干物质中所含有水分的份数逐渐减少，可明显地表示水分的变化。

（2）糖分的变化。糖普遍存在于果品和部分蔬菜中，是蔬菜甜味的来源。它的变化直接影响到果蔬干制品的质量。

果蔬中所含果糖和葡萄糖均不稳定，易于分解。因此，自然干制的果蔬，因干燥缓慢，酶的活性不能很快被抑制，呼吸作用仍要进行一段时间，从而要消耗一部分糖分和其他有机物。干制时间越长，糖分损失越多，干制品的质量越差，重量也越少。人工干制果蔬，虽然能很快抑制酶的活性和呼吸作用，干制时间又短，可减少糖分的损失，但所采用的温度和时间对糖分也有很大的影响。一般来说，糖分的损失随温度的升高和时间的延长而增加，温度过高时糖分焦化，颜色变深褐直至呈黑色，味道变苦，变褐的程度与温度及糖分含量成正比。

（3）维生素的变化。果品蔬菜中含有多种维生素，其中维生素C（抗坏血酸）和维生素A原（胡萝卜素）对人体健康尤为重要。维生素C很容易被氧化破坏，因此在干制加工时，要特别注意提高维生素的保存率。维生素C被破坏的程度除与干制环境中的氧含量和温度有关外，还与抗坏血酸酶的活性和含量有关。氧化与高温的共同影响，往往可能使维生素C被全部破坏，但在缺氧加热的情况下，却可以大量保存。此外，维生素C在阳光照射下和碱性环境中也易遭受破坏，但在酸性溶液或者浓度较高的糖液中则较稳定。

（二）包装前的处理

干制后的产品一般不立即进行包装，根据产品的特性与要求，往往需要经过一些处理后才进行包装。

1. 筛选分级

为了使产品达到规定标准，便于包装，实施优质优价的原则，对干制后的产品要进行筛选分级。干制品常用振动筛等分级设备进行筛选分级，剔除不合标准的产品。筛下物质另做它用。合格产品还需进一步在移动速度为 3～7m/min 的输送带上进行人工挑选，剔除杂质和变色、残缺或不良成品，并经磁铁吸除金属杂质。

2. 回软

又称均湿或水分平衡。无论是自然干燥还是人工干燥制得的干制品，其各自所含的水分并非均匀一致，而且水分含量在其内部也不是均匀分布，需进行均湿处理，目的是使干制品内部水分均匀一致，干制品变软、变韧，便于后续工序的处理。回软的方式是将干制品堆积在密闭的室内或容器内进行短暂贮存，以便使水分在干制品内、外部及干制品之间进行扩散和重新分布，最后趋于一致。回软时间因产品要求不同而异。

3. 压块

果蔬干制后，重量减少较多，体积缩小程度小，因此，干制品膨松，不利于包装运输，在包装前需经压缩处理，称之为压块。干制品若在不受损伤的情况下压缩成块，体积明显缩小，可有效地节省包装材料、装运和贮存容积及搬运费用。产品紧密后还可以降低包装袋内氧气的含量，有利于防止氧化变质。

压块后干制品的最低密度为 880～960kg/m³。干制品复水后应能恢复原来的形状和大小，其中复水后能通过四目筛眼的碎屑应低于 5%，否则复水后就会形成糊状，且色、香、味也不如未压块的复水干制品。

对于一些水分低、质脆易碎的干制品，在压块前常需要用蒸汽加热 20～30 秒，促使其软化以便减少压块时的破碎率。

第四节　果蔬糖制品、腌制品加工技术

一、果蔬的糖制品

糖制品除作一般食用外，也是糖果糕点的主要辅料。我国的糖制品在国内外也享有很高声誉，如广东的陈皮梅、北京的苹果脯、苏州的金橘饼、福建的加应子，因此糖制品也是我国具有民族特色的传统食品。

糖制品按其加工方法和状态分为两大类，即果脯蜜饯类和果酱类。果脯蜜饯类属于高糖食品，保持果实或果块原形，大多含糖量在 50%～70%；果酱类属高糖高酸食品，不保持原来的形状，含糖量多在 40%～65%，含酸量约在 1% 以上。

（一）果蔬的糖制品分类

1. 蜜饯类

（1）按产品形态及风味分类。

1）湿态蜜饯：果蔬原料糖制后，保存于高浓度糖液中，果形完整、饱满、质地细软、呈半透明。如蜜饯海棠、蜜饯樱桃、糖青梅、蜜金橘等。

2）干态蜜饯：可称为果脯。糖制后晾干或烘干，不黏手，外干内湿、半透明，有些产品表面裹一层半透明糖衣或结晶糖粉。如橘饼、蜜李子、蜜桃子、冬瓜条、糖藕片。

3）凉果：用咸果坯为主要原料，干草等为辅料制成的糖制品。果品经盐腌、脱盐、晒干，加配料蜜制再干制而成。制品含糖量不超过35%，属低糖制品，外观保持原果形，表面干燥、皱缩，有的品种表面有层盐霜；味甘美、酸甜、略咸，有原果风味。如陈皮梅、话梅、橄榄制品。

（2）按生产地域分类。

1）京式蜜饯：京式蜜饯主要以果脯类为代表，又称北京果脯，或称"北蜜"、"北脯"。果脯选用新鲜果蔬，经糖渍、糖煮后，再经晒干或烘干而成。其特点是：成品表面干燥，不黏手，呈半透明状，含糖量高，柔软而有弹性，口感甜香，有原果风味。以苹果脯、梨脯、桃脯、杏脯、金丝蜜枣、山楂糕、果丹皮等最为著名。

2）苏式蜜饯：苏式蜜饯起源于古城苏州，主要以糖渍和返砂类产品为主。糖渍类产品，表面微有糖液，色鲜肉脆，清甜爽口，原果风味浓郁，色、香、味、形俱佳，代表产品主要有梅系列产品，以及糖佛手、无花果等。返砂类产品，表面干燥，微有糖霜，入口酥松，味微甜，代表产品有枣系列产品，以及苏式话梅、九制陈皮等。

3）广式蜜饯：广式蜜饯起源于广州、潮州、汕头一带。主要以干草调香的制品（俗称凉果）和糖衣类产品为主。凉果类产品，表面半干燥或干燥，味多酸甜或酸咸甜适口，入口余味悠长。代表产品有陈皮梅、奶油话梅、甘草杨桃等。糖衣蜜饯，表面干燥、有糖霜，入口甜糯，原果风味浓。代表产品有糖藕片、糖荸荠等。

4）闽式蜜饯：起源于福建的厦门、福州、泉州、漳州一带，是以橄榄制品为代表的蜜饯产品。表面干燥或半干燥，含糖量低，微有光泽感，肉质细腻而致密，添加香味突出，爽口而有回味。代表产品有丁香榄、话皮榄等。

5）川式蜜饯：以四川内江地区为主产区，始于明朝，有闻名中外的蜜辣椒、蜜苦瓜等。

2. 果酱类

果酱类制品不保持果实原来的形状，原料只需进行品质选别。将进厂的原料先进行选别、洗净、切分或破碎、预煮，然后根据终产品的需求进行打浆、筛滤、取汁等处理和加工。果酱制品无须保持果实原来的形状，但应具有原果的风味，一般多为高糖高酸制品。按加工方法和成品的状态分类如下。

（1）果酱：果酱呈黏稠状，也可以带有果肉碎块。果蔬原料经打碎或切成块状，加糖、酸、果胶等食用胶浓缩而成。如草莓酱、番茄酱。

（2）果泥：一般是将一种或数种水果混合，经软化打浆或筛滤除渣后得到的细腻的果肉浆液，加入适量的砂糖及其他配料，经加热浓缩成稠厚泥状，口感细腻。如枣泥、什锦果泥、胡萝卜泥。

（3）果冻：用含果胶丰富的果品为原料，果实软化、取汁，加糖、酸及适量果胶或其他食用胶经加热浓缩后的制品。制品应光滑透明，切割时有弹性，切面柔滑而有光泽。如山楂果冻、橘子果冻、苹果果冻。

（4）果糕：将果实软化后，取其果肉浆液，加糖、酸、果胶或其他增稠剂浓缩，倒入盘中摊成薄层，再于50～60℃烘干至不黏手，切块，用玻璃纸包装。如山楂糕等。

（5）马茉兰：用柑橘类为原料生产的果冻类制品，配料中要加入用柑橘类外果皮切成的块状或条状薄片，均匀分布于果冻中。如柑橘马茉兰。

（6）果丹皮：是将果泥加糖浓缩后，刮片烘干制成的柔软薄片。如山楂果丹皮、柿子果丹皮、桃果丹皮。

（7）果片：是将富含酸分及果胶的果实制成果泥，刮片烘干后制成的干燥果片。如山楂片。

（二）糖制保藏理论

食糖是糖制中的主要辅料，食糖的种类和性质及其在产品中的含量对制品的质量和保存性都有很大的影响。在果蔬糖制加工中，采用不同的方法，使产品的最终含糖（以蔗糖计）量或可溶性固形物的百分率增高，即利用一定浓度溶液所产生的扩散和渗透作用，使原料本身脱水、酶受抑制，微生物处于生理干旱状态，迫使其处于假死或休眠状态，可使产品保持不坏。一旦产品所含浓度下降，微生物得以活动，产品就会败坏变质。

1. 糖在果蔬糖制品中所起的主要作用

（1）高浓度的糖含量可以提高原料的渗透压；

（2）高浓度的糖含量可以降低制品的水分活度；

（3）高浓度的糖含量具有抗氧化作用。

2. 果蔬糖制品原料

（1）蔗糖：又称非还原糖，根据加工方法的不同，可分为白砂糖、绵白糖和赤砂糖。白砂糖在生产中一般先配成不饱和溶液，用于糖制食品。

（2）绵白糖：由白砂糖加入少量转化糖浆或饴糖制成。绵白糖价格较贵，在生产中一般只用于制作糖衣果脯的糖衣使用。

（3）赤砂糖：又叫红糖、黑糖。赤砂糖为粒状晶体，表面附有部分糖蜜，纯度比白砂糖低，颜色较深，色泽一般分为赤红、赤褐或黄紫色，味浓甜。虽然赤砂糖的杂质含量较多，但是由于它保留有一些甘蔗的香味和特点，因此在一些凉果制品中也经常使用。

（4）饴糖：俗称米稀、糖稀，是淀粉经过水解而成。其主要成分是麦芽糖（含量为40%～45%）及糊精。在煮制果脯、蜜饯糖液中加适量的饴糖，能提高蜜饯的滋润性和弹性，还可使制品色泽光亮。

（5）葡萄糖浆：也称淀粉糖浆，俗称化学糖稀。其品质优于饴糖，糖度相当于蔗糖的60%，易被人体吸收，是由淀粉经酸水解，或用酶法分解制得，主要成分是葡萄糖，也含有部分麦芽糖和糊精，为无色或淡黄透明浓稠液，还原糖占35%～40%，总固形物含量不低于80%。在煮制果脯、蜜饯糖液中加适量的葡萄糖浆，可调整糖液中还原糖与蔗糖的比例，以避免糖制食品产生"返砂"和"流糖"的现象，是一种优良的抗砂物质。

（6）蜂蜜：又称蜜糖，新鲜的蜂蜜为透明浓稠的液体。味甜，放时久会变得混浊。主要成分为果糖、葡萄糖、蛋白质、矿物质、有机酸等多种营养物质。蜂蜜的种类很多，营养全面，具有营养心肌，保护肝脏，润肠胃，防止血管硬化的作用，加入果脯、蜜饯中，不仅可以使味道甜美，增加营养成分，而且可以防止白糖结晶，提高产品质量。

3. 糖的性质

糖的性质是指其化学性质和物理性质。化学性质包括甜味、风味、蔗糖的转化、胶凝和金属腐蚀等；物理性质包括渗透压、结晶和溶解、吸湿性、热力学性质、黏度、稠度、晶粒大小、容积、导热性等。

（1）化学性质。

1）甜度和风味：糖的甜度影响着糖制品的甜度和风味。各种糖中以果糖最甜，其次是蔗糖，再次为葡萄糖。各种糖的甜度、风味不同，影响着糖制品的风味，蔗糖的甜度比较纯净，能使制品具有良好的风味；葡萄糖先甜，继而有苦和酸涩感。

2）蔗糖的转化与褐变：蔗糖与稀酸共热，或在转化酶的作用下，水解为葡萄糖和果糖，又称为转化糖，这种转化反应，在果品糖制上比较重要。糖煮时，有部分蔗糖转化，有利于抑制晶析，增强制品的保藏性和甜度，使质地紧密细致。另一方面，由于转化糖的吸湿性很强，过度的转化又会使制品在贮存中回潮，造成变质。另外，由于葡萄糖分子中含有羟基和醛基，蔗糖若长时间与稀酸共热，会生成少量的羟甲基呋喃甲醛，使制品轻度变褐。转化糖与氨基酸反应，也引起制品的褐变。特别是戊糖与氨基酸或蛋白质发生羰氨反应（美拉德反应）生成黑色素，使制品褐变。这种褐变是一种非酶褐变，多发生在与加热有关的加工过程中。

（2）物理性质。

1）溶解度与晶析：糖的溶解度与晶析对糖制品品种和保藏性能影响较大。糖制食品液态部分的糖分达到过饱和时，即析出结晶。从而降低了含糖量，削弱了保藏作用，同时有损制品品质和外观。如蔗糖在10℃时的溶解度为65.6%（约相当于糖制品所要求的含糖量），糖制时液温为90℃时，溶解度上升为80.6%。糖煮时糖浓度过高，糖煮后贮温低于10℃，就会出现过饱和晶析，降低制品含糖量，削弱了保藏性。

2）吸湿性：糖的吸湿性和糖的种类及空气的相对湿度关系密切。其中，果糖的吸湿性最强，葡萄糖和麦芽糖次之，蔗糖最弱。空气的相对湿度越大，糖的吸湿量越多。糖的这一特性，对干制品和糖制品的保藏性影响很大，在缺乏包装的糖制品中，贮藏期会因吸湿回潮使制品糖浓度降低，削弱糖的保藏性，甚至导致制品变质和败坏。但糖的吸湿性的存在，有利于防止糖制品的蔗糖晶析和返砂。

3）糖的沸点和糖的浓度：在一定的压力下，糖液的沸点随着浓度的增大而上升。糖制品在煮制时，常利用测定蔗糖的沸点来掌握制品所含可溶性固形物的总量和控制煮制时间和终点。但应该注意的是蔗糖液的沸点温度除了受其本身浓度的影响外，还受大气压和纯度的影响。因此，当大气压和纯度改变时，用以上方法来判断糖浓度会有一定的误差。

（三）糖制品加工工艺简述

果脯蜜饯加工的基本原理就是利用高浓度糖液所产生的高渗透压，析出果蔬中的大量水分，抑制微生物生长活动，达到制品较长时间保藏不坏的目的。糖本身虽然不具备杀菌作用，但高浓度的糖液能产生强大的渗透压，使制品的水分活度降低，微生物在这样的环境条件下得不到生活所必需的水分，使微生物细胞处于生理干燥状态，而停止活动和生长。因此，糖量达到有效地抑制微生物活动的浓度是果脯蜜饯加工的关键。

1. 果蔬糖制品加工方法

糖制是果脯蜜饯加工的重要工序。糖制的方法有煮制（又称为糖煮、热制）和蜜制（又称为腌制、冷制、糖腌）两种。煮制适用于质地紧密、耐煮性强的原料；蜜制适用于皮薄多汁、质地柔软的原料。但是无论是哪一种方法，目的都是使糖液中的糖分依赖扩散作用进入组织细胞间隙，再通过渗透作用均匀地进入到原料各部位的组织中，最终达到要求糖含量，并保持其应有的形态。

糖煮的关键在于糖液迅速而均匀地渗入原料中，原料中的水分和空气尽快排出，从而使制品吸糖饱满而富有弹性，色泽明亮，质地酥软。

（1）一次煮成法。

1）特点：适用于含水量较低，细胞间隙较大，组织结构较疏松的原料，含糖量较高、肉质坚实和比较耐煮的原料，如枣、桃、苹果、无花果等，因为这些果实比较耐煮，或经切缝、刺孔、预煮等处理，所以糖分能迅速渗透，不易发生干缩现象，对于其他原料采用一次煮制时需进行诸如适当切分、刺孔、加强硬化等处理，或采用小容器、多次加糖、真空煮制等方法。工艺简单，快速省工，浸泡设备的占用量小。但因持续长时间的煮制，原料易被煮烂，色、香、味和维生素等营养损失较大。再者，糖分的渗透也常不易均衡，使制品质量不能完全一致。

2）区别：一次煮成法主要有两种煮制方法，一种是把预处理好的原料，直接放入已煮沸的60%的糖液中共煮，由于糖液渗入，原料中大部分水分被排除，锅内糖液温度逐渐降低，为了补充糖液浓度和降低原料细胞内的水汽压，需在糖液沸腾时，分多次向锅内加入浓度为50%左右的冷糖浆和砂糖，煮制时间为1～2小时，之间加糖浆和砂糖4～6次，直到糖液浓度达到65%时停止。另一种是将原料连同糖液一起放入容器中浸渍24～48小时，捞出，沥尽糖液送去烘烤。有时为了制品表面少挂糖液，在浸渍结束捞出之前，将制品连同糖液倒入锅中加温，到60～70℃时再捞出制品沥净糖液送去烘烤。

（2）多次煮成法。

1）特点：原料水分含量较高，细胞壁较厚，组织结构致密，用一次煮制糖液难以渗透到组织内部，在煮制中所用的糖液浓度过大，超过细胞液的浓度，内外渗透速度不能保持平衡，这样失水太快，原料不能保持其原有形状，同时，在外界强大的渗透压力下，原料的组织发生收缩，出现干瘪的现象，破坏了扩散和渗透的速度，给糖煮过程带来困难。提高温度虽然能促进糖分扩散和渗透的速度，但当温度达到101～102℃时，细胞内的水汽压会加大。如果这样持续时间较长，不但会阻碍糖液的渗透，更严重的是会使组织溃烂，造成损失。

多次煮制经3~5次完成，先用30%~40%的糖煮到原料稍软时，放冷糖渍24小时。其后，每次煮制均增加糖液浓度10%，煮沸2~3分钟，直到糖液浓度达到65%以上时停止煮制，将其倒入冷缸中冷却，等温度降至65℃左右，捞出沥尽糖液，烘烤。

2）区别：由于加热和冷却交替进行，有助于糖分的渗透（加热时，原料细胞内部的水分被汽化，使体积膨大，冷却时，水汽凝结，降低了内部的压力，加快了糖分的渗透）。此外，糖液浓度逐渐增高，使果实和周围糖液始终保持一个比较大的浓度差，糖分能够均匀充分地渗入原料内的各个部位，使产品吸糖饱满，肥厚丰盈，透明美观。同时，因煮制时间短，对产品色、香、味和营养价值十分有利。缺点是加工周期长，费时、费工、占容器等。

（3）快速煮成法。

1）特点：快速煮成法也称为冷热交替法，是将处理好的原料放在煮沸的较稀的糖液中煮沸数分钟（5~10分钟），随即捞出原料浸入比热糖液浓度较高的冷却糖液中，使之迅速冷却；然后提高原煮糖液浓度，如10%，煮沸后，把原料从冷糖液中放入其中再煮沸数分钟，并以同样方法迅速冷却，如此反复4~5次，最后达到要求的浓度为止。

2）区别：这种方法使原料的细胞组织受热膨胀、冷却收缩交替进行，可使原料很快吸足糖液达到饱和状态，所用时间短，产品质量高，但需备有足够的冷却糖液。

（4）真空煮成法。

1）特点：真空煮成法也称为减压煮制法，是将原料与糖液在较低的温度和真空下进行煮制。在减压煮制前，最好先用稀糖液，如浓度为30%的糖液在常压下与原料先煮沸软化后，再放入能密封抽气的容器中，用较浓糖液减压煮制。

2）区别：此法由于原料置于真空条件下，果实内部的空气被排出，经过一段时间抽空后，破除真空，糖液借外部的大气压和糖液自身的浓度差所产生的渗透压，很快地进入原料内原先被空气占据的空间，并通过细胞膜进入组织内部，从而完成渗糖的过程。此法煮制时间短，糖液浓缩速度快。同时，由于原料中的空气被赶出，使果实透明，还可防止氧化和褐变，对保持原有的色泽和营养价值都有利。

2. 果脯蜜饯加工的工艺流程

原料→选别分级→去皮切分或其他处理（盐腌）→硬化熏硫→漂洗预煮→糖制→烘干→上糖衣→干态蜜饯→糖制→装罐→封罐→杀菌→冷却→湿态蜜饯→糖制→加配料→烘干→凉果

（1）选别分级：目的在于剔除不符合加工要求的原料，如腐烂、生虫等。为便于加工，还应按大小或成熟度进行分级。

（2）去皮、切分、切缝、刺孔：剔除不能食用的皮、种子、核，大型果宜适当切分成块、片、丝、条。枣、李、梅等小果不便去皮和切分，常在果面切缝或刺孔。

（3）盐腌：此工序仅在加工南方凉果时采用，用食盐或加少量明矾或石灰腌制原料，常作为半成品保藏方式来延长加工期限。

（4）糖腌：这类制品在糖制过程中不需加热，原料不经高温煮制，是指用糖液进行腌渍，使制品达到要求的糖度。这种方法适用于肉质柔嫩、高温处理易使肉质破烂，不能保持一定形状和加热后变色、变味（如柿子变涩）等原料。糖腌法也是我国传统的加工方法。在腌制期间，分次加糖，逐渐提高糖的浓度，保持充分均匀地渗透到果肉组织中去，由于原料不加高温煮制，能较好地保持新鲜果品原有的色泽、香气和风味，使果块完整、饱满、质地松脆，避免果块失水干缩，渗入较多糖分，维生素 C 损失少，同时，不与金属接触，避免了金属污染所造成的变色、变味现象。

在未加热的蜜制过程中，原料组织保持一定的膨压，当与糖液接触时，由于细胞内外渗透压存在差异而发生外渗透现象，使组织中水分向外排出，糖分向内扩散渗入。但糖浓度过高时，会出现失水过快、过多，使组织膨压下降而收缩，影响制品饱满度和产量。为了逐渐提高糖液的浓度，加强糖的渗透效力，除了分次加糖外，还常伴之以日照，或者在糖腌过程中，分期将糖液倒出浓缩，再将糖液回加到果品中去，一方面提高糖液浓度，另一方面冷原料与热糖液接触，加速糖的渗透作用。无论如何处置，糖腌速度比糖煮要慢得多。

（5）干燥：原料经过糖腌或糖煮后，成品表面粘有糖液，或含水较高，质地还很柔软，需要进行烘干或晾晒。经烘、晒的干制品保持完整和饱和状态、不皱缩、不结晶、质地紧密而不粗糙，糖分含量接近于 72%，水分一般不超过 18%～22%。

（6）上糖衣：制作糖衣果脯可在干燥后上糖衣。即将新配制好的过饱和糖液浇注在干脯饯的表面，或者是将干脯饯在过饱和糖液中浸渍一分钟，立即取出散置在晒面上，于 50℃下冷却晾干，糖液就在产品表面上形成一层晶亮透明的糖质薄膜。

（7）保脆和硬化：为提高原料耐煮性和酥脆性，在糖制前对原料进行硬化处理。即将原料浸泡于石灰（CaO）或氯化钙、明矾、亚硫酸氢钙稀溶液中，令钙、镁离子与原料中的果胶物质生成不溶性盐类，使细胞间相互黏结在一起，提高硬度和耐煮性。

（8）硫处理：为获得色泽清淡而半透明的制品，在糖制前进行硫处理，以抑制氧化变色。在原料整理后，浸入 0.1%～0.2% 的亚硫酸液中数小时，再经脱硫除去残留的硫。

（9）染色：在加工过程中为防止樱桃、草莓失去红色，青梅失去绿色，常用染色剂进行染色处理。

（10）漂洗和预煮：预煮的目的是为了脱去原料上附着的硬化剂，除掉原料本身的果胶及黏性物，增加原料的透明度和增大渗透压。

（11）包装和贮藏

干燥后的蜜饯应及时整理或整形，然后按商品要求进行包装。脯饯包装主要以防霉、防潮为主，同时要保证卫生安全，便于贮藏运输。

3. 糖制品常见质量问题及控制

（1）变色。糖制品在加工过程及贮存期间都可能发生变色，在加工期间的前处理中，变色的主要原因是氧化引起酶促褐变，其控制办法是必须做好护色处理，即去皮后要及时浸泡在盐水或亚硫酸盐溶液中，有的含气高的还需进行抽空处理，在整个加工工艺中尽可能地缩短与空气接触的时间，防止氧化。而非酶促褐变则伴随在整个加工过程和贮藏期间，其主要影响因素是温度，即温度越高变色越深。因此控制办法是在加工中要尽可能缩短受热处理的过程，而果脯类加工要配合使用好足量的亚硫酸盐，在贮存期间要控制温度在较低的条件下，如 12～15℃，对于易变色品种最好采用真空包装，在销售时要注意避免阳光暴晒，减少与空气接触的机会。另外微量的铜、铁等金属的存在（0.001%～0.0035%）也能使产品变色，因此加工用具一定要用不锈钢制品。

（2）返砂和流汤。有关返砂和流汤产生的原因及控制办法的内容已在前面述及，在此只强调在贮藏条件中一定要注意控制恒定的温度，且不能低于 12～15℃，否则由于糖液在低温条件下溶解度下降引起过饱和而造成结晶。同时对于散装糖制品一定要注意贮藏环境湿度不能过低，即要控制在相对湿度为 70% 左右。如果相对湿度太低则易造成结晶（返砂），如果相对湿度太高则会引起吸湿回潮（流汤）。糖制品一旦发生返砂或流汤将不利于长期贮藏，也影响制品外观。

（3）微生物败坏。糖制品在贮藏期间最易出现的微生物败坏是长霉菌和发酵产生酒精味。这主要是由于制品含糖量没有达到要求的浓度即 65%～70% 以上。控制办法即加糖时一定按要求糖度添。但对于低糖制品一定要采取防腐措施如添加防腐剂，采用真空包装，必要时加入一定的抗氧化剂，保证较低的贮藏温度。对于罐装果酱一定要注意封口严密，以防表层残氧过高为霉菌提供生长条件，另外杀菌要充分。

二、果蔬的腌制

腌制是一种利用食盐渗入蔬菜组织内部，以降低其水分活度，提高其渗透压，有选择地控制微生物的发酵和添加各种配料，以抑制腐败菌的生长，保持制品品质的加工方法。其制品称为蔬菜腌制品，又称酱腌菜或腌菜。

（一）蔬菜腌制品的分类

蔬菜腌制品加工方法各异，种类品种繁多。根据所用原辅料、腌制过程、发酵程度和成品状态的不同，可以分为两大类，即发酵性腌制品和非发酵性腌制品。

1. 发酵性腌制品

发酵性腌制品的特点是腌制时食盐用量较低，在腌制过程中有显著的乳酸发酵现象，利用发酵所产生的乳酸、添加的食盐和香辛料等的综合防腐作用，来保存蔬菜并增进其风味。该类产品一般具有较明显的酸味。根据腌制方法和成品状态不同又分为下列两种类型。

（1）湿态发酵腌制品：用低浓度食盐溶液浸泡蔬菜或用清水发酵白菜而制成的一类带酸味的蔬菜腌制品。如泡菜、酸白菜等。

（2）半干态发酵腌制品：先将菜体经风干或人工脱去部分水分，然后再行盐腌让其自然发酵后熟而成的一类蔬菜腌制品。如半干态发酵酸菜。

2. 非发酵性蔬菜腌制品

非发酵性蔬菜腌制品的特点是腌制时食盐用量较高，使乳酸发酵完全受到抑制或只能极轻微地进行，其间加入香辛料，主要利用较高浓度的食盐、食糖及其他调味品的综合防腐作用，来保存和增进其风味。依其配料、水分多少和风味不同又分为下列三种类型。

（1）咸菜类：是一种腌制方法比较简单、大众化的蔬菜腌制品。只进行盐腌，利用较高浓度的盐液来保存蔬菜，并通过腌制来改进风味，在腌制过程中有时也伴随轻微发酵，同时配以调味品和各种香辛料，其制品风味鲜美可口，如咸大头菜、腌雪里蕻、榨菜。

（2）酱菜类：把经过盐腌的蔬菜浸入酱内酱渍而成。经盐腌后的半成品咸坯，在酱渍过程中吸附了酱料浓厚的鲜美滋味、特有色泽和大量营养物质，其制品具有鲜、香、甜、脆的特点。如酱黄瓜、酱萝卜干、什锦酱菜。

（3）糖醋菜类：蔬菜经盐腌后，再入糖醋液中浸渍而成。其制品酸甜可口，并利用糖、醋的防腐作用来增强保存效果。如糖醋大蒜、糖醋藠头。

（二）蔬菜腌制原理

蔬菜腌制的原理主要是利用食盐的高渗透压作用、微生物的发酵作用、蛋白质的分解作用以及其他生物化学作用抑制有害微生物的活动和增加产品的色、香、味。

（三）微生物的发酵作用

发酵是微生物活动引起的一系列生化变化，蔬菜腌制正是对微生物发酵作用的利用与控制。

1. 正常的发酵作用

在蔬菜腌制过程中，由微生物引起的正常的发酵作用不但能抑制有害微生物的活动，还能使制品产生良好的风味。这类发酵作用以乳酸发酵为主，并伴有轻度的酒精发酵和极轻微的醋酸发酵。蔬菜腌制品在腌制过程中的发酵作用是借助于分布在空气中、蔬菜表面、加工用水及工器具表面的微生物进行的。

（1）乳酸发酵：乳酸发酵是蔬菜腌制过程中各种发酵作用中最主要的发酵作用，是在乳酸菌的作用下将糖类物质转化成主要产物为乳酸的生物化学过程。

（2）乙醇发酵：蔬菜在腌制过程中，酵母菌利用蔬菜中的糖分，将其转化为乙醇的过程为乙醇发酵。乙醇产生量为 0.5%～0.7%（体积分数），对乳酸发酵并无影响。乙醇发酵除生成乙醇外，还能生成异丁醇和戊醇等高级醇。另外，腌制初期蔬菜的缺氧呼吸及发生的异型乳酸发酵也生成少量的乙醇。这些醇类对于腌制品在后熟期中品质的改善及芳香物质的形成起到重要作用。酵母菌包括鲁氏酵母、圆酵母、隐球酵母等有益酵母。

（3）醋酸发酵：异型乳酸发酵中会产生微弱的醋酸。但醋酸的主要来源是由醋酸菌氧化乙醇而生成的，这一作用称为醋酸发酵。醋酸菌为好气性细菌，仅在有空气的条件下才可能将乙醇氧化成醋酸，因而发酵作用多在腌制品的表面进行。正常情况下，醋酸积累量为 0.2%～0.4%，作为呈味的基本物质可以增进产品的品质，但过多的醋酸又有损风味，如榨菜制品中，若醋酸含量超过 0.5%，则表示产品酸败，品质下降。醋酸菌无芽孢，对热的抵抗力很弱，最适繁殖温度为 30℃左右，醋酸菌对食盐只能耐 1%～

1.5%的浓度。

2. 有害的发酵及腐败作用

在蔬菜腌制过程中有时会出现变味发臭、长膜、生花、起漩生霉，甚至腐败变质、不堪食用的现象，这主要是有害发酵及腐败作用所致。

（四）蛋白质的分解作用

供腌制用的蔬菜除含糖分外，还含有一定量的蛋白质和氨基酸。不同蔬菜所含蛋白质及氨基酸的总量和种类不同。在腌制和后熟期中，蔬菜所含的蛋白质受微生物的作用和本身所含的蛋白质水解酶的作用而逐渐被分解为氨基酸，这一变化在蔬菜腌制和后熟期中是十分重要的，也是腌制品色、香、味的主要来源，但其变化是缓慢而复杂的。蛋白质水解生成的某些氨基酸本身就具有一定的鲜味和甜味，如果氨基酸进一步与其他物质起作用，就可以形成更为复杂的物质。蔬菜腌制品的色、香、味的形成都与氨基酸有关。

1. 鲜味的形成

由蛋白质水解所生成的各种氨基酸都具有一定的鲜味，但蔬菜腌制品鲜味的主要来源是谷氨酸与食盐作用生成的谷氨酸钠。

蔬菜腌制品中不只含有谷氨酸，还含有其他多种氨基酸，这些氨基酸均可生成相应的盐类，因此，腌制品的鲜味远远超过了谷氨酸钠单独的鲜味，这是多种呈味物质综合作用的结果。此外，在乳酸发酵作用中及某些氨基酸（如氨基丙酸）水解生成的微量乳酸，也是腌制品鲜味的来源。

2. 香气的形成

蔬菜香气的形成是比较复杂而缓慢的生物化学过程，其成因主要有以下几方面。

（1）酯类物质香气：蔬菜原料中的有机酸或发酵过程中产生的有机酸与发酵中形成的醇类相互作用，发生酯化反应，能产生乳酸乙酯、乙酸乙酯、氨基丙酸乙酯、琥珀酸乙酯等不同的芳香物质。

（2）芥子苷类水解物香气：有些蔬菜含有糖苷类物质（如黑芥子苷或白芥子苷），具有不愉快的苦辣味，在腌制过程中糖苷类物质经酶解后生成有芳香气味的芥子油而苦味消失。如十字花科的芥菜类含有黑芥子苷（硫代葡萄糖苷）较多，原料在腌制时经揉搓或挤压使细胞破裂，黑芥子苷被水解，苦味消失，生成异硫氰酸酯类、腈类和二甲基三硫等芳香物质，称为"菜香"，为腌咸菜的主体香。

（3）烯醛类芳香物质香气：氨基酸与戊糖或甲基戊糖的还原产物4-羟基戊烯醛作用，生成含有氨基的烯醛类芳香物质。由于氨基酸的种类不同，生成的烯醛类芳香物质的香型、风味也有差异。

（4）丁二酮香气：在腌制过程中乳酸菌类将糖发酵生成乳酸的同时，还生成具有芳香气味的丁二酮（双乙酰），是发酵性腌制品的主要香气成分之一。

（5）外加辅料的香气：腌制咸菜在腌制过程中一般都加入某些香辛料，这些香辛料呈香和呈味的化学成分不同，如花椒含异茴香醚、牻牛儿醇；八角含茴香脑；桂皮含水芹烯、丁香油酚等芳香物质，使制品表现出不同的风味特点。

3. 色泽的变化

腌制蔬菜的色泽是制品感官质量的重要指标之一，保持天然色泽或改变色泽是在加工过程中需要特别注意的问题。腌制蔬菜的色泽变化主要由以下几方面因素引起。

（1）酶促褐变引起的色泽变化：蛋白质水解所生成酪氨酸在微生物或原料组织中所含的酪氨酸酶的作用下，在有氧的条件下，经过一系列复杂而缓慢的生化反应，逐渐变成黄褐色或黑褐色的黑色素，又称黑蛋白。此反应中，氧的来源主要依靠戊糖还原为丙二醛时所放出的氧。所以，蔬菜腌制品装坛后虽然装得十分紧实缺少氧气，但腌制品依然可以由于氧化而逐渐变黑。

（2）非酶褐变引起的色泽变化：蔬菜中的蛋白质水解生成的氨基酸与还原糖发生美拉德反应，生成褐色至黑色物质。由非酶褐变形成的这种褐色物质不但色深而且还有香气。其褐变程度与温度和后熟时间有关。一般说来，后熟时间越长，温度越高，则色泽越深，香味越浓。如四川南充冬菜装坛后还要经过三年的后熟，结合夏季晒坛，其成品冬菜色泽乌黑而有光泽，香气浓郁而纯正，滋味鲜美而回甜，组织结实而脆嫩，为腌菜之珍品。

（3）叶绿素破坏引起的色泽变化：鲜绿的蔬菜在腌制过程中会逐渐失去其色泽。特别是在腌制的后熟过程中，由于 pH 的下降，叶绿素在酸性条件下脱镁变成脱镁叶绿素，失去绿色，变成黄褐色或黑褐色。咸菜类装坛后在其发酵后熟的过程中，叶绿素消退后也会逐渐变成黄褐色或黑褐色。

（4）由辅料的色素引起的色泽变化：辅料如辣椒、花椒、八角、茴香等所带有的色素渗入蔬菜内部是一种物理的吸附作用。蔬菜细胞在盐液的作用下，原生质膜遭到破坏，蔬菜细胞能够吸附辅料中的色素而改变原来的色泽。如用甜面酱、黄酱、酱油、食醋等调味品加工出来的盐腌菜吸附了辅料中的色素而变成金黄色或红褐色的制品。

（五）影响腌制的因素

影响腌制的因素有食盐浓度、酸度、温度、气体成分、香料、原料含糖量与质地和腌制卫生条件等。

1. 酸度

有害菌（如丁酸菌、大肠杆菌）抗酸能力弱，在 pH 为 3~4 时不能生长。而乳酸菌抗酸能力强，在酸度很高（pH 为 3 时）的介质中仍可生长繁殖。霉菌抗酸能力很强，但其为好气性微生物，缺氧条件下不能繁殖。pH 为 4.5 以下，能在一定程度上抑制有害微生物的活动。控制酸度可以控制发酵作用。

2. 温度

各种微生物都有其适宜的生长温度，因而不同类型的发酵作用可以通过温度来控制。即蔬菜在腌制过程中由于有几种菌种参与发酵作用，而每种菌种生长最适温度不同，据此，通过控制温度来使某一种发酵占优势，不仅缩短时间，而且抑制了有害微生物的活动，使制品有良好的品质。

3. 气体成分

霉菌是完全需氧性的，在缺氧条件下不能存活，控制缺氧条件可控制霉菌的生长。酵母是兼性厌氧菌，氧气充足时，酵母会大量繁殖，缺氧条件下，酵母则进行乙醇发酵，将糖分转化成乙醇。乳酸菌则为兼性厌氧。蔬菜腌制过程中由于乙醇发酵以及蔬菜本身呼吸作用会产生大量二氧化碳，部分二氧化碳溶解于腌渍液中对抑制霉菌的活动与防止维生素 C 的损失都有良好的作用。

4. 香辛料

腌制蔬菜常加入一些香辛料与调味品，一方面改进风味，另一方面也不同程度地抑制微生物的活动，如芥子油、大蒜油具有极强的抑菌作用。此外，香辛料还有改善腌制品色泽的作用。

5. 原料含糖量与质地

含糖量在 1% 时，植物乳杆菌与发酵乳杆菌的产酸量明显受到限制，而肠膜明串珠菌与小片球菌已能满足其需要；含糖量在 2% 以上时，各菌株的产酸量均不再明显增加。供腌制用蔬菜的含糖量应以 1.5%~3.0% 为宜，偏低可适量补加食糖，同时还应采取揉搓、切分等方法使蔬菜表皮组织与质地适度破坏，促进可溶性物质外渗，从而加速发酵作用进行。

（六）蔬菜在腌制过程中的变化

蔬菜在腌制过程中由于食盐的脱水作用、微生物的发酵作用和其他的生物化学作用，必然会对蔬菜的组织结构及化学成分产生影响，导致其外观内质的一系列变化。

1. 脆性变化及保脆措施

（1）脆性变化。质地脆嫩是蔬菜腌制品质量标准中的一项重要感官指标，腌制过程如处理不当，就会使腌制品变软。腌制品的脆性与细胞的膨压和细胞壁的原果胶变化有密切关系。腌制初期，蔬菜失水萎蔫，致使细胞膨压下降，脆性随之减弱。腌制中、后期，蔬菜严重脱水，细胞失活，细胞的原生质膜变为全透性膜，外界的盐水和各种调味液向细胞内扩散，由于腌液与细胞液之间的渗透平衡，能够恢复和保持腌菜细胞一定的膨压，因而不致造成脆性的显著下降。

腌制蔬菜软化的另一个主要原因是果胶物质的水解。如果原果胶受到原果胶酶和果胶酶的作用而水解为水溶性果胶，或由水溶性果胶进一步水解为果胶酸和甲醇等产物时，就会使细胞彼此分离，使蔬菜组织脆度下降，组织变软，会严重影响产品质量。在蔬菜腌制过程中，促使原果胶水解而引起脆性减弱的原因，一方面是蔬菜原料成熟度过高，或者受了机械伤，其本身的原果胶酶活性增强，使细胞壁中的原果胶水解；另一方面，在腌制过程中一些有害微生物的活动所分泌的果胶酶类将原果胶逐步水解，导致蔬菜变软而逐步失去脆性。

（2）保脆措施。引起腌制菜脆性降低的原因很多，为保持其脆性，可采取下列措施。

1）挑选：在腌之前挑出那些过熟的和受过机械伤的蔬菜。

2）及时腌制：采收的蔬菜要及时腌制。采收后的蔬菜呼吸作用仍在不断地进行，细胞内营养物质被消耗，蔬菜品质就会不断下降；由于后熟作用，细胞内原果胶会导致肉质变软而失去脆性；有些蔬菜（如根菜类和叶菜类）因水分蒸发而导致体内水解酶类活动增加，大分子物质被降解而使菜质变软。

3）抑制有害微生物的生长繁殖：有害微生物的大量生长繁殖是造成腌菜脆性下降的重要原因之一。所以，在腌制过程中要控制环境条件（如盐水浓度、腌制液的 pH 和环境温度）来抑制有害微生物的生长繁殖。

4）适当使用硬化剂：为了保持腌制菜的脆度，根据需要在腌制过程中可以加入具有硬化作用的物质。蔬菜中的原果胶在原果胶酶、果胶酶的作用下，生成果胶酸，果胶酸与钙离子结合生成果胶酸钙，该盐类能在细胞间隙中起粘连作用，从而使腌制品保持脆性。

（3）硬化方法。

1）加入钙盐：把蔬菜放在钙盐水溶液中短期浸泡或直接向盐液中加入钙盐（或石灰），加入量一般为蔬菜原料重的 0.05% ~ 0.1%。

2）碱性井水浸泡：井水中含有氯化钙、硫酸钙，可以选择这样的碱性井水浸泡蔬菜。

2. 化学成分的变化

（1）糖与酸互相消长。对于发酵腌制品来说，经过发酵作用之后，蔬菜含糖量大大降低或完全消失，而含酸量则相应增加。例如，在含水量基本相同的情况下，新鲜黄瓜与酸黄瓜的糖、酸含量互相消长的情况极为明显：鲜黄瓜的含糖量为 2%，酸黄瓜的为 0；鲜黄瓜的含酸量为 0.1%，而酸黄瓜则为 0.8%。非发酵性腌制品与新鲜原料相比较，其含酸量基本上没有变化，但含糖量则会出现两种情况：咸菜（盐渍品），由于部分糖分扩散到盐水中，含糖量降低；酱菜（酱渍品）与糖醋渍品，由于在腌制过程中从辅料中吸收了大量的糖分，使制品的含糖量大大提高。

（2）含氮物质的变化。发酵性腌制品在腌制过程中，含氮物质有较明显地减少。一方面是由于部分含氮物质被微生物所消耗；另一方面是由于部分含氮物质渗入发酵液中。含氮物质的另一变化，是蔬菜的蛋白质态氮被分解而减少，氨基酸态氮含量上升。

非发酵性腌制品蛋白质含量的变化有两种情况：咸菜（盐渍品）由于部分蛋白质在腌制过程中被浸出，蛋白质含量减少；酱菜（酱渍品）由于酱料中的蛋白质渗入蔬菜组织内，制品的蛋白质含量反而有所提高。

（3）维生素的变化。蔬菜腌制后组织失去活性，在接触微量氧气的情况下，维生素 C 被氧化而被破坏。腌制时间越长，维生素 C 的损耗越大。维生素 C 在酸性环境中较为稳定，如果在腌制时加盐量较少，生成的乳酸较多，维生素 C 的损失也就较少。蔬菜中维生素 B_1、维生素 B_2、烟酸、烟酰胺和胡萝卜素的变化均不大。

（4）水分含量的变化。蔬菜腌制品的水分含量变化有几种情况：首先，湿态发酵性腌制品、非发酵性的糖醋渍品含水量基本没有改变；其次，半干态发酵性腌制品其含水量有较明显地减少；第三，非发酵性腌制品，如咸菜类、酱腌菜类的含水量变化介于前两种情况之间。

（5）矿物质含量的变化。在腌制过程中加入食盐的腌制品，由于盐分的渗入，矿物质含量均比新鲜原料有所提高。由于盐中所含钙渗入腌制品，其含钙量一般均高于新鲜的原料。

（七）蔬菜腌制品常见的败坏及控制

蔬菜腌制品营养丰富，在环境条件作用下，发生微生物的繁殖、污染，能引起各种各样的败坏现象。败坏即变质、变味、变色、分解等不良变化的总称。腌制菜发生败坏一般是外观不良、风味变劣、外表发粉长霉并有异味。

1. 造成腌制菜败坏的原因

（1）生物因素。腌制菜败坏的主要原因是有害微生物的生长繁殖，腌制过程中的有害微生物主要是好气性菌和耐盐菌，如大肠杆菌、丁酸菌、霉菌、有害酵母菌，条件适宜，它们便大量繁殖，造成表面生花、酸败、发酵、软化、腐臭、变色等异常现象。故在空气中腌制菜易败坏，甚至不能食用。由于腐败菌的作用，分解蔬菜中的蛋白质及其他含氮物质，生成吲哚、甲基吲哚、硫醇、硫化氢等，产生恶臭。

（2）物理因素。光照和温度是造成物理败坏的主要因素。经常的日光照射能促使成品中所含的物质分解，引起变色、变味和维生素的损失，强光还可引起温度的升高。不适宜的温度对腌制蔬菜的贮存也是不利的，如贮温过高，可引起各种化学和生物的变化，增加挥发性风味物质的损失，使制品变质、变味，还有利于微生物的生长繁殖，致使发酵过快或造成腐败。过低的温度如冰冻的温度，可使制品的质地发生变化。

（3）化学因素。各种化学变化如氧化、还原、分解、化合等都可以使腌制品发生不同程度的败坏。如腌菜长期暴露在空气中与氧接触可以发生氧化变色，失绿、褐变；温度过高会引起蛋白质的分解反应。

2. 控制腌制菜败坏的方法

（1）控制环境因素，抑制有害微生物的活动。各种微生物的生长繁殖都需要适宜的环境条件，改变适宜其生长的条件，即可抑制其生命活动。

1）利用食盐：我国的腌制菜食盐含量一般为8%以上，可产生4.88MPa的渗透压，远超过一般微生物细胞液的渗透压(0.35～0.6MPa)，可防止一部分微生物的侵害。

2）利用酸：添加食用酸，酸能降低腌制液的pH，抑制微生物的生长繁殖。

3）利用低温：低温是防止有害微生物生长繁殖的方法之一，一般贮存温度为0～10℃。

（2）使用防腐剂。环境因素的控制在某些情况下仍有一定的局限性，在大规模生产中常使用一些防腐措施，如加入防腐剂，如山梨酸钾等，或者加入香辛料等抑制有害微生物的生长繁殖。

（3）利用真空包装。真空包装可以降低与腌制菜接触的氧气量，同时包装的腌制菜还要进行杀菌，抑制和杀灭有害微生物。

复习思考题

1. 简述果蔬的成分及处理方法。
2. 简述果蔬护色的方法及保脆处理的措施。
3. 简述果蔬罐头的加工工艺及操作要点。
4. 食盐的保藏作用有哪些？
5. 果脯、蜜饯加工的主要工艺有哪些？
6. 简述果醋酿造原理，并说明影响醋酸发酵的因素。
7. 影响灌制品杀菌的主要因素有哪些？

第七章 发酵食品加工技术

学海导航

（1）了解发酵食品加工的基础知识；

（2）掌握白酒的加工方法、工艺流程及操作要点；

（3）掌握葡萄酒的加工方法、工艺流程及操作要点；

（4）掌握啤酒的加工方法、工艺流程及操作要点；

（5）掌握调味食品的加工方法、工艺流程及操作要点。

第一节 白酒加工技术

一、白酒分类

我国的白酒是世界著名的六大蒸馏酒之一。它的独特工艺是千百年来我国劳动人民生产经验的总结和智慧的结晶。其技艺精湛，产品的色、香、味备受各界人士的青睐，尤其是国家名白酒，色泽澄清透明，玉洁冰清，香气馥郁芬芳、幽雅细腻，味甘润柔和、醇厚缠绵，余味爽净，备受人们喜爱，有着广阔的国内和国际市场前景，在国民经济中占有着十分重要的地位。

（一）按所用酒曲和主要工艺分类

现代将白酒分为固态法白酒、固液结合法白酒和液态法白酒三类。

1. 固态法白酒

（1）大曲酒：以大曲为糖化发酵剂，大曲的原料主要是小麦、大麦，加上一定数量的豌豆。大曲又分为中温曲、高温曲和超高温曲。一般是固态发酵，大曲酒所酿的酒质量较好，多数名优酒均以大曲酿成。

（2）小曲酒：以稻米为原料制成的，多采用半固态发酵，南方的白酒多是小曲酒。

（3）麸曲酒：是在烟台操作法的基础上发展起来的，分别以纯培养的曲霉菌及纯培养的酒母作为糖化、发酵剂，发酵时间较短，由于生产成本较低，为多数酒厂采用，此种类型的酒产量最大。以大众为消费对象。

（4）混曲法白酒：主要是大曲和小曲混用所酿成的酒。

（5）其他糖化剂法白酒：以糖化酶为糖化剂，加酿酒活性干酵母（或生香酵母）发酵酿制而成的白酒。

2. 固液结合法白酒

（1）半固、半液发酵法白酒：以大米为原料，小曲为糖化发酵剂，先在固态条件下糖化，再于半固态、半液态下发酵，而后蒸馏制成，其典型代表是桂林三花酒。

（2）串香白酒：采用串香工艺制成，其代表有四川沱牌酒等。还有一种香精串蒸法白酒，在香醅中加入香精后串蒸而得。

（3）勾兑白酒：将固态法白酒（不少于10%）与液态法白酒或食用酒精按适当比例进行勾兑而成的白酒。

3. 液态法白酒

又称"一步法"白酒，生产工艺类似于酒精生产，但在工艺上吸取了白酒的一些传统工艺，酒质一般较为淡泊；有的工艺采用生香酵母加以弥补。此外还有调香白酒，这是以食用酒精为酒基，用食用香精及特制的调香白酒经调配而成。

（二）按酒的香型分类

这种方法按酒的主体香气成分的特征分类，在国家级评酒中，往往按这种方法对酒进行归类。

1. 酱香型白酒

以茅台酒为代表，酱香柔润为其主要特点，发酵工艺最为复杂，所用的大曲多为超高温酒曲。

2. 浓香型白酒

以泸州老窖特曲、五粮液、洋河大曲等为代表，以浓香甘爽为特点，发酵原料是多种原料，以高粱为主，发酵采用混蒸续渣工艺，采用陈年老窖，也有人工培养的老窖。在名优酒中，浓香型白酒的产量最大，四川、江苏等地的酒厂所产的酒均是这种类型。

3. 清香型白酒

以汾酒为代表，其特点是清香纯正，采用清蒸清渣发酵工艺，发酵采用地缸。

4. 米香型白酒

以桂林三花酒为代表，特点是米香纯正，以大米为原料，小曲为糖化剂。

5. 其他香型白酒

主要代表有西凤酒、董酒、白沙液等，香型各有特征。这些酒的酿造工艺采用浓香型、酱香型或清香型白酒的一些工艺，有的酒的蒸馏工艺也采用串香法。

（三）按酒质分类

1. 国家名酒

国家评定的质量最高的酒，白酒的国家级评比，共进行过5次。茅台酒、汾酒、泸州老窖、五粮液等酒在历次国家评酒会上都被评为名酒。

2. 国家级优质酒

国家级优质酒的评比与名酒的评比同时进行。

3. 各省、部评比的名优酒

4. 一般白酒

一般白酒占酒产量的大多数，价格低廉，为百姓所接受，有的质量也不错。这种白酒大多是用液态法生产的。

（四）按酒度的高低分类

1. 高度白酒

这是我国传统生产方法所形成的白酒，酒度在41%vol以上，多在55%vol以上，一般不超过65%vol。

2. 低度白酒

采用了降度工艺，酒度一般在38%vol，也有的20%vol多。河南省张弓酒业有限公司1975年研制成功的38%vol张弓酒，攻克了困扰的白酒降度难题，首开我国低度白酒之先河，填补了我国低度白酒生产空白，被誉为"张弓美酒，低度鼻祖"。

二、白酒酿造的原料

从酿造原理上讲，只要含淀粉和可发酵性糖或可转化为可发酵性糖的原料均可用来酿酒。所以，可以用来酿酒的原料颇多，大致可分为粮谷原料、薯类原料、代用原料及农产品加工副产物原料，按其成分可分为淀粉质原料和糖质原料。

辅料一般指固态发酵白酒中的疏松剂（或叫填充剂），如糠壳。

"名酒出自佳泉"，可见酿酒用水的重要性，只有充分了解原辅料及水的性能，才能准确合理加以选用，达到酿制好酒的目的。

（一）淀粉质原料

淀粉质原料是白酒生产的主要原料。我国白酒发酵80%是以淀粉质为原料的。淀粉质原料可以分为粮谷原料、薯料及豌豆，其中以甘薯等薯类为原料的约占40%，以玉米等谷物为原料的约占35%。

淀粉是一种复杂的糖类，由几百到几千个葡萄糖分子组成，可发酵生成酒精，是酿酒原料的主要成分。淀粉积蓄于植物的种子、茎、根等组织中，以颗粒的形态存在。在酿酒生产过程中，淀粉经糖化酶作用转化为可发酵的糖，可发酵糖在酵母等微生物作用下，通过EMP途径转化为中间产物丙酮酸，最后在丙酮酸脱羧酶和乙醇脱氢酶的作用下生成乙醇。各种物料中淀粉含量不同，淀粉的形态也不相同。另外，淀粉因结构不同又分为直链淀粉与支链淀粉，支链淀粉吸水性强，容易糊化，是优良的酿酒原料。

1. 粮谷原料

我国用于白酒生产的谷物原料，主要有玉米、高粱、大麦、大米和小麦。国际上常用的谷物原料是玉米和小麦。常用于白酒生产的粮谷原料的成分对比见表7-1。

表7-1　白酒主要粮谷原料成分比较

名称	水分(%)	淀粉(%)	粗脂肪(%)	粗纤维(%)	粗蛋白(%)	灰分(%)
高粱	11～13	56～64	1.6～4.3	1.6～2.8	7～12	1.4～1.8
小麦	9～14	60～74	1.7～4.0	1.2～2.7	8～12	0.4～2.6
大麦	11～12	61～62	1.9～2.8	6.0～7.0	11～12	3.4～4.2
大米	12～13	72～74	0.1～0.3	1.5～1.8	7～9	0.4～1.2
玉米	11～17	62～70	2.7～5.3	1.5～3.5	10～12	1.5～2.6
糯米	12～13	69～71	1.9～2.2	0.2～0.4	6.5～7.3	0.5～0.7

2. 薯类原料

薯类原料主要包括甘薯、马铃薯、木薯、山药等。

（二）糖质原料

在白酒工业中，所采用的糖质原料最常见的是糖蜜。糖蜜有甘蔗糖蜜和甜菜糖蜜两种。

（1）甘蔗糖蜜。甘蔗糖蜜是以甘蔗为制糖原料的废蜜。其产量与糖厂的规模、工艺有关。一般废蜜量为原料的2.5%，我国南方各省均有生产。由于原料品种、产区土质、气候、收获季节、制糖方法和工艺条件的不同，糖蜜中的化学成分相差较大。

（2）甜菜糖蜜。甜菜糖蜜是以甜菜为制糖原料的废蜜，甜菜主要产于我国北方，糖蜜量为原料的3%～4%。甜菜糖蜜与甘蔗糖蜜成分相差较大。

（三）主要辅料

1. 辅料的作用

辅料又称填充料，利用辅料的某些有效成分，来调剂酒醅的淀粉浓度，冲淡或提高酸度，吸收酒精，保持浆水，并可使酒醅有一定的疏松度和含氧量，增加界面作用，从而使蒸煮、糖化、发酵和蒸馏顺利进行。此外，辅料还有利于酒醅的正常升温。

2. 常用辅料

（1）稻壳。稻壳又名稻皮、谷壳，南方多称为糠壳，是水稻籽粒的附属物，根据外形可分为长瓣稻壳和短瓣稻壳。长瓣稻壳皮厚，壳质较硬；短瓣稻壳皮薄，壳质较软。因为稻壳是酿制大曲酒的填充料，所以不能太细，一般脱粒后为2～4瓣使用较好。

一般使用前清蒸处理 30 分钟，在蒸酒蒸粮时起到减少原料相互黏结，避免塌汽，保持粮糟熟而不腻的作用。糠壳中有显腐烂稻草味的 4 - 乙烯基苯酚、4 - 乙烯基愈创木酚及少量的 H_2S 和乙醛，所以使用糠壳为酿酒辅料，必须先行清蒸，将其挥发。

（2）谷糠。谷糠是小米或黍米的外壳，制白酒使用的是粗谷糠。其用量较少而发酵界面较大。在小米产区多用谷糠作为优质白酒的辅料，也可与稻壳混用，清蒸后的谷糠会使白酒具有特别的醇香和糟香，多作为麸曲白酒的辅料，可使其纯净适口，是辅料中的上品。

（3）高粱壳。高粱壳指高粱籽粒的外壳，其吸水性能较差。用高粱壳和稻壳作辅料时，酒醅的入窖水分稍低于使用其他辅料的酒醅。高粱壳虽然含较高的单宁，但对酒质无明显的不良影响。在传统西凤酒及六曲香酒酿造中均使用新鲜高粱壳作辅料。

另外，传统固态法白酒生产中产生的废酒糟量很大，鲜酒糟干燥后可以继续用作酿酒的辅料（填充料）。

（四）酿造用水

酿酒用水历来都很重视，从古人作坊式生产到今天现代化酿酒，都对水这一酿酒原料给予极大的关注。传统经验认为"湛洗必洁、水泉必香"，可见对水的要求之严。"名酒产地，必有佳泉"，这是古代对水质与酒质关系问题给出的结论，现代的分析技术证实了这一结论是科学的。从实际中也不难看出，许多名酒厂都选建在有良好水源的地方，如茅台、郎酒就建于赤水河边，五粮液、泸州老窖都位于长江上游，剑南春有玉妃矿泉水，洋河有美人泉，古井有古井泉水等。

对水源的要求是无污染，最好选择溪水和矿泉水，其硬度较低，含杂质及有害成分少，微生物含量少，且含有适量的无机离子，其次选择深井水，再次是自来水，慎用地表水。工艺用水应符合 GB5749—2006《生活饮用水卫生标准》要求。

三、白酒制曲

曲是一种糖化发酵剂，是酿酒发酵的原动力，要酿酒先得制曲，要酿好酒须用好曲。制曲本质上就是扩大培养酿酒微生物的过程。一般先用粉碎的谷物为原料来富集微生物制成酒曲，再用曲促使更多的谷物经糖化发酵酿成酒。我国常使用大曲、小曲和麸曲来生产白酒。

酒曲按制曲原料来分主要为麦曲和米曲；按原料是否熟化处理可分为生麦曲和熟麦曲；按曲的形体可分为大曲、小曲和散曲；按酒曲中微生物的来源，分为传统酒曲和纯种酒曲。

白酒酿造过程中主要使用大曲，用于蒸馏酒的酿造；小曲，主要用于小曲白酒的酿造；麸曲可用于代替部分大曲或小曲。目前麸曲法白酒是我国白酒生产的主要操作法之一。其白酒产量占总产量的 70% 以上。

（一）大曲

大曲是以小麦为主要原料制成的形状较大并含有多种菌类及酶类物质的曲块。大曲相对小曲形状较大，又称块曲。

1. 大曲的分类

大曲按品温可分为高温大曲（60～65℃），中温大曲（50～60℃），低温大曲（40～50℃）；按产品可分为酱香型大曲、浓香型大曲、清香型大曲、兼香型大曲等；按工艺可分为传统大曲、强化大曲以及纯种大曲。生产大曲的主要原料为小麦、大麦、高粱、豌豆。

2. 大曲三系

大曲中含有三系：菌系——微生物；酶系——生物酶；物系——化学物质。

（1）菌系。主要有霉菌类、酵母类、细菌类、放线菌类等四大类。与酿酒有关的霉菌包括曲霉属、根霉属、毛霉属、红曲霉属、青霉属、犁头霉菌；主要酵母菌有酒精酵母、产酯酵母、假丝酵母属；主要细菌有乳酸菌，醋酸菌、枯草芽孢杆菌等，枯草芽孢杆菌在大曲细菌中数量较多，它是形成酒体芳香类物质的重要菌源。

（2）酶系。主要有 α-淀粉酶、β-淀粉酶、糖化型淀粉酶、蛋白酶等。

（3）物系。主要为淀粉、水分、粗蛋白、粗脂肪、灰分、氨基酸。

3. 高温大曲的生产

（1）工艺流程。高温大曲一般是以纯小麦为原料培养而成的。其生产工艺流程如图 7-1 所示。

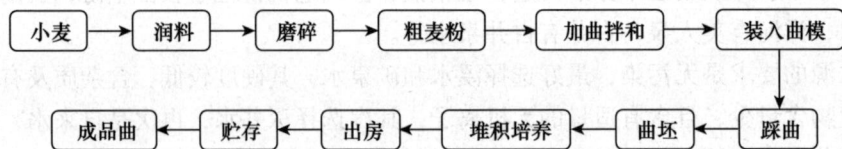

小麦 → 润料 → 磨碎 → 粗麦粉 → 加曲拌和 → 装入曲模

成品曲 ← 贮存 ← 出房 ← 堆积培养 ← 曲坯 ← 踩曲

图 7-1　高温大曲的生产工艺流程

（2）主要操作。

1）原料预处理。小麦经除尘、除杂后，加入 2%～3% 的水，水温 60～80℃，拌匀并润湿 3～4 小时后，用钢磨粉碎，把小麦皮压成"梅花瓣"薄片。粉碎细度要求粗粒及麦皮不可通过 20 目筛，而细粉要求通过 20 目筛，混粉中细粉要占 40%～50%。

2）拌料踩曲。拌曲料时一般加水量为原料重量的 37%～40%。如加水量过多或过少都将影响曲的质量，母曲用量夏季为 4%～5%，冬季为 5%～8%，母曲应选用前一年的优质曲。如不按季节要求投母曲量，会使曲块含菌数不足或过量，影响大曲的培养及糖化发酵。踩曲有人工踩曲和机器压制两种，目前多用踩曲机压制成砖状，要求松而不散。

3）堆积培养。高温大曲着重于"堆"，覆盖严密，以保温保潮为主。堆积培养时要注意以下几个环节。

首先是堆曲，压制好的曲坯首先要放置 2～3 小时，即常说的"收汗"。曲坯表面略干并变硬后可运入曲室培养。曲坯入室前先在靠墙及地面上铺一层稻草，厚度约

15cm，起保温作用，然后将曲坯三横三竖相间排列，坯间距为 2～3cm，并用稻草隔开，排满一层后，每层也同样用一层稻草隔开，草层约厚 7cm。上下排列也同样应错开，以达到通风保湿作用，促进霉菌生长，直至排列到四层或五层。一行曲坯排列好后，紧挨着开始排列第二行曲坯。最后留一行空位置作翻曲用。

其次是翻曲，曲堆经覆盖稻草，洒水以后，曲室马上关闭门窗，保温保湿，使微生物繁殖，品温上升，曲堆内温度达 63℃左右，夏季需 5～6 天，冬季需 7～9 天。当曲坯表面霉衣已长出，即可进行第一次翻曲。第一次翻曲后再过 7～8 天，可进行第二次翻曲。翻曲目的有二：其一，调温、调湿；其二，促使每块曲坯均匀成熟与干燥。目前主要是依靠曲坯温度及品尝来确定翻曲时间，曲坯温度应为 60℃左右，测曲坯的品温时，温度计要插在曲坯中层处；口尝曲坯具有香味，即可翻曲。第一次翻曲为高温制曲的关键、生产中应十分重视。

再次是拆曲，翻曲后品温要下降 8～12℃，6～7 天后逐渐回到最高点，而后，品温又逐渐下降，曲坯逐渐干燥。翻曲 14～16 天后可略微打开门窗，换气通风，培养 40～50 天后，曲坯品温可与室温接近。曲坯绝大部分已干燥，此时正是拆曲的良时。拆曲时如发现有的曲堆下层的曲坯过湿，含水量大于 15%，则应置通风处，促使曲坯干燥，拆出曲室的曲还是半成品。

4）贮存。刚拆出的大曲要经过 3～4 个月的贮存，方可称为成品曲，也称陈曲。在传统生产中要严格使用陈曲。陈曲的特点是在比较干燥的条件下，使制曲时潜入的大量产酸细菌大部分致死或失去繁殖能力，从而使微生物活性相对减弱，用于酿酒不致酸度升高过快。陈曲酶活力降低，酵母数量也相对减少，使用陈曲酿酒发酵温度缓慢上升，酿出的酒香味好。

制成的高温曲根据其颜色可分为黄、白、黑三种，习惯上以具有菊花心、红心的金黄色曲为最好，此曲酱香味好。

4. 中温大曲的生产

（1）工艺流程。浓香型中温大曲通常不加母曲，有的要加 5%左右的母曲，因厂而异。其生产工艺流程如图 7-2 所示。

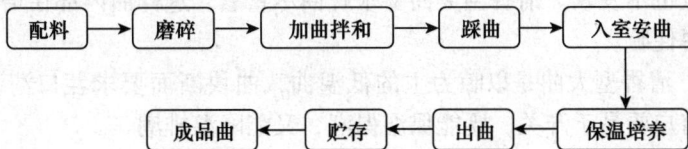

配料 → 磨碎 → 加曲拌和 → 踩曲 → 入室安曲

成品曲 ← 贮存 ← 出曲 ← 保温培养 ←

图 7-2 中温大曲生产的工艺流程

（2）主要操作。

1）配料及粉碎。浓香型中温曲使用的原料有小麦、大麦、豌豆等。其比例因厂而异，如五粮液大曲用 100%的小麦；泸州特曲用 97%的小麦加 3%的高粱粉；洋河大曲用小麦 50%、大麦 40%、豌豆 10%。将原料按比例混合均匀后，进行粉碎。原料的粉碎多采用附有振动筛的辊式粉碎机或钢板磨，应控制适当的粉碎度，不易过粗或过细。

2）拌和踩曲。原料粉碎后，加水拌和，进行曲坯压制。一般纯小麦制曲加水量在37%~40%；用小麦、大麦和豌豆混合制大曲，加水量可控制在40%~45%。原料加水时，还应考虑水温，一般冬季用30~35℃的温水，夏季用14~16℃的凉水。不管人工踩曲和机器压制，曲坯都要求四角齐整，厚薄均匀，质量一致，表面光滑齐整，内外水分一致，具有一定的硬度。

3）入室安曲。浓香型中温大曲着重于"堆"，覆盖严密，以保潮为主。在入室安曲之前，在曲室地面上撒一层新鲜稻壳，厚薄以不现地面为度。安置的方法是将曲坯楞起。每四块为一斗，曲与曲间相距3~4cm，从里到外，一斗一斗地纵横拉开，挨次排列，在曲与四壁的空隙处塞以稻草，在曲坯上面加盖蒲草席，再在草席上盖以15~30cm厚的稻草保温。最后约百块曲坯洒水7kg，在冬季要洒90℃左右的热水，夏季洒16~20℃的凉水。洒毕关闭门窗，保持室内的温湿度。

培养过程中，在品温上升到曲坯表面已遍布白斑及菌丝时，应勤检查。如表面水分已蒸发到一定程度，且已带硬，即翻第一次曲。翻曲后关闭门窗保温，随时用减薄盖草和开启门窗法调节温度。以后每隔1~2天翻一次曲，翻法如第一次，并可视曲坯的变硬程度而逐渐叠高。如发现曲心水分已大部蒸发，当品温下降时，可进行最后一次翻曲，即所谓打拢。打拢后的品温是逐渐下降的，要特别注意保温，避免品温下降过快。

4）出曲贮存。曲坯从入室到成熟干透需30多天，成熟后即可出曲，贮于干燥通风的曲房，成曲应有曲香，无霉变酸败气味，表皮越薄越好。表面和断面应布满白色菌丝，断面有黄色或红色斑为好。

5. 低温大曲的生产

低温曲以汾酒大曲为代表，顶点温度在50℃以下。汾酒大曲关键是原料配合、拌和踩曲、入房、上霉、晾霉、潮火、干火、后火、养曲。

（1）配料与粉碎。豌豆与大麦的配比4:6，要依据原料的品种和产地与气候适当调整。粉碎时要使豌豆、大麦皮保持完整，淀粉要磨得细些，不可有太多的淀粉颗粒，粗粉与细粉按比例混合均匀。

（2）拌和踩曲。加水拌和是踩曲坯关键，下料粗细要合适，水分36%~58%，要求曲坯既无白点也不发软。清香型大曲要求踩曲尽量紧，这样曲内部在培养过程中温度上升缓慢，经得住晾。

（3）入房。清香型大曲是以晾为主的低温曲，曲块断面要求茬口清亮，所以曲房应两面通风，窗户要易于开关，既能保温保潮，又能降温排潮。

主要注意以下几个阶段。

（1）上霉期，曲坯入房后先将曲坯晾几小时，一方面散发表面水分，另外使所有的曲坯从同一温度开始升温上霉，一般冬天控制品温在14℃左右，其他季节能低则低，这样升温很缓，上霉均匀，曲皮也薄。盖席后一般2~3天，曲坯表面就可看到白色菌落，品温不可超过32℃。

（2）晾霉期，曲表面上好霉后要晾霉，首先是揭席子，以散发温度和潮气，这期间曲房的温度增长较快。当品温和室温接近，曲房的湿度趋于饱和时，就要开窗放潮。

晾霉期品温控制在 30~54℃，让曲坯微热，适时放潮。切不可只保温不晾，当曲坯表面发干、坚硬就可进入潮火期。

（3）潮火期，在潮火期由于曲坯刚开始释放出的潮气很大，曲房内的湿度也很高，这期间要多放潮。潮火期逐渐升温，每天"两起两落"，升温要尽量缓，最高升至 42~44℃。当品温升起来后要保持一段时间，使热量把曲心里的温度带起来，晾时要慢慢开窗，晾的时间不要过长，只要曲房里的潮气排尽就可关窗再缓慢升温。

（4）干火期，潮火期与干火期无明显界限，曲坯由外往里成熟，水分由微生物生长产生的热量带出，越往外带出的水分越少，曲房的潮气也越来越小，以致曲房升温时发干，带有炒麦香味，就进入干火期。干火期曲心已热，升温快，降温难，要控制在 42℃左右，不可太高。干火期一定要晾透。

（5）后火期，后火期品温保持在 36~38℃，每天晾一次。时间不必过长，当品温降至 30℃左右就进入养曲。

（二）麸曲

白酒酿造中麸曲的使用是中国酿酒业的一次重大改革，现在已成为我国白酒生产的主要操作方法之一。

其主要优点是麸曲的糖化发酵力强，酿酒原料的利用率比传统酒曲提高 10%~20% 左右；麸曲的生产周期短，而且便于实现机械化生产。液态法白酒也是在麸曲法的基础上形成的。但是麸曲法生产的白酒香气、香味等方面较为欠缺。不少厂家则采用多种微生物发酵（如添加生香酵母、己酸菌）加以弥补。

麸曲是采用纯种霉菌菌种，以麸皮为原料经人工控制温度和湿度培养而成的，它主要起糖化作用。酿酒时，需要与酵母菌（纯培养酒母）混合进行酒精发酵。

麸曲生产的主要方法有盒子曲法、帘子曲法、通风制曲法。制曲工艺分为固体斜面培养、扩大培养、曲种培养和麸曲培养四个阶段。实际是逐步扩大培养的过程。

四、白酒生产工艺

（一）续渣法大曲酒生产工艺

1. 续渣法大曲酒生产特点

白酒酿造分为清渣和续渣两种方法。续渣法又分为五甑（指甑桶或蒸馏器）、四甑等方法。所谓五甑是指每个生产班将窖中的酒醅分五次蒸馏的意思。续渣操作法是大曲酒和麸曲白酒生产上应用最广泛的酿酒方法。

续渣法将渣子蒸料后，加曲，入窖发酵，取出酒醅蒸酒，在蒸完酒的醅子中，再加入清蒸后的渣子；也有采用将渣子和酒醅混合后，在甑桶内同时进行蒸酒和蒸料（即混烧），然后加曲继续发酵，如此反复进行。由于生产过程一直在加入新料及曲，继续发酵，蒸酒，故称续渣发酵法。续渣法适用于生产泸型酒和茅型酒。

续渣法中老五甑操作法是目前白酒酿造中应用最广泛的操作，传统老五甑采用"蒸酒蒸料"混烧操作，适用于高粱、玉米、甘薯干等淀粉含量在 45% 以上的原料，大曲酒生产亦常采用此操作法。新料大多数经过发酵三次以上才成为扔糟，淀粉利用率比较高。

2. 续渣法大曲酒工艺过程

（1）工艺流程。名白酒中除汾酒外，都采用续渣法生产工艺。泸型酒是典型的混蒸混糟、老窖续渣，其工艺操作类似于老五甑。现将续渣法大曲酒生产工艺过程简介于下，其工艺流程如图 7-3 所示。

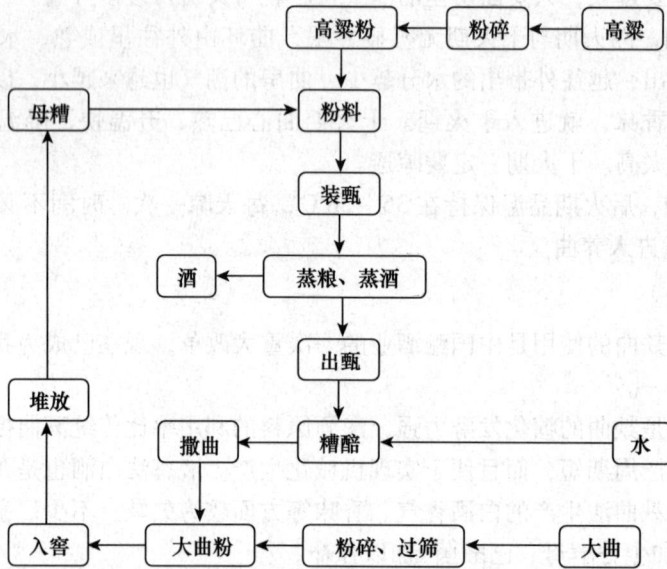

```
                     高粱粉 ← 粉碎 ← 高粱
                       ↓
          母糟 ───────→ 粉料
           ↑             ↓
           │           装甑
           │             ↓
          酒 ← 蒸粮、蒸酒
           │             ↓
          堆放          出甑
           ↑             ↓
          撒曲 ←─────── 糟醅 ←───── 水
           ↓             ↓
          入窖 ← 大曲粉 ← 粉碎、过筛 ← 大曲
```

图 7-3　续渣法大曲酒工艺流程

（2）主要操作。

1）原料处理。高粱磨碎的粗细程度，以能通过 20 目筛，粗粒占 28% 为佳。大曲经钢磨磨成曲粉。

2）出窖配料。南方酒厂把酒醅及酒糟统称为糟。泸型酒厂采用经多次循环发酵的酒醅（母糟、老糟）也叫"万年糟"进行配料。

正常生产时，老窖中有六甑材料（最上面一甑是回糟，下面有五甑粮糟）。出窖后加入新料做成七甑材料，其中六甑下窖，一甑为丢糟。由回糟所蒸得的酒称"丢糟酒"，须单独装坛。

窖底部分粮糟含水分多于上层。在把上部粮糟挖出进行配料上甑后，对窖下部的三甑粮糟要进行"滴窖降水"操作。即将窖中的粮糟移到窖底部较高的一端，让粮糟中黄水滴出，舀出黄水，以达到降低母糟酸度和水分的目的。亦可采用把粮糟移到窖外堆糟坝上滴黄水，滴窖时间至少在 12 小时以上。黄水含有酒精、醋酸、腐殖质和酵母菌体自溶物以及驯化的己酸菌等，是用作人工培窖的好材料。

通常"配料蒸粮"的配料比规定为：每甑母糟用量 500kg，加入高粱粉 120~130kg，稻壳用量夏季为粮食的 20%~22%，冬季为 22%~25%。每甑在投料前，必须提前 1 小时将所投高粱粉和发酵糟拌和均匀，使料润透，然后装甑，使蒸煮与蒸馏同时进行。

3）装甑蒸粮蒸酒。在白酒生产中，发酵完毕后的酒醅除含一定量的酒精外，尚有其他一些挥发性与非挥发性的物质，其组成相当复杂。将酒精和其他挥发性物质从酒醅中提取出来，并排除杂质的操作过程称蒸馏。"造香靠发酵，提香靠蒸馏"，蒸馏是酿制白酒的一个重要操作阶段。

白酒的固态装甑蒸馏是我国劳动人民独创的一种蒸馏方式。它通过较矮的固体发酵酒醅料层进行水蒸蒸馏，随加热，随装甑，水蒸气和酒气与酒醅相接触，层层浓缩，能从含酒精 5% vol 左右及含芳香成分的发酵酒醅中获得 40% vol ~65% vol 具独特风格的白酒。白酒甑桶相当于一个填料蒸馏塔，物质和热量的传递均在酒醅中进行，酒醅既是含有酒精成分的物料，又是蒸馏塔的填充料。

在装甑操作上要求边高中低。装甑时间，一般为 35 ~45 分钟。如装甑太快，料醅会相对压得实，高沸点香味成分蒸馏出来得少，如装甑时间过长，则低沸点香味成分损失会增多。另外，装甑时间与出酒率也有一定关系。

在蒸馏过程中，前期甑内酒精分高，而温度低，一般在 85 ~95℃，糊化作用效果并不显著，后期流酒尾时，蒸煮效果大，此时应加大蒸汽压力，促进糊化作用，并将一部分杂质排出。入库酒平均酒度要求控制在 61% vol。在整个蒸馏过程中，蒸汽压不能忽大忽小，否则会破坏甑内各层汽液相平衡，降低蒸馏效果。

4）出甑加水撒曲。传统操作时，出甑的粮糟按 100kg 高粱粉加入蒸酒时甑桶淌出冷却水 70 ~80kg，进行热水泼浆，这种加水操作称"打量水"，所加水的温度在 80℃以上，以使粮醅能充分吸水保浆。每窖除窖底二甑不加水外，其余分层加入不同水量。一般控制入窖水分 53% ~55%，窖底有一定的黄浆水比没有得好。因水分大一些有利于酒醅中养料被水分溶解渗往窖壁、窖底，便于窖泥中细菌的吸收利用，另外有利于增加窖底部的密闭程度，便于嫌气性菌类发挥作用。黄浆水溶去过多的酸度，有利于酒的甘洌爽口。但入窖水分过大，会造成酒味平淡，酒精分损失过多。

将已加高温水的醅，放于帘子上，进行通风降温，当品温冬季降到13℃，夏季降到比气温低 2 ~3℃时，即可加大曲粉。大曲粉的用量，粮糟为高粱粉的19% ~21%，而回糟每甑加曲量为粮糟的一半，因回糟中不再加入新料。用曲量要准确，用曲量过大，发酵升温过猛，不利于发酵并使酒味带苦。用曲量过小，升温太慢，发酵不彻底。入窖温度，粮糟为 18 ~20℃，回槽为 20 ~21℃。

5）入窖发酵。泸型酒厂使用泥窖，酒醅质量发酵窖下层优于中层，中层又优于上层，窖边又较中心为好，这些说明泸型酒的香味成分是与窖泥分不开的。

在生产上应严格控制入窖淀粉浓度、温度、水分和酸度。入窖淀粉浓度过高，容易引起发酵升温过猛，造成酸败；而淀粉浓度过低，又会造成发酵不良，所产的酒缺乏浓郁、独特的香味。一般入窖淀粉浓度，夏季控制在 14% ~16%，冬季控制在 16% ~17%。一般入窖温度冬季 18 ~20℃，夏季应掌握比此温低 1 ~2℃。入窖水分夏季控制在 57% ~58%，冬季控制在 53% ~54%。入窖酸度，一般规定夏季在 2°T 以下，冬季为1.4 ~1.8°T。

6）发酵管理。每装完二甑粮糟就要踩窖一次，通过踩窖可压紧发酵醅子，以减少窖中空气，抑制好气性细菌繁殖，使形成缓慢的正常发酵，但如果踩得太紧，容易踩成团块，对发酵也是有害的。

回酒发酵，每甑回酒为 4 ~ 5kg，冲淡至酒度为 20% vol，均匀洒到醅子上，进行回酒发酵，有增香作用。微量的乙醇可供给己酸菌作为碳源，促进窖内己酸乙酯的生成，同时乙醇可供给产酯酵母菌以产生香味物质。在发酵中酯类的生成过程是缓慢进行的，一般发酵期长，产品酯含量高。泸州曲酒厂把发酵期规定为 60 天。粮糟在发酵过程中大体升温幅度为 10 ~ 15℃。

7）勾兑与贮存。新蒸馏出来的酒只能算半成品，具辛辣味和冲味，饮后感到燥而不醇和，必须经过一定时间的贮存才能作为成品。经过贮存的酒，它的香气和味道都比新酒有明显的醇厚感，此贮存过程在白酒生产工艺上称为白酒的"老熟"或"陈酿"。名酒规定贮存期一般为三年。而一般大曲酒亦应贮存半年以上，这样对提高酒的质量是有一定好处的。

（二）清渣法大曲酒生产工艺

1. 清渣法大曲酒生产特点

采用清渣法工艺生产大曲酒的数量较少，其中汾酒较为典型。该法原料和酒醅都是单独蒸，酒醅不再加入新料，与前述续渣法工艺有显著不同，汾酒操作在名酒生产上独具一格。汾酒的主体香是乙酸乙酯和乳酸乙酯，而己酸乙酯、丁酸乙酯没有或痕量。

2. 清渣法大曲酒工艺流程

清渣法大曲酒工艺流程见图 7 - 4。

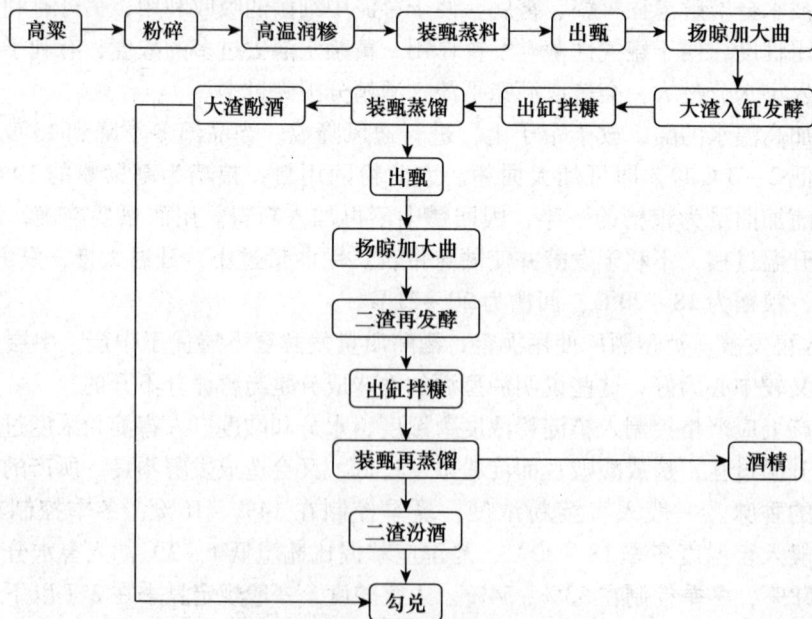

图 7 - 4　清渣法大曲酒工艺流程

3. 主要操作

1）原料预处理。原料主要有高粱、大曲和水。所使用的高粱和大曲必须经过粉碎后才投入生产，粉碎度要求随生产工艺而变化。高粱要求粉碎成 4~8 瓣/粒，细粉不得超过 20%。第一次发酵用大曲，要求粉碎成大者如豌豆，小者如绿豆，能通过 1.2mm 筛孔的细粉不超过 55%；第二次发酵用大曲，要求大者如绿豆，小者如小米粒，能通过 1.2 毫米筛孔的细粉为 70%~75%。

2）润糁。粉碎后的高粱原料称红糁，在蒸料前要用热水润糁，称高温润糁。润糁的目的，是使高粱吸收一定量的水分以利于糊化。高温润糁会促进果胶酶分解果胶形成甲醇，在蒸糁时即可排除，降低成品酒中甲醇含量。

高温润糁是将粉碎后的高粱，加入原料重量 55%~62% 的热水。夏季水温为 75~80℃，冬季为 80~90℃。拌匀后，进行堆积润料 18~20 小时，这时料堆品温上升，冬季能达 42~45℃，夏季可达 47~52℃，料堆上应加盖覆盖物，中间翻 2~3 次。润糁后质量要求：润透、不淋浆、无干糁、无异味、无疙瘩、手搓成面。

3）蒸料。蒸料使用活甑桶。红糁的蒸料糊化采用清蒸，这样可使酒味更加纯正清香。在装入红糁前先将底锅水煮沸，然后将 500kg 润料后的红糁均匀撒入，待蒸汽上匀后，再用 60℃的热水 15kg 泼在表面上以促进糊化。在蒸煮初期，品温在 98~99℃，加盖芦席，加大蒸汽，温度逐渐上升到出甑时品温可达 105℃，整个蒸料时间从装完甑算起需蒸足 80 分钟。红糁蒸煮后质量要求以达到"熟而不黏，内无生心，有高粱糁香味，无异杂味"为标准。

4）加水和扬晾（晾渣）。糊化后的红糁趁热由甑中取出堆成长方形，立即泼入为原料重量 28%~30% 的冷水（18~20℃的井水），立即翻拌使高粱充分吸水。即可进行通风晾渣，冬季要求降温至 20~30℃，夏、秋季气温较高，则要求品温降至室温。

5）下曲。红糁扬晾后就可加入磨粉后的大曲粉，加曲量为投料高粱重的 9%~11%，加曲的温度主要取决于入缸温度，因此在加曲后应立即拌匀下缸发酵。

加曲温度根据经验一年四季有所不同。

6）大渣（头渣）入缸。所用发酵设备和一般白酒生产不同，不是用窖而是用陶瓷缸。采用陶瓷缸装酒醅发酵是我国的古老传统。缸埋在地下，口与地面平。缸的容量有 255kg 和 127kg 两种规格。大渣入缸的温度一般为 10~16℃，夏季越低越好，应做到比自然气温低 1~2℃。大渣入缸水分控制在 52%~53%。控制入缸水分是发酵好的首要条件，入缸水分过低，糖化发酵不完全，相反水分过高，发酵不正常，酒味寡淡不醇厚。入缸后，缸顶用石板盖子盖严，使用清蒸后的小米壳封缸口，盖上还可用稻壳保温。

7）发酵。要形成清香型酒所具有的独特风格，就要做到中温缓慢发酵。只要掌握发酵温度"前缓、中挺、后缓落"的发酵规律，就能实现生产的优质、高产、低消耗。原传统发酵周期为 21 天，为增加酒质芳香醇和，现已延长到 28 天。整个发酵过程，大致分为三个阶段。

第一阶段是前期发酵，发酵前期为 6~7 天，在这一阶段应控制发酵温度，使品温缓慢上升到 20～30℃，这时微生物生长繁殖，霉菌糖化较迅速，淀粉含量急剧下降，还原糖含量迅速增加，酒精分开始形成，酸度增加也较快。

第二阶段是中期发酵，一般指入缸后第 7～8 天至第 17～18 天，为主发酵阶段，共 10 天左右，微生物生长繁殖以及发酵作用均极旺盛，淀粉含量急剧下降，酒精分显著增加，酒精分最高可达 12% vol 左右。由于酵母菌旺盛发酵抑制了产酸菌的活动，所以酸度增加缓慢。这时期温度一定要挺足，即保持一定的高温阶段。若发酵品温过早、过快下降则会使发酵不完全，出酒率低而酒质较次。

第三阶段是后期发酵，指出缸前发酵的最后阶段，约 11～12 天。此时糖化发酵作用均很微弱，霉菌逐渐减少，酵母逐渐死亡，酒精发酵几乎停止，酸度增加较快，温度停止上升。这一阶段一般认为主要是生成酒的香味物质的过程（酯化过程）。如这一阶段品温下降过快，酵母发酵过早停止，将会不利于酯化反应。如品温不下降，则酒精分挥发损失过多，且有害杂菌继续繁殖生酸，便会产生各种有害物质，故后发酵期应做到控制温度缓落。

8）出缸、蒸馏。把发酵 28 天的成熟酒醅从缸中挖出，加入原料重量 22%～25% 的辅料糠壳（其中稻壳:小米壳为3:1），翻拌均匀装甑蒸馏。辅料用量要准确。

装甑打底时材料要干，蒸汽要小，在打底基础上，材料可湿些（即少用辅料），蒸汽应大些，装到最上层材料也要干，蒸汽宜小，盖上甑后缓汽蒸酒，最后大气追尾，直至蒸尽酒精分。蒸馏操作时，控制流酒速度为 3～4kg/min，流酒温度一般控制在 25～30℃。采用该流酒温度既少损失酒，又少跑香，并能最大限度地排除有害杂质，可提高酒的质量和产量。

9）入缸再发酵。为了充分利用原料中的淀粉，提高淀粉利用率，大渣酒醅蒸完酒后的醅子，还需继续发酵利用一次，这叫做二渣。二渣的整个酿酒操作原则上和大渣相同。

10）贮存勾兑。汾酒在入库后，分别班组，由质量检验部门逐组品尝，按照大渣、二渣、合格酒和优质酒分别存放在耐酸搪瓷罐中，一般存放三年，在出厂时按大、二渣比例，混合优质酒和合格酒，勾兑小样，送质量部门核准后，再勾兑大样，品评出厂。

第二节 葡萄酒加工技术

一、葡萄酒概述

（一）中国葡萄酒的发展

在汉朝时期张骞出使西域就带回了葡萄和酿制葡萄酒的工匠，那时，中国就开始了葡萄栽培和葡萄酒的酿造。但是由于战争和朝代更替等历史原因，虽然葡萄栽培与葡萄酒酿造在唐代和元代时曾取得过比较辉煌的成绩，但是，在近 2000 年的时间里，中国的葡萄栽培与葡萄酒酿造历史几乎是空白的，直到 1892 年，爱国华侨张弼士在烟台创办了张裕。然而，由于战乱，中国的葡萄酒行业依然没有得到发展。直到1949年以后，中国才有了比较好的发展葡萄栽培和葡萄酒酿造的环境，中国的葡萄酒行业才开始了真正意义上的发展。

（二）葡萄酒的定义、分类与特征

1. 葡萄酒的定义

按照国际葡萄酒组织的规定，葡萄酒只能是破碎或未破碎的新鲜葡萄果实或汁完全或部分酒精发酵后获得的饮料，其酒精度一般在8.5%vol～16.2%vol；根据GB15037—2006，葡萄酒定义为以鲜葡萄或葡萄汁为原料，经全部或部分发酵酿制而成的，含有一定酒精度的发酵酒。

2. 葡萄酒的分类

（1）按葡萄分类。

1）山葡萄酒（野葡萄酒）：以野生葡萄为原料酿成的葡萄酒。

2）葡萄酒：以人工培植的酿酒品种葡萄为原料酿成的葡萄酒。

（2）按色泽分类。

1）白葡萄酒：选择白葡萄或浅红色果皮的酿酒葡萄，经过皮汁分离，取其果汁进行发酵酿制而成的葡萄酒。这类酒的色泽应近似无色、浅黄带绿、浅黄或禾秆黄，颜色过深不符合白葡萄酒色泽要求。

2）红葡萄酒：选择皮红肉白或皮肉皆红的酿酒葡萄，采用皮汁混合发酵，然后进行分离陈酿而成的葡萄酒。这类酒的色泽应成自然宝石红色、紫红色或石榴红色等，失去自然感的红色不符合红葡萄酒色泽要求。

3）桃红葡萄酒：此酒是介于红、白葡萄酒之间，选用皮红肉白的酿酒葡萄，进行皮汁短期混合发酵，达到色泽要求后进行皮渣分离，继续发酵陈酿成为桃红葡萄酒。这类酒的色泽是桃红色、玫瑰红或淡红色。

（3）按含糖量分类。

1）干葡萄酒：含糖量（以葡萄糖计）≤4.0g/L，或者当总糖与总酸（以酒石酸计）的差值≤2.0g/L时，含糖最高为9.0g/L的葡萄酒。

2）半干葡萄酒：含糖量大于干葡萄酒，最高为12.0g/L，或者当总糖与总酸（以酒石酸计）的差值≤2.0g/L时，含糖最高为18.0g/L的葡萄酒。

3）半甜葡萄酒：含糖量大于半干葡萄酒，最高为45.0g/L的葡萄酒。

4）甜葡萄酒：含糖量大于45.0g/L的葡萄酒。

（4）按是否含CO_2（全部自然发酵产生）分类。

1）平静葡萄酒：在20℃时，CO_2压力<0.05MPa的葡萄酒。

2）起泡葡萄酒：在20℃时，CO_2压力≥0.05MPa的葡萄酒。

3）低泡葡萄酒：在20℃时，CO_2压力在0.05～0.34MPa的起泡葡萄酒。

4）高泡葡萄酒在20℃时，CO_2压力≥0.35MPa（对于容量小于250mL的瓶子，CO_2压力≥0.3MPa）的起泡葡萄酒。

（5）按酿造方法分类。

1）天然葡萄酒：完全采用葡萄原料进行发酵，发酵过程中不添加糖分和酒精，选用提高原料含糖量的方法来提高成品酒精含量及控制残余糖量。

2）加强葡萄酒：发酵成原酒后用添加白兰地或脱臭酒精的方法来提高酒精含量的叫加强干葡萄酒。既加白兰地或酒精，又加糖以提高酒精含量和糖度的叫加强甜葡萄酒，我国叫浓甜葡萄酒。

3）加香葡萄酒：采用葡萄原酒浸泡芳香植物，再经调配制成，属于开胃型葡萄酒，如味美思、丁香葡萄酒、桂花陈酒；或采用葡萄原酒浸泡药材，精心调配而成，属于滋补型葡萄酒，如人参葡萄酒。

4）葡萄蒸馏酒：采用优良品种葡萄原酒蒸馏，或发酵后经压榨的葡萄皮渣蒸馏，或由葡萄浆经葡萄汁分离机分离得到的皮渣加糖水发酵后蒸馏而得。一般再经细心调配的叫白兰地，不经调配的叫葡萄烧酒。

3. 葡萄酒的特征

（1）多样性。葡萄酒与一些标准产品不同，每一个葡萄酒产区都有其风格独特的葡萄酒。葡萄酒的风格决定于葡萄品种、气候和土壤条件等。众多的葡萄品种，各种气候、土壤等生态条件以及各具特色的酿造方法和不同的陈酿方式，制造出丰富多彩的各种类葡萄酒。

（2）变化性。作为多年生植物，一旦在某一特定地点定植，葡萄就必然要受当地外界条件的影响。这些外界因素包括气候条件和栽培条件。这些外界因素决定了每年葡萄浆果的成分，从而决定了每年葡萄酒的质量。这就是葡萄酒的"年份"概念。

（3）复杂性。目前，在葡萄酒中已鉴定出1000多种物质，其中有350多种已被定量鉴定。葡萄酒成分的复杂性，一方面，使制假者无法制造出真正的葡萄酒；另外，也是其营养和保健价值的证据，它说明葡萄酒并不是一种简单的酒精水溶液。

（4）不稳定性。葡萄酒是有生命的，其生命曲线所体现的是葡萄酒从成长到成熟，再到衰老的过程。而饮用葡萄酒的最佳时间，就是达到成熟的时候。对于不同类型的葡萄酒，从酿造到成熟的时期长短不同：一般葡萄酒为2～3年；优质白葡萄酒为5年左右；优质红葡萄酒可达5～10年甚至10年以上；而少部分特别优质的红葡萄酒，有时可达到50～100年。

（5）自然特性。只需将葡萄浆果压破，存在于果皮上的酵母菌就会迅速繁殖，从每毫升葡萄汁中的几千个细胞增加到几百万个，并同时将葡萄转化成葡萄酒。

（三）主要葡萄酒品牌

1. 国内红酒品牌

主要有张裕、长城、威龙干红、新天、云南红、印象干红、通化干红、龙徽干红、香格里拉等。目前，国内葡萄酒品牌中张裕、长城、王朝的葡萄酒产量，占全国葡萄酒总产量的50%左右，同时其销量也占50%的市场份额。

2. 世界红酒八大品牌

世界红酒八大品牌包括：拉斐、拉图、奥比昂、玛歌、柏翠、武当、白马、奥松。

二、酿酒葡萄

1. 葡萄构造

一穗葡萄包括果梗和果粒两个部分，其中果梗占4%~6%，果粒占94%~96%。果梗富含木质素、单宁、苦味树脂及鞣酸等物质，常使酒产生过重的涩味，一般在葡萄破碎时除去；葡萄果粒包括果皮、果核、果肉及浆液，其中果皮占6%~12%，果核占2%~5%，果肉和浆液占83%~92%。

2. 葡萄成分

（1）果皮中的单宁、色素和芳香物。葡萄单宁是一种复杂的有机化合物，能溶于水和乙醇，味苦而涩，与铁盐作用时发生蓝色反应，能和动物胶或其他蛋白质溶液生成不溶性的复合沉淀。葡萄单宁可与醛类化合物生成不溶性的缩合产物，随着葡萄酒的老熟而被氧化。

（2）果肉和果汁的主要成分。果肉和果汁为葡萄果粒的主要部分。酿酒用葡萄，应柔软多汁，且种核外不包肉质，以使葡萄出汁率高。果肉和果汁的主要化学成分如表7-2所示。

表7-2 葡萄果肉和果汁主要化学成分

成分	水分	还原糖	有机酸	含氮物	果胶物质	其他成分
含量(%)	68~80	15~30	5~6	5~6	5~6	5~6

三、葡萄原浆、原汁的制取

分选后的葡萄要进行破碎与除梗，使果汁与果皮上的酵母接触后才能发酵。红葡萄酒酿造除梗后将果实压破，使之成为葡萄浆；白葡萄酒酿造除梗后必须进行渣、汁分离。葡萄酒前加工设备，主要包括葡萄破碎去梗机、果汁分离机和压榨机，其中压榨机有框栏式压榨机、连续压榨机和卧式双压板压榨机。

（一）工艺要求

1. 葡萄破碎与除梗的工艺要求

（1）葡萄穗上的果粒要破碎完全，否则果粒中的糖分不容易被利用。

（2）破碎时要防止果核压碎，并除净果梗。因果核中含有大量的单宁和脂肪，果梗中含有木质素、单宁、树脂和无机盐等，这些物质会增加酒的苦涩味和生青梗气味，直接影响酒的质量。

（3）葡萄进厂后应及时破碎，当天进厂的葡萄必须当天处理完毕，以保证原料的新鲜度。

2. 渣汁分离的工艺要求

（1）葡萄破碎后利用果汁分离机或压榨机，将葡萄浆中的果汁与渣分开，取葡萄汁进行发酵。

（2）葡萄汁与果渣分离要快，以防氧化。

（3）葡萄汁中残留的果渣含量要少，白葡萄汁的得汁率一般要超过50%以上。

（二）葡萄汁质量的改良方法

由于气候条件、栽培管理等因素，有时会使葡萄出现成熟度不够，含糖低，含酸高，着色浅等现象，因此，葡萄汁发酵前要调整成分，调整方法有以下几种。

1. 提高糖分

每1.7g糖可以生产1mL酒精，含糖15%的葡萄汁可产酒度8.8%vol。干酒的酒度一般在11度左右，甜酒的酒度15度左右，只有提高葡萄汁的含糖量，发酵后才能提高酒度，我国目前多采用添加白砂糖的方法提高糖分。

2. 提高酒度

当葡萄发酵后达不到所需酒度时，可以直接加入葡萄酒酒精或脱臭处理的酒精来提高酒度。按下式计算添加酒精的量。

$$添加酒精量（L）= \frac{葡萄酒升数 \times （需达到的酒度 - 葡萄汁发酵产生的酒度）}{加入的酒精度数 - 需达到的酒度}$$

3. 调整酸度

酸在葡萄酒酿造中起着重要作用。酸能抑制细菌繁殖，使发酵顺利进行。使葡萄酒获得明显的颜色；能与酒精化合成酯，增加酒的芳香；使酒味清爽，增加柔和感。使酒在贮存过程中不易酸败，提高酒的稳定性。生产中可通过添加柠檬酸或碳酸钙的方法来增加或降低酸度。

4. 调整色素

颜色是红葡萄酒的主要外观指标，其颜色主要来自红葡萄皮的色素，目前调整色素的方法有以下几种。

（1）混合发酵法：将红色的葡萄与浅色的葡萄混合发酵，以增加葡萄酒的色泽。

（2）热浸提法：葡萄色素主要存在于果皮中，不易溶于冷水和葡萄汁，而易溶于热水和酒精溶液，因此可以采用热浸提法。即通过加热果浆，充分提取果皮和果肉中的色素物质，然后进行皮渣分离，使果汁的色泽加深。

（3）皮渣再发酵法：色泽深的葡萄原料（如染色葡萄品种）发酵结束后放出原酒，剩下的皮渣加入色浅的葡萄浆，混合发酵，可以增加原酒的色泽。

（4）酒精浸泡法：染色品种的葡萄，采用发酵后的皮渣加入葡萄酒精或脱臭处理的酒精浸泡，用浸泡葡萄皮渣的酒精调配葡萄酒，可以增加酒的色泽。

四、葡萄酒发酵工艺

(一) 白葡萄酒发酵

干白葡萄酒是一种没有甜味的纯葡萄酒，色泽为禾秆黄或近似无色，酒液透明晶亮，有新鲜果香和优美的酒香；味微酸爽，细腻柔雅，风味良好；一般酒精含量 10% ~ 13%，含糖量 0.5% 以下，总酸 0.6% ~ 0.7%。酿造优质干白葡萄酒的工艺特点是：皮汁分离，果汁澄清，低温发酵，防止氧化。

1. 生产工艺

白葡萄酒是用白葡萄汁经过酒精发酵后获得的，在发酵过程中不存在葡萄汁对葡萄固体部分的浸渍现象。工艺流程如图 7 – 5 所示。

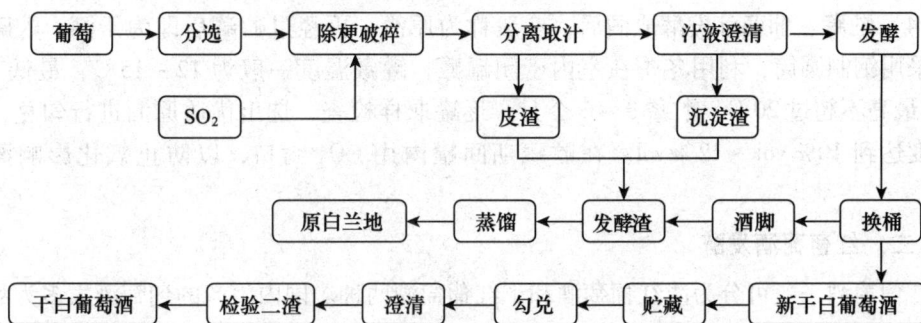

图 7 – 5　白葡萄酒工艺流程

干白葡萄酒的质量，主要源于葡萄品种的一类香气和酒精发酵的二类香气以及酚类物质的含量。所以，在葡萄品种一定的条件下，葡萄汁的取汁速度及质量、影响二类香气形成的因素和葡萄汁以及葡萄酒的氧化现象成为影响干白葡萄酒质量的重要因素。

2. 主要操作

(1) 葡萄破碎与分离。葡萄采摘后就地进行分选，按等级分品种包装，进厂后在 24 小时内，利用破碎、除梗、送浆联合机进行破碎去梗，在破碎过程中，每 100kg 葡萄加入 10 ~ 15g 偏重亚硫酸钾，以防止氧化。破碎后的葡萄浆立即用果汁分离机分离出果汁，皮渣单独发酵蒸馏白兰地。应用果汁分离机制取果汁，不但分离速度快，果汁与皮渣接触时间短，同时出汁率已不低于 50%。

(2) 果汁澄清。葡萄汁澄清处理是酿造高级干白葡萄酒的关键工序。自流汁或经压榨的葡萄汁中含有一定的果胶质和少量的果肉、果籽以及杂质等，因此混浊不清。一般采用以下几种澄清方法。

1) SO_2 静置澄清。果汁进入保温罐后，添加 150 ~ 200mg/L 的 SO_2，搅拌均匀，温度保持在 15 ~ 20℃，静置 24 小时，果汁内即产生灰白色絮状物，沉于罐底即可分离，用虹吸法将上层清液抽出，除去沉淀物，分别进行发酵。

2）果胶酶制剂澄清。应用果胶酶制剂澄清葡萄汁，可以使葡萄汁内的果胶质破坏，变成果胶酸，降低葡萄汁的黏度，使悬浮的浑浊体逐渐下沉，葡萄汁澄清透明。酶制剂用量一般为2%～3%。

3）皂土澄清。葡萄汁用酒泵自下而上送入不锈钢罐内一半时，加入事先浸泡好的皂土，皂土的用量为0.005%～0.01%，待罐内装满时搅拌均匀，然后静置24小时，经检查澄清度符合要求时，立即换桶，用硅藻土过滤机进行过滤。

（3）发酵。干白葡萄酒发酵罐大多为不锈钢制的圆筒体，底盖与顶盖多采用锥形封头。发酵温度要求为14～15℃，采用的降温方法有顶外喷淋和蛇管冷却或者两者相结合的方法。发酵时间约3个月，发酵至残糖2.5～3°Be时，加皂土澄清，皂土用量0.02%～0.03%，补加SO_2总量达到100mg/L，用酒泵密闭循环15分钟，发酵完全结束后，控制品温在10～12℃，静置一周用硅藻土过滤机过滤除去沉淀。

（4）贮藏。葡萄汁发酵成酒后，一般称为原酒，再经过贮藏后即为干酒。贮藏容器多采用钢制圆筒，利用冬季在室内密闭罐藏，罐藏温度一般为12～15℃，最低1～2℃，最高不超过20℃。贮藏3～6个月，逐罐取样检查，选出优质原酒进行勾兑，调整酒度达到10% vol～12% vol。在贮藏期间罐内用CO_2封口，以防止氧化影响酒的质量。

（二）红葡萄酒发酵

红葡萄酒一般可分为甜红葡萄酒和干红葡萄酒两种。国内生产的葡萄酒大多为甜红葡萄酒，干红葡萄酒主要供应出口。红葡萄发酵的主要特点是浸渍发酵。即在红葡萄酒的发酵过程中，酒精发酵作用和固体物质的浸渍作用同时存在，前者将糖转化为酒精，后者将固体物质中的丹宁、色素等酚类物质溶解在葡萄酒中。

1. 干红葡萄酒发酵

干红葡萄酒的颜色通常有深红色、宝石红色以及紫红色等，酒精含量一般在10%～20%。干红葡萄酒发酵的主要特点是：葡萄破碎除去果梗后，葡萄浆中的果皮、果肉、果汁混合在一起进行发酵，使葡萄皮上的色素、单宁、芳香成分以及其他物质溶解到溶液中。

（1）工艺流程。干红葡萄酒生产工艺流程如图7－6所示。

（2）主要操作。

1）发酵。发酵的方法主要有开放式发酵、葡萄皮浮于液面的方法，开放式发酵、葡萄皮浸于葡萄汁的方法以及密闭式发酵法。采用密闭式的发酵方法比较理想，一方面可以使葡萄皮中所含的有效成分全部溶解于酒中，另一方面也可以避免有害细菌的感染，使发酵正常进行。

由于酵母的作用，葡萄浆中的糖分大部分转变为酒精和CO_2及少量发酵副产物。由于CO_2的排出越来越旺盛，发酵液的温度迅速升高，使发酵液出现沸腾现象。在发酵池表面，由于发酵产生的CO_2，将醪液中的葡萄皮及其他团形物质带到醪液表面，形成一个酒盖。果皮上的色素及其他成分逐渐溶解在发酵液中。

```
┌──────┐    ┌──────┐    ┌─────────┐    ┌──────┐    ┌──────┐    ┌──────┐    ┌──────┐
│ 葡萄 │──→│ 分选 │──→│ 除梗破碎 │──→│ 葡萄浆 │──→│ 发酵 │──→│ 滴干 │──→│ 后发酵 │
└──────┘    └──────┘    └─────────┘    └──────┘    └──────┘    └──────┘    └──────┘
               ┌──────┐       │            │                                   │
               │ SO₂  │───────┘            ↓                                   ↓
               └──────┘                ┌──────┐                            ┌──────┐
                                       │ 皮渣 │                            │ 换桶 │
                                       └──────┘                            └──────┘
            ┌────────┐    ┌──────┐    ┌──────┐                                 │
            │ 原白兰地 │←─│ 蒸馏 │    │ 酒脚 │                                 ↓
            └────────┘    └──────┘    └──────┘                            ┌──────────┐
            ┌────────┐  ┌──────┐  ┌──────┐  ┌──────┐  ┌──────┐  ┌──────────────┐
            │干红葡萄酒│←│ 检验 │←│ 澄清 │←│ 勾兑 │←│ 贮藏 │←│  新干红葡萄酒  │
            └────────┘  └──────┘  └──────┘  └──────┘  └──────┘  └──────────────┘
```

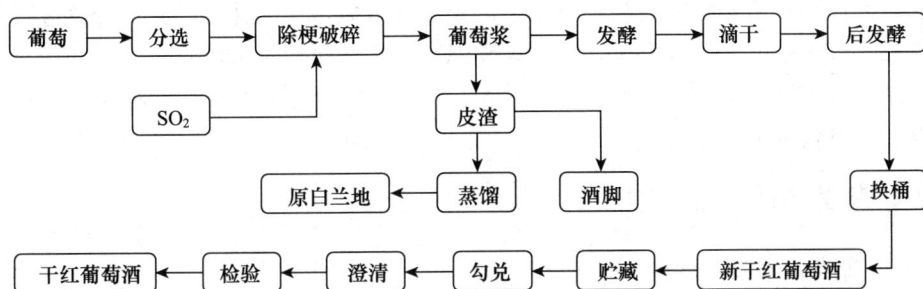

图 7-6　红葡萄酒工艺流程

对发酵温度进行监控，控制发酵温度在 25～30℃，每隔 4～6 小时测比重。28～30℃有利于酿造丹宁含量高、需较长陈酿时间的葡萄酒；而 25～27℃ 则适宜于酿造果香味浓、丹宁含量相对较低的新鲜葡萄酒。

如果原料的质量不好，要达到一定的酒度，发酵进入旺盛期后，还需要添加一定量的糖。进行倒灌及喷淋，倒灌的次数决定于很多因素，如葡萄酒的种类、原料质量以及浸渍时间等，一般每天倒灌 1～2 次，每次约 1/3。这一过程一般持续约 1 周左右的时间。

2）皮渣分离。分离的方法有压榨与滴干两种，滴干是将发酵池中的酒自由地流出来，压榨实际上是滴干与压榨相结合的分离方法，即滴干后再将皮渣进行压榨。压榨酒和滴干酒因所含的成分不同，应当单独进行后发酵。

测定葡萄酒的比重降至 1.000 及以下（或测定含糖量低于 2g/L）时，开始皮渣分离。在分离后，为了保证酒精发酵的进行，应将自流酒的温度控制在 18～20℃，满罐。

3）后发酵。后发酵的目的是将主发酵酒含有的少量糖分继续进行发酵，使糖分减少到半度以下，由于后发酵微弱，发酵时间较长，细菌容易繁殖，因此，后发酵应当在温度较低的条件下进行密闭发酵。酒桶要装满不要留有空隙，并注意不可封严，以免后发酵产生的 CO_2 将桶爆破。

2. 甜红葡萄酒发酵

甜红葡萄酒中不仅含有未发酵完的糖分，而且酒精含量也较高，一般不低于 15%vol，酒的色泽有红色、深红色、宝石红色等。酿造工艺主要有干红酒调配、主发酵时加糖、加酒精和保留葡萄糖三种方法。

（1）干酒调配法。这个方法的特点是首先酿制不甜的红葡萄酒，根据成品要求的标准进行调配。用精制的酒精或原白兰地调整酒度，用砂糖调整糖度，再经过一段时间的贮藏，使酒精与糖得到充分同化，即成了甜红葡萄酒的成品。因为干酒便于贮存、节约容器，在产品种类上既可生产干酒也可生产甜酒，所以国内大多数酒厂都采用干酒调配法生产甜红葡萄酒。

（2）主发酵加糖法。此法主要是在主发酵期间加入白砂糖，使酒度、糖度都达到成品要求的标准。此法由于浓度大、产酒多，因此必须添加人工培养的酵母。由于发酵时间长，果汁与皮渣接触时间长，使酒中的单宁含量偏多，因此必须提前分离进行后发酵，当发酵产酒接近产品标准时，应立即降温或加热杀菌使发酵停止。

（3）主发酵加酒精保留葡萄糖法。此法是在主发酵期间加入酒精使发酵中止，从而保留一部分葡萄糖。

五、葡萄酒的质量标准

（一）葡萄酒质量的评价

葡萄酒质量的评价是人们为了反映葡萄酒的客观性而人为采取的一些方法，主要包括感官指标、理化指标、卫生指标。GB15037—2006《葡萄酒》，适用于以鲜葡萄或葡萄汁为原料，经全部或部分发酵酿制而成的，含有一定酒精度的发酵酒。

1. 感官要求

包括葡萄酒的外观（颜色、浓度、色调、澄清度、气泡存在与否及持续性）；香气（类型、浓度、和谐程度）；滋味（协调性、结构感、平衡性、后味等）；典型性（外观、香气与滋味之间的平衡性）；感官指标是评价葡萄酒质量的最终及最有效的指标。根据GB15037，葡萄酒的感官指标如表7-3所示。

表7-3 葡萄酒的感官要求

项 目		要 求
外观	色泽 — 白葡萄酒	近似无色、微黄带绿、浅黄、禾秆黄、金黄色
	色泽 — 红葡萄酒	紫红、深红、宝石红、红微带棕色、棕红色
	色泽 — 桃红葡萄酒	桃红、淡玫瑰红、浅红色
	澄清程度	澄清，有光泽，无明显悬浮物（使用软木塞封口的酒允许有少量软木屑，装瓶超过1年的葡萄酒允许有少量沉淀）
	起泡程度	起泡葡萄酒注入杯中时，应有细微的串珠状气泡升起，并有一定的持续性
香气与滋味	香气	具有纯正、优雅、怡悦、和谐的果香与酒香，陈酿型的葡萄酒还应具有陈酿香或橡木香
	滋味 — 干、半干葡萄酒	具有纯正、优雅、爽怡的口味和悦人的果香味，酒体完整
	滋味 — 半甜、甜葡萄酒	具有甘甜醇厚的口味和陈酿的酒香味，酸甜协调，酒体丰满
	滋味 — 起泡葡萄酒	具有优美醇正、和谐悦人的口味和发酵起泡酒的特有香味，有杀口力
典型性		具有标示的葡萄品种及产品类型应有的特征和风格

2. 理化要求

指由葡萄酒的成分(糖、酒精、矿物质元素、干浸出物、有机酸等)所构成的指标。根据 GB15037，葡萄酒的理化要求如表 7-4 所示。

表 7-4　葡萄酒的理化要求

项　　目		要　　求
酒精度(20℃)(体积分数,%)		≥7.0
总糖(以葡萄糖计, g/L)	平静葡萄酒	干葡萄酒	≤4.0
		半干葡萄酒	4.1~12.0
		半甜葡萄酒	12.1~45.0
		甜葡萄酒	≥45.1
	高泡葡萄酒	天然型高泡葡萄酒	≤12.0 (允许差为3.0)
		绝干型高泡葡萄酒	12.1~17.0 (允许差为3.0)
		干型高泡葡萄酒	17.1~32.0 (允许差为3.0)
		半干型高泡葡萄酒	32.1~50.0
		甜型高泡葡萄酒	≥50.1
干浸出物(g/L)	白葡萄酒		≥16.0
	桃红葡萄酒		≥17.0
	红葡萄酒		≥18.0
挥发酸(以乙酸计, g/L)			≤1.2
柠檬酸(g/L)	干、半干、半甜葡萄酒		≤1.0
	甜葡萄酒		≤2.0
CO_2(20℃)(MPa)	低泡葡萄酒	<250mL/瓶	0.05~0.29
		≥250mL/瓶	0.05~0.34
	高泡葡萄酒	<250mL/瓶	≥0.30
		≥250mL/瓶	≥0.35
铁(mg/L)			≤8.0
铜(mg/L)			≤1.0
甲醇(mg/L)	白、桃红葡萄酒		≤250
	红葡萄酒		≤400
苯甲酸或苯甲酸钠(以苯甲酸计, mg/L)			≤50
山梨酸或山梨酸钾(以山梨酸计, mg/L)			≤200

3. 卫生要求

指葡萄酒中的微生物(酵母菌、细菌、大肠杆菌)和一些对人体健康有影响的限量成分。根据 GB2758—1981，葡萄酒的卫生要求如表 7-5 所示。

表 7-5　葡萄酒的卫生要求

项　目	葡萄酒
总二氧化硫(SO_2)(mg/L)	≤250
铅(Pb)(mg/L)	≤0.2
菌落总数(cfu/mL)	≤50
大肠菌群(MPN/100mL)	≤3
肠道致病菌(沙门氏菌、志贺氏菌、金黄色葡萄球菌)	不得检出

(二) 感官分析与评价

葡萄酒的质量检定，单靠化学分析或仪器分析，即使完全符合国家标准或行业标准，也是远远不够的，因为化学分析和仪器分析只能表示葡萄酒的化学成分或卫生指标，无法表示酒的风味质量。只有通过目测、鼻嗅与口尝，依靠视觉、嗅觉、味觉对酒的色泽、芳香、滋味做出精密的检定。

1. 葡萄酒的外观颜色分析

观察分析其外观，主要给以澄清度(混浊、光亮)和颜色(深浅、色调)等方面的评价。混浊的葡萄酒，在口感方面得分较低；而颜色状况则可以帮助判断葡萄酒的醇厚度、年龄和成熟状况等。颜色和口感的变化存在着平行性。它们之间必须相互协调、平衡。

2. 葡萄酒的香气分析

葡萄酒的香气极为复杂、多样。这是由于几百种物质参与葡萄酒香气的构成，这些物质不仅气味各异，而且它们之间还通过累加作用、协同作用、分离作用以及抑制作用等使香气多种多样。葡萄酒的香气质量首先决定葡萄品种与发酵产生香气的比例及其优雅度。葡萄酒的果香与酒香存在着相互协调，香气可以帮助判断葡萄酒的典型性。

3. 葡萄酒的味感分析

葡萄酒的味感特性是其气味特性的基础结构，即气味特性的支撑体。一种优质葡萄，必须具备呈味物质和呈香物质之间的合理的比例，恰当的组合，由平衡而产生了各部分的和谐，如果由各部分构成的整体匀称、舒适，则该葡萄酒一定是和谐的。葡萄酒的味感大部分决定于甜味与酸味、苦味之间的平衡。味感质量则决定于这些味感之间的和谐程度。一种味感不能掩盖另一种味感。

4. 葡萄酒的质量与风格

葡萄酒的质量就是其令人满意的特性总体。只有那些使人舒服、愉快，给人以享受、和谐、美感的葡萄酒才具有优良的感官质量。葡萄酒的感官质量包括两个方面，一方面是它的层次性，即根据同一种类的葡萄酒给我们感官刺激的综合表现，得出好酒或坏酒的结论。而在最好或最坏两个极端类型之间还存在着很多中间类型。另一方面是葡萄酒的风格，即区别于其他葡萄酒的特性和风格，即所谓的典型性。

第三节　啤酒加工技术

一、啤酒概述

啤酒是一种古老的酒精饮料，已有几千年的生产历史。如今啤酒已成为世界上产量最多、分布最广的饮料酒，是水和茶之后世界上消耗量排名第三的饮料。啤酒于 20 世纪初传入中国，属外来酒种。啤酒是根据英语 Beer 译成中文"啤"，称其为"啤酒"，沿用至今。啤酒是以大麦芽、酒花、水为主要原料，经酵母发酵作用酿制而成的饱含 CO_2 的低酒精度酒。

（一）啤酒的特点

啤酒是一种营养丰富的低酒精浓度的饮料酒，享有"液体面包""液体维生素"和"液体蛋糕"的美称。啤酒具有较高的热量，1L 啤酒的热量相当于 20g 面包、5 个鸡蛋或 200g 牛奶产生的热量。啤酒含有多种维生素，尤以 B 族维生素最突出；另外，啤酒中含有蛋白质、17 种氨基酸和矿物质。在 1972 年 7 月墨西哥召开的第九次世界营养食品会议上，啤酒被推荐为营养食品。

啤酒含有一定量的 CO_2，一般大于 0.42%，可以形成洁白细腻的泡沫，具有杀口感。

啤酒的酒精含量是按重量计的，通常不超过 2% ~ 5%。啤酒度不是指酒精含量，而是指酒液中原麦汁浓度重量的百分比。例如：青岛啤酒是 12°，意思是指含原麦汁浓度为 12%，而它的酒精含量只有 3.5% 左右。

（二）啤酒的分类

1. 按颜色划分

（1）淡色啤酒。俗称黄啤酒，根据其颜色的深浅不同，又将淡色啤酒分为三类。

1）淡黄色啤酒：酒液呈淡黄色，香气突出，口味淡雅，清亮透明。

2）金黄色啤酒：呈金黄色，口味清爽，香气突出。

3）棕黄色啤酒：酒液大多是褐黄、草黄，口味稍苦，略带焦香。

（2）浓色啤酒：色泽呈棕红或红褐色，原料为特殊麦芽，口味醇厚，苦味较小。

（3）黑色啤酒：酒液呈深棕红色，大多数红里透黑，故称黑色啤酒。

2. 按麦汁浓度划分

（1）低浓度啤酒。原麦汁浓度为 7% ~ 8%，酒精含量在 2% 左右。

（2）中浓度啤酒。原麦汁浓度 11% ~ 12%，酒精含量在 3.1% ~ 3.8%，是中国各大型啤酒厂的主要产品。

（3）高浓度啤酒。原麦汁浓度为 14% ~ 20%，酒精含量在 4.9% ~ 5.6%，属于高级啤酒。

3. 按是否经过杀菌处理划分

（1）鲜啤酒。又称生啤，是指在生产中未经杀菌的啤酒，但也属于可以饮用的卫生标准之内。此酒口味鲜美，有较高的营养价值，但酒龄短，适合于当地销售。

（2）熟啤酒。经过杀菌的啤酒，可防止酵母继续发酵和受微生物的影响，酒龄长、稳定性强，适合远销，但口味稍差，酒液颜色变深。

4. 按传统的风味划分

（1）白啤酒或称麦酒。白啤酒主要产于英国，它是用麦芽和酒花酿制而成的饮料，采用顶部高温发酵法，酒液呈苍白色，具酸味和烟熏麦芽香，酒精含量为 4.5% vol，麦芽浓度为 5% ~ 5.5%。饮时需稍加食盐，为欧洲人所喜爱。

（2）黄啤酒。它是市场上销售最多的一种啤酒，呈淡黄色，味清苦，爽口、细致。目前世界上公认 12°P 以上的啤酒为高级啤酒，酒精含量一般在 3.5% vol 左右。

（3）熟啤酒。主要产于美国，采用底部低温发酵法酿制，在储存期中使酒液中的发酵物质全部耗尽，然后充入大量 CO_2 装瓶，它是一种彻底发酵的啤酒。

（4）烈啤酒。主要产于英国和爱尔兰。它与白啤酒风味近似，但比白啤酒强烈。此酒最大的特点是酒花用量多，酒花、麦芽香味极浓，略有烟熏味。

（5）黑啤酒。它最初是伦敦脚夫喜欢喝的一种啤酒，故以英文"Porter"相称。它使用较多的麦芽、焦麦芽，麦汁浓度高，香味浓郁，泡沫浓而稠，酒精含量 4.5% vol，其味比烈啤酒要苦、要浓。

（6）烈黑啤酒。烈黑啤酒是一种用啤酒沉制作的浓质啤酒，通常比一般的啤酒黑而甜，但酒性最强。它通常是冬天制，春天喝。

（7）扎啤。即高级桶装鲜啤酒。这种啤酒的出现被认为是啤酒生产史上的一次革命。鲜啤酒即人们称的生啤酒，它和普通啤酒相比只是在最后一道工序中未经杀菌处理。鲜啤酒中仍有酵母菌生存，所以口味淡雅清爽，酒花香味浓，更易于开胃健脾。生啤酒的保存期是 3 ~ 7 天。随着无菌罐装设备的不断完善，现在已有能保存 3 个月左右的罐装、瓶装和大桶装的鲜啤酒。

二、麦芽制备

（一）工艺流程

把原料大麦制成麦芽，称为制麦。发芽后制得的新鲜麦芽叫绿麦芽，经干燥和焙焦后的麦芽称为干麦芽。麦芽制造的主要目的是使大麦生成各种酶，并使大麦胚乳中的成分在酶的作用下，达到适度的溶解；去掉绿麦芽的生腥味，产生啤酒特有的色、香和风味成分。麦芽制备工艺流程如图 7 - 7 所示。

大麦 → 预处理 → 浸麦 → 麦芽干燥 → 除根 → 贮藏 → 成品

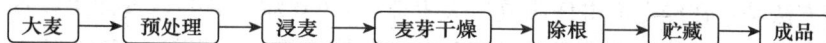

图 7 - 7　麦芽制备工艺流程

（二）操作要点

1. 大麦预处理

（1）大麦后熟与贮藏。新收获的大麦有休眠期，发芽率低，只有经过一段时间的后熟期才能达到应有的发芽力，一般后熟期需要 6 ~ 8 周。贮藏期间，大麦的生命及呼吸作用仍在继续。为减少呼吸消耗，大麦水分应控制在 12.5% 以下，温度在 15℃ 以下。贮藏大麦还应按时通风防潮。

（2）大麦的清选和分级。原料大麦含有各种杂质，在投料前需经处理粗选、精选和分级。粗选的目的是除去各种杂质和铁屑，大麦粗选使用去杂、集尘、脱芒、除铁等机械。精选的目的是除掉与麦粒腹径大小相同的杂质，包括荞麦、野豌豆、草籽和半粒麦等，大麦精选可使用精选机。大麦的分级是把粗、精选后的大麦，按颗粒大小分级。目的是得到颗粒整齐的大麦，为发芽整齐、粉碎后获得粗细均匀的麦芽粉以及提高麦芽的浸出率创造条件，大麦分级常使用分级筛。

2. 浸麦

（1）浸麦的目的。浸麦的目的主要有三点，一是提高大麦的含水量，达到发芽的水分，即酿造用麦芽所需含水量，一般为 43% ~ 48%；二是通过洗涤，除去麦粒表面的灰尘、杂质和微生物；三是在浸麦水中适当添加一些化学药剂，加速麦皮中有害物质（如酚类等）的浸出。

（2）浸麦吸水过程及测定。

1）大麦的吸水过程。在正常水温（12 ~ 18℃）下浸麦，水的吸收可分三个阶段。第一阶段：浸麦 6 ~ 10 小时，吸水迅速，麦粒中水分质量分数上升至 30% ~ 35%；第二阶段：浸麦 10 ~ 20 小时，麦粒吸水很慢，几乎停止，吸入的水分渗入胚乳中使淀粉膨胀；第三阶段：浸麦 20 小时后，麦粒膨胀吸水，在供氧充足的情况下，吸水量与时间呈直线关系上升，麦粒中水分质量分数由 35% 增加到 43% ~ 48%。

2）浸麦度的测定。浸麦度多用朋氏测定器测定，即在测定器内装入 100g 大麦样品，放入浸麦槽中，与生产大麦一同浸渍。浸渍结束时，取出大麦，拭去表面水分，称其质量，按下式计算：

$$浸麦度(\%) = \frac{(浸麦后质量 - 原大麦质量) + 原大麦水分}{浸麦后质量} \times 100\%$$

生产中检查浸麦度的方法，一是浸麦度适宜的大麦握在手中软而有弹性。如果水分不够，则硬而弹性小；如果浸麦过度，手感过软而无弹性。二是用手指捻开胚乳，浸渍适中的大麦具有省力、润滑的感觉，中心尚有一白点，皮壳易脱离。浸渍不足的大麦，皮壳不易剥下，胚乳白点过大，咀嚼费力。浸渍过度的大麦，胚乳呈浆泥状，微黄色。三是观察浸渍大麦的萌芽率，又称露点率。萌芽率表示麦粒开始萌发而露出根芽的百分数，检测方法是：在浸麦槽中任取浸渍大麦 200 ~ 300 粒，分开露点和未露点麦粒，计算出露点麦粒的百分数，重复测定 2 ~ 3 次，求其平均值。萌芽率 70% 以上为浸渍良好，优良大麦一般超过 70% 。

（3）浸麦方法及控制。浸麦方法很多，常用的方法有间歇浸麦法、喷淋浸麦法等。

1）间歇浸麦法（浸水断水交替法）。此法是浸水和断水交替进行。即大麦每浸渍一定时间后就断水，使麦粒接触空气。浸水和断水交替进行，直至达到要求的浸麦度。在浸水和断水期间需通风供氧。根据大麦的特性、室温、水温的不同，常采用浸二断六、浸四断四、浸六断六、浸三断九等方法。

2）喷雾（淋）浸麦法。此法是浸麦断水期间，用水雾对麦粒淋洗，既能提供氧气和水分，又可带走麦粒呼吸产生的热量和放出的 CO_2。由于水雾含氧量高，通风供氧效果明显，因此可显著缩短浸麦时间，还可节省浸麦用水（比断水浸麦法省水 25% ~ 35%）。

3. 发芽

（1）大麦发芽的目的。发芽目的是使麦粒生成大量的各种酶类，并使麦粒中一部分非活化酶得到活化增长。随着酶系统的形成，胚乳中的淀粉、蛋白质、半纤维素等高分子物质得以逐步分解，可溶性的低分子糖类和含氮物质不断增加，整个胚乳结构由坚韧变为疏松，这种现象被称为麦芽溶解。

（2）发芽的方法与发芽工艺技术条件。

1）发芽的方法。发芽方法主要有地板式发芽和通风式发芽两种。发芽设备有间歇式和连续式等多种不同的形式。古老的地板式发芽由于劳动强度大、占地面积大、受外界温度影响大等缺点，已被淘汰。现在普遍采用通风式发芽。通风式发芽是厚层发芽，以机械通风的方式强制向麦层通入调温、调湿的空气，以控制发芽的温度、湿度、氧气与 CO_2 的比例，达到发芽的目的。

2）发芽工艺技术条件。首先是发芽水分，大麦经过浸渍以后水分质量分数为 43% ~ 48% ，制造深色麦芽宜提高至 45% ~ 48% ，而制造浅色麦芽一般控制在 43% ~ 46% 。在通风式发芽过程中，室内的空气相对湿度一般要求在 95% 以上。

其次是发芽温度，发芽温度一般分为低温、高温、低高温结合等几种情况。低温发芽：一般为 12 ~ 16℃。高温发芽：一般为 18℃ 以上，22℃ 以下。低高温结合发芽：对蛋白质含量高、玻璃质粒、难溶的大麦，宜采用低高温结合发芽。开始 3 ~ 4 天麦层温度保持在 12 ~ 16℃，后期维持 18 ~ 20℃，这样可制得溶解良好而酶活力高的麦芽。也有采用先高温后低温的控制方法，也可制出较好的麦芽。

再次是通风和光线，发芽初期麦粒呼吸旺盛，品温上升，CO_2 浓度增大，这时需通入大量新鲜空气，提供氧气，以利于麦芽生长和酶的形成。在发芽后期，应减少通风，使 CO_2 在麦层中适度积存，以抑制麦粒的呼吸，控制根芽生长，促进麦芽溶解，减少制麦损失。发芽过程中必须避免光线直射，以防止叶绿素的形成，叶绿素的形成会有损啤酒的风味。发芽室的窗户宜安装蓝色玻璃。

最后是发芽时间，发芽时间是由多种条件决定的。浅色麦芽发芽时间一般控制在 6

天左右，深色麦芽为 8 天左右。如浸麦时添加赤霉素，以及改进浸麦方法等，发芽时间还可以缩短。

4. 绿麦芽干燥

（1）目的。绿麦芽用热空气强制通风干燥和焙焦的过程称为干燥。目前，麦芽干燥设备普遍采用的是间接加热的单层高效干燥炉、水平式干燥炉及垂直式干燥炉等。绿麦芽干燥的目的是除去绿麦芽多余的水分，防止腐败变质，便于贮藏；终止绿麦芽的生长和酶的分解作用；除去绿麦芽的生腥味，使麦芽产生特有的色、香、味；便于干燥后除去麦根，因为麦根有不良苦味，如带入啤酒，将破坏啤酒风味。

（2）干燥工艺条件的控制。当麦芽水分从 43% ~ 46% 降至 23% 左右时，空气温度可控制在 45 ~ 60℃，并增大通风量，调节空气使排放空气的相对湿度稳定在 90% ~ 95%。此阶段，翻拌不要过勤，约每 4 小时翻拌一次。

5. 干麦芽的处理和贮藏

干麦芽的处理包括干燥麦芽的除根、冷却以及商业性麦芽的磨光等。尽快除去麦根，是因为麦根中含有 43% 左右的蛋白质，具有不良苦味，而且色泽很深，如带入啤酒，会影响啤酒的口味、色泽以及非生物稳定性。除根后要尽快冷却，以防淀粉酶被破坏。经过磨光，可提高麦芽的外观质量。

（1）除根。出炉麦芽的麦根吸湿性很强，应在 24 小时内完成除根操作，否则，麦根将很易吸水而难以除去。

（2）贮藏。除根后的麦芽，一般都经过 6 ~ 8 周(最短 1 个月，最长为半年)的贮藏后，再用于酿酒。

（3）磨光。商业性麦芽厂在麦芽出厂前还经过磨光处理，以除去附着在麦芽上的脏物和破碎的麦皮，使麦芽外观更漂亮。麦芽磨光在磨光机中进行，主要是使麦芽受到摩擦、撞击，达到清洁除杂的目的。

三、麦芽汁制备

（一）麦汁制造（又称糖化）

其工艺流程如图 7 - 8 所示。

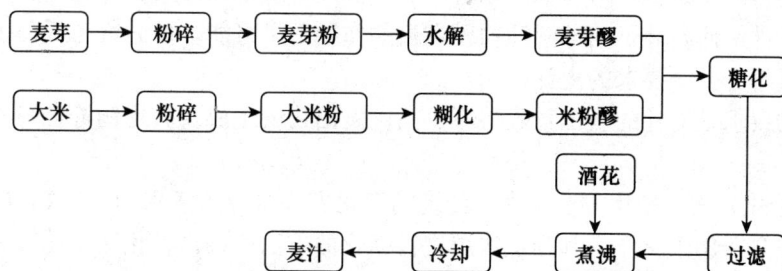

图 7 - 8 麦汁制备工艺流程

（二）操作要点

1. 原料、辅料的粉碎

（1）粉碎的目的。原料、辅料粉碎后，增加了比表面积，糖化时可溶性物质容易浸出，有利于酶的作用。要求是麦芽皮壳应破而不碎。辅助原料（如大米）粉碎得越细越好，以增加浸出物的收得率。

（2）粉碎方法与设备。

1）麦芽粉碎方法。麦芽粉碎有干法粉碎、湿法粉碎和回潮粉碎三种方法。

干法粉碎是传统的粉碎方法，要求麦芽水分在6%~8%，其缺点是粉尘较大，麦皮易碎。

湿法粉碎是先将麦芽用50℃水浸泡15~20分钟，使麦芽含水质量分数达25%~30%之后，再用湿式粉碎机粉碎，并立即加入30~40℃水调浆，泵入糖化锅。优点是麦皮较完整，对溶解不良的麦芽，可提高浸出率1%~2%；缺点是动力消耗大。

回潮粉碎又叫增湿粉碎。可用0.05MPa蒸气处理30~40秒，增湿1%左右。也可用水雾在增湿装置中向麦芽喷雾90~120秒，增湿1%~2%，可达到麦皮破而不碎的目的。蒸气增湿时，应控制麦芽品温在50℃以下，以免引起酶的失活。

2）粉碎设备。麦芽粉碎常用辊式及湿式粉碎设备。辊式设备根据辊的数量又可分为对辊式、四辊式、五辊式、六辊式等。锤式粉碎机极少使用。

（3）粉碎度的调节。

粉碎度是指麦芽或辅助原料的粉碎程度。通常是以谷皮、粗粒、细粒及细粉的各部分所占料粉质量的质量分数表示。一般要求粗粒与细粒的比例为1:(2.5~3.0)为宜。麦芽的粉碎度应视投产麦芽的性质、糖化方法、麦汁过滤设备的具体情况来调节。

2. 糖化

糖化过程是一项非常复杂的生化反应过程，也是啤酒生产中的重要环节。

（1）糖化的基本概念。糖化是指利用麦芽本身所含有的各种水解酶（或外加酶制剂），在适宜的温度、pH、时间等条件下，将麦芽和辅助原料中的不溶性高分子物质分解成可溶性的低分子物质的过程。由此制得的溶液就是麦汁。麦汁中溶解于水的干物质称为浸出物，麦芽汁中的浸出物质量与原料中所有干物质的质量比称为无水浸出率。

糖化的目的就是将原料和辅助原料中的可溶性物质萃取出来，并且创造有利于各种酶作用的条件，使高分子的不溶性物质在酶的作用下尽可能多地分解为低分子的可溶性物质，制成符合生产要求的麦汁。

糖化的要求是麦汁的浸出物收得率要高，浸出物的组成及其比例符合啤酒发酵生产的要求。

（2）糖化方法。糖化方法很多，传统的糖化方法可分为煮出糖化法和浸出糖化法。煮出糖化法是兼用生化作用和物理作用进行糖化的方法；浸出糖化法是纯粹利用酶的作用进行糖化的方法。从传统的煮出法和浸出法还可以衍生出许多新的糖化方法，如全麦芽煮出糖化法、全麦芽浸出糖化法、双醪糖化法、外加酶制剂糖化法等。

（3）糖化工艺技术条件。糖化要控制的工艺技术条件有以下几个方面。

1）糖化温度。糖化时温度的变化通常是由低温逐步升至高温，以防止麦芽中各种酶因高温而被破坏。

浸渍阶段：此阶段温度通常控制在 35～40℃。在此温度下有利于酶的浸出和酸的形成，并有利于 β-葡聚糖的分解。

蛋白分解阶段：此阶段温度通常控制在 45～55℃，在该温度下，β-葡聚糖也继续分解。溶解不良的麦芽，可采用低温长时间蛋白质分解；麦芽溶解得好，可省略蛋白分解阶段。

糖化阶段：此阶段温度通常控制在 62～70℃。温度偏高，有利于 α-淀粉酶的作用，可发酵性糖减少。温度偏低，有利于 β-淀粉酶的作用，可发酵性糖增多。

糊精化阶段：此阶段温度为 75～78℃。在此温度下，α-淀粉酶仍起作用，残留的淀粉可进一步分解，而其他酶则受到抑制或失活。

2）糖化时间。广义的糖化时间是指从投料至麦芽汁过滤前的时间，与糖化方法密切相关；狭义的糖化时间是指麦芽醪温度达到糖化温度起至糖化完全，即碘试反应完全的这段时间。添加辅料的糖化时间较全麦芽的糖化时间相对延长。

3）pH。pH 是糖化过程中酶反应的一项重要条件，为了改善酶的作用，有时需要调节糖化醪的 pH。对残留碱度较高的酿造用水进行处理，方法有加石膏、乳酸、磷酸及其他水处理方法，以使醪液的 pH 有所下降。也可以添加 1%~5% 的乳酸麦芽。

适当调低糖化醪的 pH，有利于酶的分解作用，有利于麦汁过滤，麦汁的可溶氮较多，澄清度好，收率比较高，麦汁、啤酒的非生物稳定性也比较好；多酚物质浸出少，麦汁色泽浅，啤酒口味柔和，不苦杂。

4）糖化用水。糖化用水是指直接用于糖化锅和糊化锅，使原、辅料溶解，并进行化学和生物转化所需的水。糖化用水的多少决定醪液的浓度，并直接影响酶的作用效果。麦芽糖化的用水量通常用料水比表示，即每 100kg 原料用水的升数。一般淡色啤酒的料水比为 1:(4~5)，浓色啤酒的料液比为 1:(3~4)，黑啤酒的料液比为 1:(2~3)。

5）洗糟用水。第一批麦汁滤出后，用水将残留在麦糟中的糖液洗出所用的水称为洗糟用水。洗糟用水量主要根据糖化用水量来确定，这部分水约为煮沸前麦汁量与头号麦芽汁量之差，它对麦汁收得率有较大的影响。制造淡色啤酒，糖化醪液浓度较低，洗糟用水量则少；制造浓色啤酒，糖化醪液较浓，相应地洗糟用水量就大。

洗糟用水温度为 75～80℃，残糖质量分数控制在 1.0%～1.5%。酿造高档啤酒，应适当提高残糖质量分数在 1.5% 以上，以保证啤酒的高质量。混合麦汁浓度，应低于最终麦汁质量分数 1.5%～2.5%。

（4）糖化设备。糖化设备现多采用由糊化锅、糖化锅、过滤槽、煮沸锅和回旋沉淀槽组合的复式糖化设备。

3. 麦汁过滤

糖化结束后，应尽快把麦汁和麦糟分开，以得到清亮和较高收得率的麦汁。

麦汁过滤分两步进行：一是以麦糟为滤层，利用过滤的方法提取出麦汁，称第一麦汁或过滤麦汁；二是利用热水冲洗出残留在麦糟中的麦汁，称第二麦汁或洗涤麦汁。麦汁的黏度愈大，过滤速度愈慢；过滤层厚度和阻力愈大，过滤速度愈低。

麦汁过滤最常用的是过滤槽法。过滤槽的槽身内安装有过滤筛板、耕刀等，槽身与若干管道、阀门以及泵组成可循环的过滤系统，利用液柱静压为动力进行过滤。

4. 麦汁煮沸

煮沸可以蒸发多余水分，使麦汁浓缩到规定的浓度；破坏全部酶的活性、沉淀蛋白质、降低 pH，稳定麦汁组分，提高啤酒稳定性；消灭麦汁中存在的各种微生物，保证最终产品的质量；挥发不良气味，浸出酒花中的有效成分，赋予麦汁独特的苦味和香味，提高麦汁质量。

（1）煮沸的方法。间歇常压煮沸是国内目前广泛使用的传统方法。它是让麦芽汁的容量盖过煮沸锅加热层后开始加热，使麦汁温度保持在 80℃ 左右，待麦糟洗涤结束后，即加大蒸汽量，使混合麦汁沸腾。除传统煮沸方法外，还有内加热式煮沸法和外加热煮沸法等。

（2）麦汁煮沸的技术条件。

1）时间。煮沸时间是指将混合麦芽汁蒸发、浓缩到要求的定型麦汁浓度所需的时间。常压煮沸，淡色啤酒（10%～12%）一般控制为 60～120 分钟，浓色啤酒可适当延长一些，内加热或外加热煮沸为 60～80 分钟。

2）煮沸强度。煮沸强度是麦汁在煮沸时，每小时蒸发水分的百分率。煮沸强度是影响蛋白质凝结的决定因素，对麦汁的透明度和可凝固性氮有显著影响。煮沸强度越大，翻腾越强烈，蛋白质凝结的机会就越多，越有利于蛋白质的变性而形成沉淀。煮沸强度一般控制在每小时 8%～10%，可凝固性氮的质量浓度达 1.5～2.0mg/100mL，即可满足工艺要求。

3）pH。麦芽汁煮沸时的 pH 通常为 5.2～5.6，最理想为 5.2。此时有利于蛋白质及其与多酚物质的凝结，但会稍稍降低酒花的利用率。pH 的调节可通过加酸或生物酸化进行处理。

5. 酒花添加

酒花赋予啤酒特有的香味、苦味，香味来自酒花油蒸发后的存留成分，苦味主要来自异 α-酸和 β-酸氧化后的产物等；酒花中的 α-酸、异 α-酸和 β-酸都具有一定的防腐作用，可增加啤酒的防腐能力。另外，酒花的单宁、花色苷等多酚物质能与麦汁中的蛋白质形成复合物而沉淀出来，有利于提高啤酒的非生物稳定性。

（1）添加方法。酒花的添加一般采用多次添加的方法。添加的原则一般为：香型、苦型酒花并用时，先加苦型酒花、后加香型酒花；使用同类酒花时，先加陈酒花、后加新酒花；分几次添加酒花时，先少后多。酒花制品的添加原则与酒花添加原则大体相同。

1）二次添加法。初沸 5～10 分钟后加酒花 60%，煮沸结束前 30 分钟左右加酒花 40%。

2）三次添加法。在初沸 5～10 分钟后，加入酒花总量的 20% 左右，压泡，使麦汁多酚和蛋白质充分作用；煮沸 40 分钟左右，加总量的 50%～60%，萃取 α-酸，促进异构化；在煮沸结束前 5～10 分钟，加剩余量，最好是香型花，萃取酒花油。

3）四次添加法。一般在麦芽汁初沸 5～10 分钟后加酒花总量的 5%～10%；沸腾 30～40 分钟后，加酒花的 30% 左右；煮沸 60～70 分钟，加酒花总量的 30%～35%；煮沸结束前 5～10 分钟加剩余的酒花。

（2）添加数量。传统的酒花添加量通常以每 100L 麦汁或啤酒所需添加的酒花克数表示。酒花的添加量可参考表 7–6。近年来，消费者饮酒喜欢淡爽型、超爽型、干啤、超干啤及味香的啤酒，所以国内外酒花添加量有下降的趋势。国际上多以酒花的 α-酸含量，来确定酒花添加量。

表 7–6　不同类型啤酒的酒花添加量

啤酒类型	100L 麦汁的酒花添加量（g）	100L 啤酒的酒花添加量（g）
淡色啤酒（11～14°P）	170～340	190～380
浓色啤酒（11～14°P）	120～180	130～200
比尔森淡色啤酒（12°P）	300～500	350～550
慕尼黑浓色啤酒（14°P）	160～200	180～220
国产淡色啤酒（11～12°P）	160～240	180～260

6. 麦汁冷却

麦汁煮沸定型后，必须立即冷却处理，一是降低麦汁温度，使之达到适合酵母发酵的温度；二是使麦汁吸收一定量的氧气，以利于酵母的生长增殖；三是析出和分离麦芽汁中的冷、热凝固物，改善发酵条件和提高啤酒质量。

麦汁冷却的方法过去常采用两段法冷却，现均采用密闭法。首先利用回旋沉淀槽分离出热凝固物，然后即可用薄板冷却器进行冷却。目前我国啤酒行业多采用一段冷却法：即先将酿造水冷至 1～2℃ 作为冷媒，与热麦芽汁在板式换热器中进行热交换，结果使 95～98℃ 麦芽汁冷却至 6～8℃ 去发酵，而 1～2℃ 酿造水升温至 80～88℃，进入热水箱，作糖化用水。其优点是冷耗可节约 30% 左右，冷却水可回收使用，节省能源。

四、啤酒发酵工艺

（一）啤酒酵母

1. 啤酒酵母的类型和种类

根据啤酒酵母的发酵类型和凝聚性的不同，可分为上面酵母与下面酵母，凝聚性酵母与粉状酵母。下面酵母发酵法虽出现较晚，但较上面酵母更盛行。世界上多数国家采用下面酵母发酵啤酒，我国也是全部采用下面酵母发酵啤酒。纯培养的啤酒酵母菌株很多，传统使用的下面酵母有弗罗倍尔酵母（S. frohberg）、萨士酵母（S. saaz）、卡尔斯倍酵母(S. carlsbergensis)、U 酵母(Rasse U I. F. G.，又名多特蒙德酵母)、E 酵母(Rasse E I. F. G.)等。

2. 啤酒酵母的主要特性要求

对啤酒酵母的基本要求是：发酵力高，凝聚力强，沉降缓慢而彻底，繁殖能力适当，生理性能稳定，酿制出的啤酒风味好。

（1）细胞和菌落形态。不同菌株的啤酒酵母有着不同的形态。优良健壮的啤酒酵母细胞，具有均匀的形状和大小，平滑而薄的细胞膜，细胞质透明均一。啤酒酵母在麦芽汁固体培养基上菌落呈乳白色至微黄褐色，表面光滑但无光泽，边缘整齐或呈波状。

（2）主要的生理特性要求。

1）凝聚性：凝聚性不同，酵母的沉降速度不同，发酵度也有差异。啤酒生产一般选择凝聚性比较强的酵母。

2）发酵度：发酵度反应酵母对麦芽汁中各种糖的利用情况，正常的啤酒酵母能发酵葡萄糖、果糖、蔗糖、麦芽糖和麦芽三糖等。一般啤酒酵母的真正发酵度应为 50% ~ 68% 左右。

3）酵母死灭温度：是指一定时间内使酵母死灭的最低温度，可作为鉴别菌株的内容之一。一般啤酒酵母的死灭温度在 52 ~ 53℃，若死灭温度增高，则说明酵母变异或污染野生酵母。

4）产孢子能力：一般啤酒酵母生产菌种都不能产生孢子或产孢子能力极弱，而某些野生酵母产孢子能力很强。据此可判别啤酒酵母是否混入野生酵母。

3. 啤酒酵母扩大培养

啤酒酵母纯正与否，对啤酒发酵和啤酒质量有很大影响。生产中使用的酵母来自保存的纯种酵母，在适当的条件下，经扩大培养，达到一定数量和质量后，供生产现场使用。

啤酒酵母扩大培养是指从斜面种子到生产所用的种子的培养过程，这一过程又分为实验室扩大培养阶段和生产现场扩大培养阶段。

（1）实验室扩大培养阶段。实验室扩大培养一般采用斜面试管、富氏瓶（或试管）培养、巴氏瓶培养和卡氏罐培养等方法。

实验室扩大培养的技术要求主要有：应按无菌操作的要求对培养用具和培养基进行灭菌；每次扩大稀释的倍数为 10 ~ 20 倍；每次移植接种后，要镜检酵母细胞的发育情况；随着每阶段的扩大培养，培养温度要逐步降低，以使酵母逐步适应低温发酵；每个扩大培养阶段，均应做平行培养：试管 4 ~ 5 个，巴氏瓶 2 ~ 3 个，卡氏罐 2 个，然后选优进行扩大培养。

（2）生产现场扩大培养阶段。卡氏罐培养结束后，酵母进入现场扩大培养。啤酒厂一般都用汉生罐、酵母罐等设备来进行生产现场扩大培养。主要步骤有麦汁杀菌、汉生罐空罐灭菌、汉生罐初期培养、汉生罐旺盛期培养、汉生罐留种再扩培养等阶段。

在下次再扩培时，汉生罐的留种酵母最好按上述培养过程先培养一次后再移植，使酵母恢复活性。汉生罐保存的种酵母，应每月换一次麦汁，并检查酵母是否正常，是否有污染、变异等不正常现象。正常情况下此种酵母可连续使用半年左右。

生产现场扩大培养时应注意，每一步扩大后的残留液都应进行有无污染、变异的检查；每扩大一次，温度都应有所降低，但降温幅度不宜太大；每次扩大培养的倍数为 5 ~ 10 倍。

4. 啤酒酵母的质量检验

主要有形态检验和发酵度检验，另外还有凝聚性、发酵速度、死灭温度、出芽率、耐酒精度、产酸、产酯等生理特性检验。

（二）传统啤酒发酵

传统的下面发酵，分主发酵和后发酵两个阶段。主发酵又称前酵，一般在密闭或敞口的主发酵池（槽）中进行，后发酵在密闭的卧式发酵罐内进行。

传统下面发酵的工艺特点是：主发酵温度比较低，发酵进程缓慢，发酵代谢副产物较少；主发酵结束时，大部分酵母沉降在发酵容器底部；后发酵和贮酒期较长，酒液澄清良好，CO_2 饱和稳定，酒的泡沫细微，风味柔和，保存期较长。

1. 主发酵

（1）一般工艺过程。

1）麦汁冷却至接种温度（6℃左右），输送至增殖槽，将所需的酵母量加入，混合均匀。通入无菌空气，使溶解氧含量在 8mg/L 左右。

2）繁殖 20 小时左右，待麦汁表面形成一层泡沫时，将增殖槽中的麦汁泵入发酵槽内，进行厌氧发酵。

3）发酵 2 ~ 3 天左右，温度升至发酵的最高温度，进行冷却，控制发酵温度逐步回落，主发酵结束时，发酵液温度控制在 4.0 ~ 4.5℃。

4）主发酵最后一天急剧冷却，使大部分酵母沉降槽底，然后将发酵液输送至贮酒罐进行后发酵。

（2）主发酵过程的现象和要求。主发酵阶段酵母代谢旺盛，大量可发酵性物质被快速转换，代谢产物主要也在此阶段形成。主发酵阶段一般分为酵母繁殖期、起泡期、高泡期、落泡期和泡盖形成期。

1）酵母繁殖期。添加酵母 8 ~ 16 小时以后，麦芽汁液面上出现 CO_2 小气泡，逐渐形成白色、乳脂状的泡沫，酵母繁殖 20 小时以后立即进入主发酵池，与增殖槽底部沉淀的杂质分离。

2）起泡期。发酵 4 ~ 5 小时后，在麦汁表面逐渐出现更多的泡沫，由四周渐渐向中间渗透，泡沫洁白细腻，厚而紧密，如花菜状，发酵液中有 CO_2 小气泡上涌，并将一些析出物带至液面。此时发酵液温度每天上升 0.5 ~ 0.8℃，每天降糖 0.3 ~ 0.5°P，维持时间 1 ~ 2 天，不需人工降温。

3）高泡期。发酵 2 ~ 3 天后，泡沫增高，形成隆起，高达 25 ~ 30cm，并因发酵液内酒花树脂和蛋白质 - 单宁复合物开始析出而逐渐变为棕黄色，此时为发酵旺盛期，需要人工降温，但是不能太剧烈，以免酵母过早沉淀，影响发酵。高泡期一般维持 2～3 天，每天降糖 1.5°P 左右。

4）落泡期。发酵 5 天以后，发酵力逐渐减弱，CO_2 气泡减少，泡沫回缩，酒内析出物增加，泡沫变为棕褐色。此时应控制液温每天下降 0.5℃ 左右，每天降糖 0.5～0.8°P，落泡期维持 2 天左右。

5）泡盖形成期。发酵 7～8 天后，泡沫回缩，形成泡盖，应即时撤去泡盖，以防沉入发酵液内。此时应大幅度降温，使酵母沉淀。此阶段可发酵性糖已大部分分解，每天降糖 0.2～0.4°P。

2. 后发酵

主发酵结束后的发酵液称嫩啤酒，要转入密封的后发酵罐（也称贮酒罐），进行后发酵。后发酵的目的是：残糖继续发酵、促进啤酒风味成熟、增加 CO_2 的溶解量、促进啤酒的澄清。后发酵的工艺要点如下。

（1）下酒。将嫩啤酒输送到贮酒罐的操作称下酒。下酒方法多用下面下酒法，即发酵液由已灭菌的贮酒罐下部出口处送入。贮酒罐可一次装满，也可分 2～3 次装满。如是分装，应在 1～3 天内装满。入罐后，液面上应留出 10～15cm 空隙，以利于排除液面上的空气，尽量减少与氧的接触。如果嫩啤酒含糖过低，不足以进行后发酵，可添加发酵度为 20% 的起泡酒，促进发酵。

（2）密封升压。下酒满桶后，正常情况下敞口发酵 2～3 天，以排除啤酒中的生青味物质。之后封罐，罐内 CO_2 气压逐步上升，压力达到 50～80kPa 时保压，让酒中的 CO_2 逐步饱和。

（3）温度控制。后发酵多控制先高后低的贮酒温度。前期控制 3～5℃，而后逐步降温至 -1～1℃，降温速度视啤酒的不同类型而定。有些新工艺，前期温度控制范围很大（3～13℃），以保持一定的高温尽快还原双乙酰，促进啤酒成熟。

（4）后发酵时间。淡色啤酒一般贮酒时间较长，浓色啤酒贮酒时间较短；原麦汁浓度高的啤酒较浓度低的啤酒贮酒期长；低温贮酒较高温贮酒的贮酒时间长。国内传统啤酒生产的酒龄见表 7-7。

表 7-7　国内传统啤酒生产酒龄

啤酒种类	原麦汁浓度(°P)	酒龄(天)	啤酒种类	原麦汁浓度(°P)	酒龄(天)
鲜啤酒	10～12	30～40	黑鲜啤酒	13～15	40～50
熟啤酒	11～14	50～75	黑啤	13～18	75～90
出口啤酒	12～14	75～90	出口黑啤酒	16～18	75～100

（5）加入添加剂。为了改善啤酒的泡沫、风味和非生物稳定性，可在食品安全国家标准允许的范围内，加入适量的添加剂。这些添加剂多在贮酒、滤酒过程中或清酒罐内添加。

（三）啤酒大型发酵罐发酵

采用大容量发酵罐生产啤酒是啤酒工业的发展趋势，主要有圆柱锥底发酵罐的生产技术，该技术是大型啤酒发酵罐的一种，我国自20世纪70年代中期，开始采用。目前国内新建啤酒厂几乎全部采用圆柱锥底罐的发酵方法。

圆柱锥底发酵罐一罐法发酵是指主、后发酵和贮酒成熟全部生产过程在一个罐内完成。主要控制酵母添加、通风供氧、主发酵温度、双乙酰还原、冷却降温、罐压控制等工艺。

（四）其他发酵方法

1. 连续发酵

啤酒连续发酵的形式有多罐式连续发酵、塔式连续发酵和固定化酵母连续发酵等。

2. 高浓度稀释酿造法

高浓度稀释酿造法是目前国际上广泛采用的啤酒生产技术，方法一般有三种：麦汁稀释、前稀释和后稀释。稀释越向后，经济效益越高，但对稀释用水的要求更高。该法的最大优点是在不增加设备的基础上大幅度提高产量，提高设备利用率，并且可以降低生产成本，提高啤酒的风味和非生物稳定性。不足之处是糖化的原料利用率和酒花利用率低。

五、啤酒的质量标准

我国的啤酒质量标准为 GB4927—2008《啤酒》，适用于以麦芽、水为主要原料，加啤酒花(包括酒花制品)，经酵母发酵酿制而成的、含有 CO_2 的、起泡的、低酒精度的发酵酒，包括无醇啤酒(脱醇啤酒)。

（一）感官要求

淡色啤酒感官要求见表7-8，浓色、黑色啤酒感官要求见表7-9。

表7-8 淡色啤酒感官要求

项 目			优 级	一 级
外观[a]	透明度		清亮，允许有肉眼可见的微细悬浮物和沉淀物(非外来异物)	
	浊度(EBC)		≤0.9	≤1.2
	形态		泡沫洁白细腻，持久挂杯	泡沫较洁白细腻，较持久挂杯
泡沫	泡持性[b]	瓶装	≥180	≥130
		听装	≥150	≥110
香气和口味			有明显的酒花香气，口味纯正，酒体协调，柔和，无异香、异味	有较明显的酒花香气，口味纯正，较爽口，协调，无异香、异味

注：a 对非瓶装的"鲜啤酒"无要求；b 对桶装(鲜、生、熟)啤酒无要求。

表7-9　浓色啤酒、黑色啤酒感官要求

项　目			优　级	一　级
外观[a]	透明度		酒体有光泽，允许有肉眼可见的微细悬浮物和沉淀物（非外来异物）	
	形态		泡沫细腻挂杯	泡沫较细腻挂杯
泡沫	泡持性[b]	瓶装	≥180	≥130
		听装	≥150	≥110
香气和口味			有明显的酒花香气，口味纯正，酒体协调，柔和，无异香、异味	有较明显的酒花香气，口味纯正，较爽口，协调，无异香、异味

注：a 对非瓶装的"鲜啤酒"无要求；b 对桶装（鲜、生、熟）啤酒无要求。

（二）理化要求

淡色啤酒理化要求见表7-10，浓色、黑色啤酒理化要求见表7-11。

表7-10　淡色啤酒理化要求

项　目		优　级
酒精度[a]（%vol）	≥14.1°P	≥5.2
	12.1～14.0°P	≥4.5
	11.1～12.0°P	≥4.1
	10.1～11.0°P	≥3.7
	8.1～10.0°P	≥3.3
	≤8.0°P	≥2.5
原麦汁浓度[b]		X
总酸（mL/100mL）	≥14.1°P	≤3.0
	10.1～14.0°P	≤3.6
	≤8.0°P	≤2.2
CO_2（质量分数，%）		0.35～0.65
双乙酰（mg/L）		0.10
蔗糖转化酶活性[d]		呈阳性

注：a 不包括低醇啤酒、无醇啤酒；b "X"为标签上标注的原麦汁浓度，≥10.0°P允许的负偏差为"-0.3"；<10.0°P允许的负偏差为"-0.2"；c 桶装（鲜、生、熟）啤酒 CO_2 不得小于0.25%（质量分数）；d 仅对"生啤酒"和"鲜啤酒"有要求。

表7-11　浓色啤酒、黑色啤酒理化要求

项　　目		优　　级
酒精度[a]（%vol）	≥14.1°P	≥5.2
	12.1～14.0°P	≥4.5
	11.1～12.0°P	≥4.1
	10.1～11.0°P	≥3.7
	8.1～10.0°P	≥3.3
	≤8.0°P	≥2.5
原麦汁浓度[b]		X
总酸（mL/100mL）		≤4.0
CO_2[c]（质量分数,%）		0.35～0.65
蔗糖转化酶活性[d]		呈阳性

注：a 不包括低醇啤酒、无醇啤酒；b "X" 为标签上标注的原麦汁浓度，≥10.0°P 允许的负偏差为 "-0.3"；<10.0°P 允许的负偏差为 "-0.2"；c 桶装（鲜、生、熟）啤酒 CO_2 不得小于 0.25%（质量分数）；d 仅对 "生啤酒" 和 "鲜啤酒" 有要求。

（三）卫生要求

应符合 GB 2758—1981 的规定。具体见表 7-12。

表7-12　啤酒卫生要求

项　　目	鲜啤酒	生啤酒、熟啤酒
甲醛（mg/L）	≤2.0	—
铅（Pb）（mg/L）	≤0.5	—
菌落总数（cfu/mL）	—	≤50
大肠菌群（MPN/100mL）	≤3	≤3
肠道致病菌（沙门氏菌、志贺氏菌、金黄色葡萄球菌）	不得检出	—

第四节　调味食品加工技术

一、酱油加工技术

（一）概述

酱油俗称豉油，主要由大豆、淀粉、小麦、食盐经过制油、发酵等程序酿制而成。酱油的成分比较复杂，除食盐的成分外，还有多种氨基酸、糖类、有机酸、色素及香料等成分。它以咸味为主，亦有鲜味、香味等，能增加和改善菜肴的口味，还能增添或改变菜肴的色泽。

酱油按照颜色可以分为生抽和老抽。生抽酱油以大豆、面粉为主要原料，人工接入种曲，经天然露晒，发酵而成。其产品色泽红润，滋味鲜美协调，豉味浓郁，体态清澈透明，风味独特。生抽颜色比较淡，呈红褐色，味道较咸，用于一般烹调。老抽酱油是在生抽酱油的基础上，加焦糖色经过特殊工艺制成的浓色酱油。老抽颜色很深，呈棕褐色而有光泽，味道鲜美、微甜，一般用来给食品着色用。

根据酱油的制造方法可以分为酿造酱油和配制酱油。市场上主要是酿造酱油。酿造酱油是以大豆和/或脱脂大豆、小麦或麸皮为原料，经微生物发酵制成的具有特殊色、香、味的液体调味品。酿造酱油按发酵工艺分为两类，一是高盐稀态发酵酱油，指以大豆和/或脱脂大豆、小麦和/或小麦粉为原料，经蒸煮、曲霉菌制曲后与盐水混合成稀醪，再经发酵制成的酱油；二是低盐固态发酵酱油，是以脱脂大豆及麦麸为原料，经蒸煮、曲霉菌制曲后与盐水混合成固态酱醅，再经发酵制成的酱油。配制酱油是以酿造酱油为主体，与酸水解植物蛋白调味液、食品添加剂等配制而成的液体调味品。

本书主要介绍传统的低盐固态发酵法。

（二）低盐固态发酵法生产酱油

1. 工艺流程

低盐固态发酵法以豆饼或豆粕、麸皮为原料，利用纯粹培养的曲霉（米曲霉或酱油曲霉）制曲，采用低盐固态发酵，改善了酱油风味，提高了质量。生产酱油的工艺流程如图7-9所示。

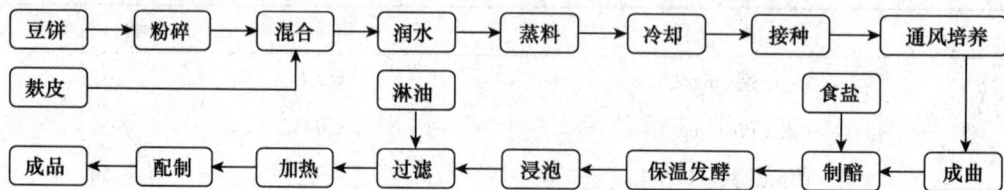

```
豆饼 → 粉碎 → 混合 → 润水 → 蒸料 → 冷却 → 接种 → 通风培养
麸皮 ─────────┘        淋油                        食盐
成品 ← 配制 ← 加热 ← 过滤 ← 浸泡 ← 保温发酵 ← 制醅 ← 成曲
```

图7-9　低盐固态发酵法生产酱油工艺流程

2. 制作方法

（1）原料预处理。

1）豆饼粉碎。豆饼粉碎是为润水、蒸熟创造条件的重要工序。一般认为原料粉碎越细，表面积越大，曲霉繁殖接触面就越大，在发酵过程中分解效果就越好，可以提高原料利用率；但是颗粒过细，润水时容易结块，对制曲、发酵、浸出、淋油都不利，反而影响原料的正常利用。所以必须适当控制豆饼的碎度。

2）润水。润水是使原料中含有一定的水分，以利于蛋白质的适度变性和淀粉的充分糊化，并为米曲霉生长繁殖提供一定水分。常用原料配比为豆饼:麸皮约为100:(50~70)；加水量通常为豆饼重量的30%~40%（夏季控制高线，冬季控制低线，春、秋季控制中线)。

如使用冷榨豆饼，要先行干蒸，使蛋白质凝固，防止结块，然后加水润料。润水时要求水、料分布均匀，使水分充分渗入物料颗粒内部。

3)蒸料。蒸料可以使原料中的蛋白质适度变性及淀粉糊化，以利于酶的作用。此外，通过加热蒸煮，可以杀灭附在原料表面的微生物，利于米曲霉的生长和发育。

通常采用旋转式蒸煮锅或刮刀式蒸煮锅蒸料。用旋转式蒸煮锅蒸料，一般控制条件为 0.18MPa，5～10 分钟；或 0.08～0.15MPa，15～30 分钟。在蒸煮开始前，开放排气阀排除冷气，以免锅内形成假压，影响蒸料效果；蒸煮过程中，蒸锅应不断转动。蒸料完毕后，立即排气，降压至零，然后关闭排气阀，开动水泵用水力喷射器进行减压冷却。锅内品温迅速冷至需要的程度(约 50℃)，即可开锅出料。

对蒸熟的原料要求感觉松散、不扎手，呈微红色，有光泽、不发黑，有甜香气味，不带有煳味、苦味和其他不良气味。原料蛋白质消化率在 80%～90%，熟料水分在 40%～50%。

(2)制曲。制曲是酱油发酵的主要工序，制曲过程实质是创造曲霉生长最适宜的条件，保证优良曲霉菌等有益微生物得以充分发育繁殖(同时尽可能减少有害微生物的繁殖)，分泌酱油发酵所需要的各种酶类。这些酶不仅使原料成分发生变化，而且也是以后发酵期间发生变化的前提。

当前国内大都采用厚层通风制曲。原料经蒸熟出锅，在输送过程中打碎小团块，然后接入种曲。种曲在使用前可与适量经干热处理的麸皮充分拌匀，种曲用量约为原料总重量的 0.3%，接种温度在 40℃左右(夏季 35～40℃，冬季 40～45℃)，并注意卫生，避免污染。

曲料接种后多入曲池，厚度一般为 20～30cm，堆积疏松平整，并及时检查通风，调节品温至 28～30℃，静止培养 6 小时，培养时每间隔 1～2 小时，通风 1～2 分钟，以利孢子发芽，当品温升至 37℃左右，开始通风降温。以后根据需要，间歇或持续通风，并采取循环通风或换气方式控制品温，使其不高于 35℃。入池 11～12 小时，品温上升很快，此时由于菌丝结块，通风阻力增大，料层温度出现下低上高现象，并有超过 35℃ 的趋势，此时应立即进行第一次翻曲。以后再隔 4～5 小时，根据品温上升及曲料收缩情况，进行第二次翻曲。此后继续保持品温在 35℃左右，如曲料又收缩裂缝，品温相差悬殊时，还要采取 1～2 次翻曲。入池 18 小时以后，曲料开始生孢子，仍应维持品温在 32～35℃，至孢子逐渐出现嫩黄绿色，即可出曲。如制曲温度略低，制曲时间可延长至 35～40 小时，可以提高酱油质量。

制曲过程中，要加强温度、湿度及通风管理，不断巡回观察，定时检记品温、室温、湿度及通风情况。

(3)发酵。酱油发酵是利用制曲培养的米曲霉分泌的各种酶以及从空气中落入的有益的酵母菌、细菌(或加入人工培养的酵母菌与细菌)等繁殖后，将原料中的蛋白质、淀粉等水解，并形成相应的产物和独具风格的色、香、味、体。

固态低盐发酵的主要操作如下。

1）食盐水配制及使用：拌曲的盐水浓度为 11 ~ 13°Bé 的盐水，根据经验，100kg 水中溶入 1.5kg 左右食盐，可以配成 1°Bé 的盐水，食盐在水中溶解后，以波美氏比重计测定盐水浓度。盐水温度控制在夏季 45 ~ 50℃，冬季 50 ~ 55℃，使酱醅品温控制在 42 ~ 46℃。

2）制醅：将制备好的盐水加热到 50 ~ 60℃，与破碎成约 2mm 的成曲和盐水充分拌匀后入池。池底 15 ~ 20cm 的成曲拌盐水量稍少，以后逐渐加大水量。拌完后，将剩余盐水浇于酱醅表面，待其全部吸入曲料。为了防止表面氧化，可覆盖一层食用薄膜或盐。

3）前期保温：这一阶段是淀粉及蛋白质水解阶段。酱醅品温要求在 40 ~ 45℃，若低于 40℃，应及时采用保温措施。前期发酵温度采用蛋白酶和肽酶作用的最适宜温度 42 ~ 45℃，发酵时间 10 天左右。

4）后期降温：发酵品温要求降至 40 ~ 43℃，需 10 余天。

固态低盐发酵的操作要特别注意盐水浓度和控制制醅用盐水的温度，制醅盐水量要求底少面多，并恰当地掌握发酵温度。

（4）浸出。从成熟酱醅中提取酱油的方法有压榨法和浸出法。目前小型厂仍有用压榨法，此法劳动强度大，耗工耗时；大中型厂则采用浸出法或淋出法。浸出是指在酱醅成熟后利用浸泡及过滤的方式将其可溶性物质溶出。浸出包括浸泡、过滤两个工序。

1）浸泡。按生产各种等级酱油的要求，酱醅成熟后，可先加入预热至 70 ~ 80℃的二淋油浸泡，加入二淋油时，醅面应铺垫一层竹席，作为"缓冲物"。二淋油用量通常应根据计划产量增加 25% ~ 30%，淋油完毕，要盖紧容器，防止散热。2 小时后，酱醅上浮（如醅块上浮不散或底部有黏块，均为发酵不良，影响出油）。浸泡时间一般要求 20 小时左右，品温在 60℃以上。延长浸泡时间，提高浸泡温度，对提高出品率和加深成品色泽有利。如为移池浸出，必须保持酱醅疏松，必要时可以加入部分谷糠拌匀，以利浸滤。

2）过滤。生产中，根据设备容量的具体条件，可分别采取间歇过滤和连续过滤两种形式。

间歇过滤法，当酱醅经浸泡后，生头淋油可以从容器的假底下放出，溶加食盐，待头油将完，关闭阀门；再加入预热至 80 ~ 85℃的三淋油，浸泡 8 ~ 10 小时，滤出二淋油；然后再加入热水，浸泡 2 小时左右，滤出三淋油备用。总之，头淋油是产品，二淋油套出头淋油，三淋油套出二淋油，最后用清水套出三淋油，这种循环套淋的方法，称为间歇过滤法。

但有的工厂由于设备不够，也有采用连续过滤法的，即当头淋油将滤完，醅面尚未露出液面时，及时加入热三淋油，浸泡 1 小时后，放淋二淋油，又如法滤出三淋油。如此操作，从间淋油到三淋油总共仅需 8 小时左右。滤完后及时出渣，并清洗假底及容器。三淋油如不及时使用，必须立即加盐，以防腐败。

在过滤工序中，酱醅发黏、料层过厚、拌曲盐水太多、浸泡温度过低、浸泡油的质量过高等因素，都会直接影响淋油速度和出品率，必须引起重视。

（5）加热、配制及澄清。

1）加热。生酱油含有大量微生物，风味色泽感差，且浑浊。生酱油加热，可以达到灭菌、调和风味、增加色泽、除去悬浮物的目的，使成品质量进一步提高。加热温度一般控制在80℃以上（高级酱油可以略低，低级酱油又可以略高）。加热方法习惯使用直接火加热、夹层锅或蛇形管加热以及热交换器加热的方法。在加热过程中，必须让生酱油保持流动状态，以免焦煳。每次加热完毕后，都要清洗加热设备。

2）配制。由于每批酱油的品质不一致，因此在出厂前，要经过配制，使之达到标准，产品一致。在配制时，先要了解加热灭菌后的头油和二油的数量及经分析化验所得的有关成分数据，然后按需要配制的等级来计算用量。通常主要以全氮、氨基酸及氨基酸生产率来计算。

3）澄清。生酱油加热后，产生凝结物使酱油变得浑浊，必须在容器中静置3天以上（一级以上的优质酱油应延长沉淀时间），方能使凝结物连同其他杂质逐渐积累于器底，达到澄清透明的要求。如蒸料不熟及分解不彻底的生酱油，加热后不仅酱泥生成量增多，而且不易沉降。酱泥可再集中用布袋过滤，回收酱油。

（6）包装。澄清的酱油可进行包装，有预包装和散装两种。优质酱油用玻璃瓶或塑料瓶装，散装酱油多采用木酱或塑料桶包装，适于当地销售。包装后的酱油需经检验，合格后方可出厂。

二、食醋加工技术

（一）概述

醋又称食醋，是一种含有醋酸的酸性调味料。食醋的味酸而醇厚，液香而柔和，是烹饪中一种必不可少的调味品，主要成分为乙酸、高级醇类等。食醋酸味强度的高低主要由其中所含醋酸量的大小所决定，根据产地、品种的不同，食醋中所含醋酸的量也不同，一般在5%～8%。食醋中除了含有醋酸以外，还含有对身体有益的其他营养成分，如乳酸、葡萄糖酸、琥珀酸、氨基酸、糖、钙、磷、铁、维生素 B_2。

食醋由于酿制原料和工艺条件不同，风味各异。若按制醋工艺流程来分，可分为酿造食醋和配制食醋。酿造食醋，是指单独或混合使用各种含有淀粉、糖的物料或酒精，经微生物发酵酿制而成的液体调味品。配制食醋则是以酿造食醋为主体，与冰乙酸、食品添加剂等混合配制而成的调味食醋。

食醋按原料不同可分为米醋、酒醋、糖醋和醋酸醋，其中米醋以粮谷为主要原料，酒醋以白酒等蒸馏酒、果酒、酒精等原料氧化而成，糖醋以饴糖、糖渣、甜菜废丝及废糖蜜等酿造而成，醋酸醋以食用级冰醋酸兑制而得。

酿造食醋按发酵工艺可分为两类：①固态发酵食醋，是以粮食及其副产品为原料，采用固态醋醪发酵酿制而成的食醋；②液态发酵食醋，是以粮食、糖类、果类或酒精为原料，采用液态醋醪发酵酿制而成的食醋。

我国传统的食醋多采用固态发酵法，我国著名的大曲醋——山西老陈醋，麦曲、小曲醋——镇江香醋，药曲醋——四川保宁醋，都是固态发酵法生产的食醋。固态法食醋风味优美，品质优良，色香俱佳。本文主要介绍固态发酵酿醋的工艺。

（二）固态发酵法生产食醋

传统的前稀后固制醋法，是前期糖化与酒精发酵在稀态形式下进行，后期醋酸发酵在固态形式下进行。所用设备主要是大缸，全部过程是人工操作，劳动强度大，出品率较低，但食醋的质量好、酸度高、香气浓郁、色泽较深，且设备简单，操作简便，投资少，成本低，适合个体生产经营。

1. 工艺流程

固态发酵法生产食醋的工艺流程如图 7 - 10 所示。

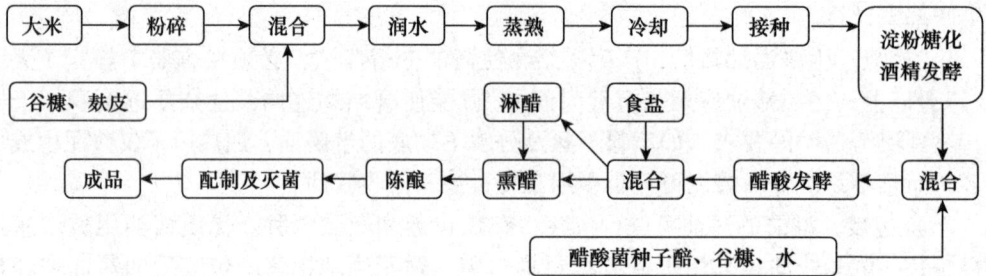

图 7 - 10　固态发酵法生产食醋工艺流程

2. 操作方法

（1）原料预处理（粉碎、浸润及蒸料）。将碎米（或薯干）粉用粉磨机进行粉碎，将细糠与米粉（或薯干粉）拌和均匀，进行第一次加水，边翻边加，使原料充分吸水。润水后，把料放入锅中蒸料，常压蒸料 1 小时，闷 0.5 小时。加压蒸料 0.25MPa，30 分钟。闷熟后，冷却到 35 ~ 38℃ 备用。

如果用旋转蒸煮锅蒸料，填充系数在 75% 左右，不得太高。蒸料前应先排净冷空气，然后再蒸，否则达不到要求的温度。

（2）淀粉糖化及酒精发酵。将冷却的熟料装入大缸中，加入麸曲 50%，酵母 10% 拌匀，再加入 2.5 ~ 3 倍的水，密闭进行糖化和酒精发酵。淀粉质原料在淀粉酶的作用下进行糖化，同时，酵母作用于糖进行酒精发酵。一般在醪液发酵到 24 ~ 26 小时后，把浮在发酵醪表层上的曲料翻倒一次，待醪液发酵后，每日打耙两次，上午一次，下午一次，使温度上下一致，发酵均匀，并且排出 CO_2 气体。酒精发酵进入主发酵期，表层出现一层气泡，大小不一，醪液上下自然翻滚，一般发酵 7 天后，醪液开始浮沉，说明发酵结束。发酵温度控制在 30 ~ 35℃，室温 25 ~ 30℃。超过 38℃，酵母容易衰老，发酵能力减弱；若超过 40℃，酵母很快死亡，酒精发酵停止。成熟醪液要进行感官鉴定和理化检测。

（3）后期固态发酵。糖化及酒精发酵阶段基本完成以后，进入醋酸发酵阶段，加入稻壳、麸皮拌匀，在大缸中盖严，闷 24 小时，温度达到 30℃ 以后，每日翻倒两次，并将醋醪堆成中间高，四周低的"凸"字形，以利于升温。前 7 天，品温在 40℃ 左右，以控制醅温稳步上升，到第 9 天，品温可升到 45℃，在此高温下可产生各种有机酸，对提高食醋的质量是十分重要的。醋醅发酵后期应特别注意温度，加强化验，醋醅堆的高度逐渐降低，当酸度不再上升时，醋酸发酵结束，此时应立即加盐，以防止过氧化的发生，加盐后翻匀，将醋醅挖成"凹"字形，以利于温度的降低。

醋醅加盐后进入后熟期，品温逐渐下降，酸度不再升高，此时主要是有利于各种酯、酚等香味物质的形成，降低酸的刺激性，提高食醋的质量。

(4) 淋醋。将经过后熟的醋醅，装入淋池，用二淋水浸泡 8 ~ 10 小时，淋出头淋醋；再用三淋水浸泡，淋出二淋水；最后用清水浸泡淋出三淋水。头醋用作半成品，二淋水和三淋水为下次淋醋备用。

淋醋时，应用套淋法，放头淋醋，醋醅露出液面时，便打入三淋水进行浸泡，不可待淋完头淋醋后再打入三淋水，否则淋不干净。

(5) 熏醅。把发酵成熟的醋醅放置于熏醅缸内，缸口加盖，文火加热至 70 ~ 80℃，每隔 24 小时倒缸 1 次，共熏 5 ~ 7 天，得到熏醅，具有特有的香气，色泽红棕且有光泽，酸味柔和，不苦不涩。熏醅后，可用淋出的醋单独浸淋熏醅，也可对熏醅和成熟醋醅混合浸淋。

(6) 陈酿。有醋醅陈酿和醋液陈酿两种方法。醋醅陈酿是把加盐的成熟醋醅(醋酸含量在 7% 以上)移入缸内压实，将醅面上覆盖一层食盐，缸口加盖，放置 10 ~ 20 天后翻醅 1 次，再进行封缸，陈酿数月后淋醋。醋液陈酿是把醋酸含量在 5% 以上的半成品醋，也即头醋封缸陈酿数月。经陈酿的食醋质量有显著提高，色泽鲜艳，香味醇厚，澄清透明。

可根据最终产品的要求，决定是否熏醅和陈酿。

(7) 配制及包装。陈酿醋和新淋出的头醋都称为半成品，在出厂前均应按相关质量标准勾兑、沉淀和澄清，食醋加热杀菌时，可在食品安全国家标准范围内添加防腐剂，在 80 ~ 90℃ 灭菌 15 ~ 30 分钟，然后进行包装，即成品醋。包装好的成品醋经检验合格后方可出厂。

三、腐乳加工技术

(一) 概述

豆腐乳又称腐乳，主要以大豆为原料，经过浸泡、磨浆、制坯、培养、腌坯、配料、装坛发酵精制而成。腐乳是我国著名的发酵食品之一，已有上千年的生产历史，各地有不同特色，是一种滋味鲜美、风味独特、营养丰富的食品，

腐乳酿造是利用豆腐坯上培养的毛霉或根霉，培养及腌制期间由外界侵入微生物的繁殖，以及配料中加入的红曲中的红曲霉、面包曲中的米曲霉、酒类中的酵母等所分泌的酶类，在发酵期间，特别是后期发酵中引起极其复杂的化学变化，促使蛋白质水解成可溶性的低分子含氮化合物、氨基酸；淀粉糖化，糖分发酵成乙醇和其他醇类及形成有机酸；同时辅料中的酒类及添加的各种香辛料等也共同参与作用，合成复杂的酯类，最后形成腐乳所特有的色、香、味、体等，使成品细腻、柔糯而可口。

根据生产工艺，腐乳的发酵类型主要有以下三种。

1. 腌制腐乳

豆腐坯加水煮沸后，加盐腌制，装坛加入辅料，发酵成腐乳。这种加工法的特点是豆腐坯不经前期发酵直接装坛，进行后发酵，依靠辅料中带入的微生物而成熟。其缺点是蛋白酶不足，后期发酵时间长，氨基酸含量低，色香味欠佳。

2. 毛霉腐乳

以豆腐坯培养毛霉进行前期发酵，使白色菌丝长满豆腐坯表面，形成坚韧皮膜，积累蛋白酶，为腌制装坛后期发酵创造条件。

毛霉生长要求温度较低，其最适生长温度为16℃左右，一般只能在冬季气温较低的条件下生产毛霉腐乳。传统工艺利用空气中的毛霉菌，自然接种，需培养10~15天（适合家庭作坊式生产）。也可培养纯种毛霉菌，人工接种，15~20℃下培养2~3天即可。

3. 根霉型腐乳

采用耐高温的根霉菌，经纯菌培养，人工接种，在夏季高温季节也能生产腐乳。但根霉菌丝稀疏，呈浅灰色，蛋白酶和肽酶活性低，生产的腐乳，其形状、色泽、风味及理化质量都不如毛霉腐乳。

结合以上各种优缺点，经过实验，采用混合菌种酿制豆腐乳，不但可以增加其风味，还可以减少辅料中的白酒用量，降低成本，提高经济效益。

（二）腐乳酿制工艺

1. 工艺流程

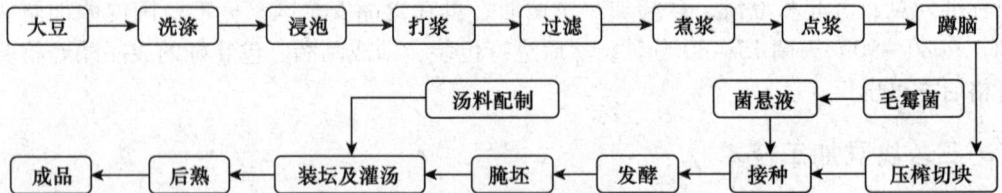

图7-11 毛霉发酵酿制腐乳工艺流程

2. 操作要点

（1）豆腐坯的制作。豆腐坯的制作分为浸豆、磨浆、滤渣、点浆、蹲脑、压榨成形、切块等工序。制好豆腐坯是提高腐乳质量的基础，豆腐坯制作与普通做豆腐相同，只是点卤要稍老一些，压榨的时间长一些，豆腐坯含水量低一些。主要操作要点如下：

1）大豆的浸泡。泡豆的水温、时间、水质都会影响泡豆质量。泡豆水温要在25℃以下，温度过高，泡豆水容易变酸，对提取大豆蛋白不利，夏季气温高，要多次换水，降低温度。

2）磨浆。可用石磨或者钢磨来磨浆，磨浆时加入2.8倍水，边喂料边加水。

3）滤浆。过滤得头浆(1kg 大豆、4~5kg 头浆)，后经 4 次热水(70~80℃)洗浆，合并后 1kg 大豆得 10~11kg 豆浆，浓度为 5~6°Bé。

4）煮浆。将滤出的豆浆加热到 95~100℃，加热可以促进蛋白质变性和凝聚。

5）点浆。也称点花，是添加凝固剂使蛋白质凝聚的过程。将凝固剂以细流缓缓滴入热浆中，并不断搅拌。点浆温度为 82℃，pH 为 6.8~7，凝固剂浓度要适宜，加入速度要适中。

6）蹲脑。为了使蛋白质充分凝集成一体，点浆后静置 20~30 分钟。

7）压榨和切块。蹲脑以后豆腐花下沉，黄浆水澄清。压榨到豆腐坯含水量在 65%~70%，厚薄均匀为宜，压榨成型后切成大小适宜的小块。

（2）前期发酵。前期发酵是发霉过程，即豆腐坯培养毛霉或根霉的过程，发酵的结果是使豆腐坯长满菌丝，形成柔软、细密而坚韧的皮膜并积累大量的蛋白酶，以便在后期发酵中将蛋白质慢慢水解，除了选用优良菌种外，还要掌握毛霉的生长规律，控制好培养温度、湿度及时间等条件。

前期发酵时毛霉生长发育变化大致分为 3 个阶段，即：孢子发芽阶段、菌丝生长阶段、孢子形成阶段。当豆腐坯表面开始长有菌丝后，即长有毛绒状的菌丝后，要进行翻笼，一般 3 次左右。操作要点如下。

1）接种。将已划块的豆腐坯放入蒸笼格或木框竹底盘，豆腐坯需侧面放置，行间留 1cm 左右空隙，以便通气散热，调节温度，有利于毛霉菌生长。每个菌种三角瓶中加入冷开水 400mL，用竹棒将菌丝打碎，充分摇匀，用纱布过滤，滤渣再加 400mL 冷开水洗涤一次，过滤，两次滤液混合，制成孢子悬液。可采用喷雾接种，也可将豆腐坯浸沾菌液，浸后立即取出，防止水分浸入坯内，增大含水量而影响毛霉生长。一般 100kg 大豆的豆腐坯接种两个三角瓶的种子液，高温季节，可在菌液中加入少许食醋，使菌液变酸(pH 为 4)以抑制杂菌生长。或将生长好的麸曲接种，低温干燥磨细成菌粉，用细筛将干菌粉均匀筛于豆腐坯上，使每面都有菌粉，接种量为大豆重量的 1%。

2）培养。将培养盘堆高叠放，上面盖一空盘，四周以湿布保湿，春秋季一般在 20℃左右，培养 48 小时；冬季保持室温 16℃，培养 72 小时；夏季气温高，室温 30℃，培养 30 小时。发酵终止要视毛霉菌老熟程度而定，一般生产青方时发霉稍嫩些，当菌丝长成白色棉絮状即可，此时，毛霉蛋白酶活性尚未达到高峰，蛋白质分解作用不致太旺盛，否则会因后期发酵较强烈而导致豆腐破碎。红腐乳前期发酵要稍老些，呈淡黄色。

3）腌坯。当菌丝开始变成淡黄色，并有大量灰褐色孢子形成时，即可散笼，开窗通风，降低温度，停止发霉，促进毛霉产生蛋白酶，8~10 小时后，结束前期发酵，立即搓毛腌制。进入腌坯过程，先将相互依连的菌丝分开，并用手抹，使其包住豆腐坯，放入大缸中腌制。大缸下面离缸底 20cm 左右辅一块中间有孔的圆形木板，将毛坯放在木板上，沿缸壁排至中心，要相互排紧，腌坯时应注意使未长菌丝的一面靠边，不要朝下，以防止成品变型。

采用分层加盐法腌坯，用盐量逐层加大，最后撒一层盖面盐。每千块坯(4cm ×

4cm×1.6cm)春秋季用盐 6kg，冬季用盐 5.7kg，夏季用盐 6.2kg。腌坯时间冬季约 7 天，春秋季约 5 天，夏季约 2 天。腌坯要求 NaCl 含量在 12%～14%，腌坯 3～4 天后要压坯，即再加入食盐水，腌过坯面，腌渍时间 3～4 天。腌坯结束后，打开缸底阀门，放出盐水放置过夜，使盐坯干燥收缩。

（3）后期发酵。后期发酵是利用豆腐坯上生长的毛霉以及配料中各种微生物的作用，使腐乳成熟，形成色、香、味的过程，包括装坛、灌汤、贮藏等工序。

1）装坛。坛子采用沸水灭菌，倒扣沥水，降温到室温后以备装坛。取出盐坯，将盐水沥干，点数装入坛内，装时不能过紧，经免影响后期发酵。将盐坯依次排列，用手压平，分层加入配料，如少许红曲、面曲、红椒粉等，装满后灌入汤料。

2）配料灌汤。配好的汤料灌入坛内，灌料的多少视所需品种而定，但不宜过满，以免发酵使汤料涌出坛外。腐乳汤料的配制，因配料不同，形成腐乳各种花色品种和风味。

3）后熟。豆腐乳发酵主要是在装坛或装瓶后进行长时间储存的过程中发生的，尽管在前期的腌制过程中也发生发酵作用，后期的发酵对豆腐乳的风味产生仍起主导作用。后熟一般 30～60 天。经检验合格后即可上市。

复习思考题

1. 简述白酒的分类及发酵原理。
2. 举例说明发酵产物的分离提取方法。
3. 简述葡萄酒的加工方法及操作要点。
4. 比较几种黄酒发酵方法的区别。
5. 简述 SO_2 在葡萄汁和葡萄酒中的作用。
6. 如何正确调控葡萄酒的发酵条件？
7. 简述麦芽汁的制备原理及操作要点。
8. 啤酒的质量要求有哪些？
9. 简述酱油生产的工艺流程。
10. 比较酱油生产和食醋生产中的生化反应。
11. 简述腐乳的加工原理及操作要点。

第八章 糖果及巧克力加工技术

学海导航

（1）了解糖果的分类；
（2）掌握熬煮糖果、焦香糖果、凝胶糖果的加工技术；
（3）理解巧克力的分类、特点；
（4）掌握纯巧克力、夹心巧克力加工技术。

第一节 糖果加工技术

一、概述

（一）定义

糖果是以白砂糖、淀粉糖浆（或其他食糖）、糖醇或允许使用的其他甜味剂为主要原料，经相关工艺制成的固态、半固态或液态甜味食品。

（二）起源与发展

据文献记载，早在我国汉代，人们用谷类、薯类淀粉为原料制造甜食"饴"，即今天的糖，这很可能是世界上最早的糖果。在国外，相传公元 1000 年前古埃及人开始利用蜂蜜、无花果、椰枣等制造简单糖果。18 世纪中叶，德国人成功地从甜菜中提取了砂糖，逐步形成了砂糖工业化生产，推动了现代意义的糖果巧克力工业的发展。

糖果作为中国传统的两大支柱零食产业之一，经过上百年的发展，产业已经深具规模，并已成为我国食品工业中快速发展的行业。根据调研，2005—2010 年，中国糖果市场的年销售额增长 63%，2010 年中国糖果市场规模已达 92 亿美元。

二、糖果的分类

糖果的花色品种繁多，分类的方法也各不相同，归纳起来可以概括成以下四种分类方法。

（一）按糖果的软硬程度分类

（1）硬糖：含水量在2%以下的糖果。

（2）半软糖：含水量在5%～10%的糖果。

（3）软糖：含水量超过10%的糖果。

（二）按习惯分类

这种分类方法主要是根据糖体结构或所用原材料命名，已为国内外大多数人所接受。

（1）硬糖：糖体结构坚硬，干固物多，水分少。按照味型和工艺特点，硬糖又可分为水果味型、清凉味型、奶油味型以及丝光糖、烤花路、拌砂糖等。

（2）软糖：这类糖果加入了胶体，含水量大，糖体柔软。按照所加入胶体的不同，可分为淀粉软糖、琼脂软糖、明胶软糖和果胶软糖等。

（3）奶糖：在配料中加入了奶制品而得名。这类糖果具有奶的芳香味。按照糖质结构不同，分为胶质奶糖和砂质奶糖。

（4）蛋白糖：在配料中加入蛋白或植物蛋白发泡粉，在生产中经强烈搅拌起泡，使糖体疏松。在蛋白糖中又分为纯质蛋白糖和果仁蛋白糖。

（5）夹心糖：这类糖果是由外衣和馅心两部分组成的，按照所用的馅心不同，又分为酥夹心和果酱夹心。

（6）酒心糖：这类糖果也是由外衣和含酒精的糖溶液两层组成。外衣又分为两部分，内层为蔗糖结晶层，外层为巧克力涂层。按照所用的酒而命名为茅台酒糖、白兰地酒糖等。

（7）巧克力糖：这类糖果是由可可制品再加入砂糖和其他配料而制成的。又分为纯巧克力、果仁巧克力、夹心巧克力和抛光巧克力等。

此外，还有口香糖、泡泡糖、抛光糖、粉糖片等。

（三）按照加工工艺特点分类

（1）熬煮糖果：经高温熬煮而制成的糖果。这类糖果的干固物含量较高，残留水分较低，质构坚脆，也称硬性糖果，简称硬糖。

（2）焦香糖果：也称增香糖果。这类糖果富含乳制品和脂肪，经高度乳化，并经高温熬煮制成，工艺特征是物料在高温区产生一种具有独特的焦香风味的反应物质，故称为焦香糖果，也称乳脂糖。

（3）充气糖果：以白砂糖、淀粉糖浆为主料，熬制至一定浓度，与发泡剂混合，添加脂肪、香料和粉粒状辅料，经机械搅打而形成。这类糖果糖体间均匀分布有无数毛细孔，糖体疏松，比重变小。

（4）凝胶糖果：以一种或多种亲水性凝胶与白砂糖、淀粉糖浆为主料，经加热溶化至一定浓度，在一定条件下形成的水分含量较高、质地柔软的凝胶状糖块，也称为软糖。

（5）巧克力及巧克力制品：巧克力又称朱古力，是指可可液块、可可脂或代可可脂、砂糖、乳制品等经混合、精磨后，加入乳化剂、香料进行精炼、保温、调温处理，再浇模或涂层而成的糖果。

（6）其他类别：糖果还有多种大类产品如夹心糖果、包衣糖果、结晶糖果、粉质糖果，每一类型的糖果均具有各自的工艺和品质特点。

（四）按标准分类

2008 年，中华人民共和国商务部发布了糖果分类标准（SB/T10346—2008）。标准中将糖果分为硬质糖果、酥质糖果、焦香糖果、凝胶糖果、奶糖糖果、胶基糖果、充气糖果、压片糖果、流质糖果等，再将各大类按原料、工艺和产品形态、口感等的不同分成若干小类。

三、熬煮糖果加工技术

1. 工艺流程

硬糖的生产工艺流程如图 8 − 1 和图 8 − 2 所示。

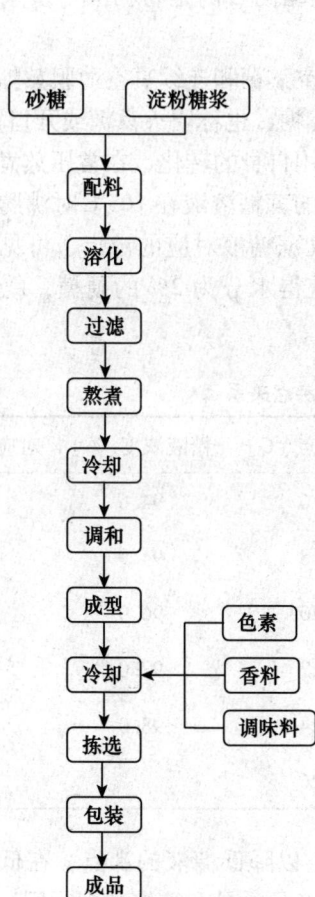

图 8 − 1　常压熬煮硬糖工艺流程　　　图 8 − 2　真空熬煮硬糖工艺流程

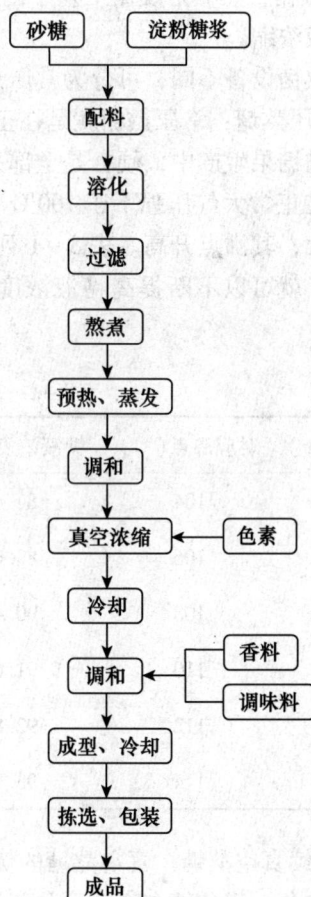

2. 操作要点

（1）配料：物料平衡包括两个方面，即干固物平衡和还原糖平衡，在配料中要确定物料的这两种平衡关系。

配料中加入的各物料干固物的总和应等于成品中的干固物加上在生产过程中损耗的干固物的总和。为了取得较好的技术经济效果，就需要不断提高工艺技术水平，以减少生产过程中的损耗而提高成品率。各物料的湿重与各物料干固物含量乘积的总和，即为投料的干固物总重量。成品总重量与成品干固物含量的乘积即为成品的干固物总重量。物料干固物总重量和减去成品干固物总重量，即得生产过程中损耗的干固物。各物料和成品近似组成可借助化验分析或计算求得。

（2）化糖：化糖的目的是用适量的水将砂糖晶体充分化开。否则，随着熬糖时糖液浓度不断增加，未化开的砂糖晶体在过饱和的糖溶液中将成为晶体使糖液大面积返砂，而在机械或管道摩擦时尤为严重，这种情况特别容易发生在真空熬糖锅或铁板上。

（3）熬糖：熬糖是硬糖工艺中的关键工序。熬糖的目的是将糖液中多余的水分除掉，使糖液浓缩。

按照熬糖设备不同，可分为常压熬糖、连续真空熬糖和连续真空薄膜熬糖。

1）常压熬糖：常压熬糖就是在正常大气压下熬糖，也称明火熬糖或开口锅熬糖。

早期的糖果生产中，硬糖是全部采用砂糖，利用自身的转化，在常压熬煮条件下完成的。水在正常大气压强下于100℃沸腾，但饱和的蔗糖溶液在105℃时沸腾，随着糖的浓度增大，其沸点升高。表8-1列出了不同浓度蔗糖液对应的沸点，可见不断提高沸腾温度，就可以不断提高糖液浓度，因此，欲获得水分为2%的硬糖，就需要熬至160℃出锅。

表8-1　蔗糖溶液浓度与沸点关系

糖液浓度(%)	对应沸点(℃)	糖液浓度(%)	对应沸点(℃)	糖液浓度(%)	对应沸点(℃)
65.0	104	87.4	116	94.6	128
72.4	106	89.0	118	94.9	130
77.2	108	90.4	120	96.0	138
80.9	110	91.6	122	97.0	150
83.4	112	92.8	124	98.0	160
85.7	114	93.7	126		

2）连续真空熬糖：真空熬糖的优点是利用真空以降低糖液的沸点，在低温下蒸发掉多余的水分，避免糖在高温下分解变色，以提高产品质量和缩短熬糖时间，提高生产效率。

3）连续真空薄膜熬糖：真空薄膜熬糖是利用一个夹层锅，其内层设有一个装有很多刮刀的转子轴,当转子轴转动时,刮刀沿夹层锅内壁旋转,其顶部设有排气风扇。

(4) 冷却和调和:新熬煮出锅的糖膏,温度很高,需要冷却。经适度冷却后,加入色素、香精和柠檬酸。温度太高,会使香气成分挥发;温度太低,糖膏黏度太高,不易调和均匀。因此,必须掌握好加香精的温度。

(5) 成型:硬糖的成型工艺可分为连续冲压成型和连续浇模成型。

1) 连续冲压成型:也叫塑压成型,当糖坯冷却到适宜温度时,即可进行冲压成型。如温度太高,糖体太软,难于成型,即使成型糖块也易粘连或变形;如温度太低,糖坯太硬,成型出来的糖粒,易发毛变暗及缺边断角。冲压成型的适宜温度为80~70℃,这时的糖坯具有最理想的可塑性,冲压成型就是要利用糖坯在这段温度下的特性,用拉条机或人工将糖坯拉伸成条,进入成型机中冲压成型。

2) 连续浇模成型:连续浇模成型是近年来才发展起来的新工艺。将连续真空薄膜熬煮出来的糖膏,通过浇模机头浇注入连续运行的模型盘内,然后迅速冷却和定型,最后从模盘内脱出。

(6) 拣选和包装:拣选就是把成型后缺角、裂纹、有气泡和杂质粒、形态不整等不合规格的糖粒挑选出来,以保持硬糖的质量和避免堵塞包装机。

硬糖是在高温、真空下驱散水分后而成的。它的平衡相对湿度值较低,只要空气的相对湿度大于30%,就呈现吸湿状态。为了保持硬糖不化不砂,对成型出来的硬糖,应及时包装。包装的作用一是为了保护硬糖不化不砂,二是为了使硬糖具有漂亮而诱人的外观。

对包装的要求是:包紧、包正、无开裂、不破肚、不破角、中间无皱纹、商标周正不歪斜、两端应扭成3/4转;包装纸与糖粒紧密贴合,不留空隙,不用湿包装纸或香型不对路的包装纸包糖。包装分为机械包装和手工包装。对包装室的要求是:温度在25℃以下,相对湿度不超过50%。

四、焦香糖果加工技术

1. 工艺流程

韧性和砂性焦香型糖果加工的工艺流程如图8-4和图8-5所示。

2. 原材料的选择与组合

糖果的基本组成不等于实际配方。根据基本组成,可供糖果选择的原材料是十分丰富的,熟悉和了解原料的特性,便于在确定配方时,作出合理调整,以突出焦香风味。物料组成与处理方法对焦香糖果品质的影响见表8-2。

下面列举常见的焦香型糖果的原料配方。

(1) 胶质乳脂糖配方。

1) 卡拉蜜尔糖:砂糖7.0kg,棕色砂糖7.0kg,淀粉糖浆20.5kg,甜炼乳10.5kg,植物硬性油6.5kg,奶油2.5kg,食盐125g,香料适量。

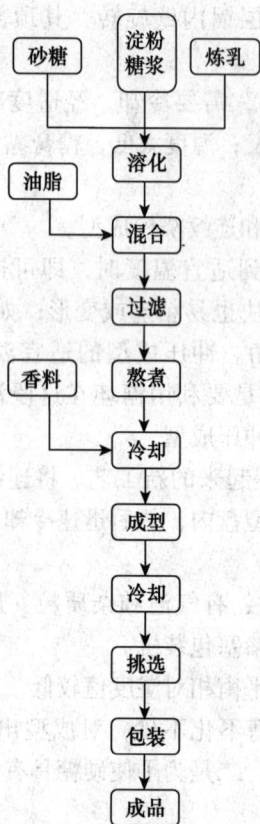

图 8-3 韧性焦香糖果生产流程　　图 8-4 砂性焦香糖果生产流程

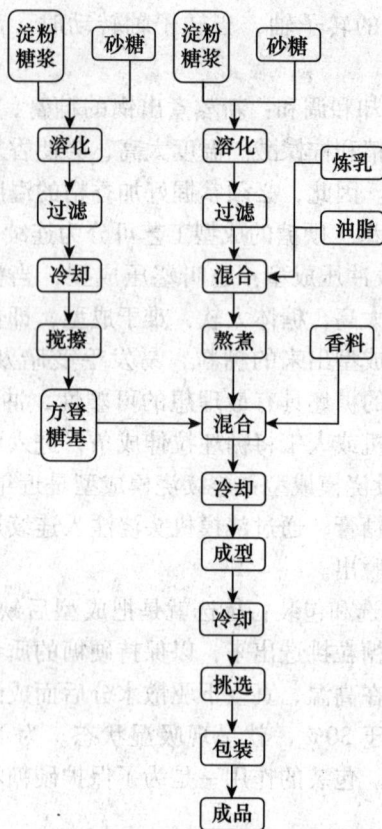

表 8-2　物料组成与处理方法对焦香糖果品质的影响

配方或方法的差异	影响与结果	配方或方法的差异	影响与结果
残留含水量	糖果的保存能力	乳固体含量与类型	糖果的定型性质
	糖果咀嚼性的强弱		糖果的香味类型
	各批料间黏度大小		糖果色泽的深浅
	糖果返砂快慢		糖果咀嚼性的强弱
不同糖类的平衡	糖果的保存能力	乳化的程度	糖果总体质构特征
	糖果的香味类型		糖果的香味
	糖果咀嚼性的强弱		各批料的黏度
	糖果色泽深浅	脂肪含量与类型	糖果的定型性质
	糖果最终熬煮温度		糖果的香味
香味料含量与类型	糖果的香气特征		糖果的色泽
	糖果的色泽特征		糖果的咀嚼性
	糖果综合香味特征		

2）太妃糖：砂糖17kg，葡萄糖浆33kg，甜炼乳6.0kg，奶油3.5kg，植物硬性油1.5kg，食盐125g，明胶(干)10g，香料适量。

（2）砂质乳脂糖(福奇糖)配方。葡萄糖浆20kg，粉糖8.0kg，奶油1.5kg，植物硬性油3.5kg，明胶(干)150g，甜炼乳6.0kg，蛋黄酱(预制)2.0kg，香料适量。

3. 主要操作

（1）乳化：焦香型糖果的物料在彻底溶化的同时必须有一个充分预混的过程，即砂糖、淀粉糖浆、乳制品、脂肪、乳化剂与水等物料在正确定量后应进行机械搅拌作用，在低于60℃的混合温度下将所有组成分散成最小的质粒，并形成均一的乳浊液，时间约10分钟。

1）直接乳化法：是把乳化过程与熬煮过程结合在一起进行的工艺方法，操作相对简单。将甜味料、油脂、乳品等物质混合加热，在加热搅拌的熬煮过程中，添加一定量的乳化剂，并不停地、均匀地搅拌，直到油脂分散为极小的球滴，均匀地分布到糖液中去。

2）间接乳化法：特点是将油脂、乳制品及乳化剂与水按一定的比例，通过高压均质机将各种物质分散和充分混合，该法较为复杂，但乳化的效果较好。

（2）熬煮：熬煮工序直接影响到乳脂糖的软硬度、细腻度、色香味和保存性能等。糖果的焦香化是在物料加热过程中产生的，熬煮是乳脂糖生产工艺的关键工序。熬煮过程中要注意各种物料的加入顺序、熬煮温度和时间。

为保证乳脂糖的质量，在熬煮工序必须注意以下几点：

1）熬糖温度。熬糖温度是指物料被熬煮的最终温度。乳脂糖是一种半软性糖果，熬煮温度不能偏高，否则就会失去应有的特性。熬煮温度也要随着品种和原料的配比而相应变化。最终温度与糖果的含水量、浓度和软硬度有关。乳脂糖的干固物含量一般为90%~92%；奶糖的含水量一般为7%~9%；卡拉蜜尔糖的含水量为9%~10%，福奇糖含水量为8%~10%，按产品的浓度和含水量，其熬糖温度在125~130℃较为适宜。熬糖温度直接影响糖果的色泽、香味和品质结构的变化。

2）熬糖时间。熬糖时间取决于加热方式和产品的色香味要求，同时也受熬煮温度的影响。在糖果焦香化处理过程中，物料的反应温度与时间是一对相互制约的关键因素。物料随着加热达到一个温度范围，并维持这一温度范围一定的时间，可以达到一定的焦香化程度。用直接明火熬制15~30分钟左右，蒸汽熬糖要在稳定的蒸汽压力条件下连续进行。

3）搅拌作用。在整个熬糖过程中，物料应处于均衡的搅拌状态。由于物料的黏度较其他糖果要高，特别在熬煮后期，物料的流动性更小，如果处于静态则不利于热的传导和交换。搅拌有利于防止结焦，也利于取得高度均一的分散体系。

（3）砂质型乳脂糖的砂质化：砂质型乳脂糖的砂质化工艺，要求物料内的糖浆处于一种微小的结晶状态，即使糖果产生一定程度的返砂，从而改变糖膏固体的组织结构。返砂过程可在熬煮过程中进行，也可在熬煮结束后进行，其返砂方法有两种，即直接返砂法和间接返砂法。

1）直接返砂法。先将一部分含砂糖比例高的物料熬煮成饱和状态的糖浆，搅擦并促使其中砂糖形成晶核，随后全面返砂。与此同时，将另一部分含砂糖比例低的物料也熬煮至规定浓度，然后加入第一部分起砂的物料中，混合均匀。因为第一锅糖液中含抗结晶物质较少，在搅擦过程中，快速产生砂糖晶核，并将晶核的大小控制到需要程度。而第二锅糖浆中则含有较多的抗结晶物质。在第一锅的糖浆中冲入第二锅糖浆，就可以缓和并降低晶体的生成速度，经充分搅拌混合后，使微晶体分子分布均匀，结晶的晶粒恰好符合砂质乳脂糖的组织结构。但这样操作有时难以控制。

2）间接返砂法。现在基本上都采用间接返砂法来制作福奇糖。采用此法首先要制备一种标准的结晶中间体——方登糖基。方登糖基的制作方法是：将80%砂糖和20%的淀粉糖浆加水溶化为糖液，加热熬煮至115～118℃，再冷却到50～70℃，随后在搅拌机内搅拌，形成砂糖饱和溶液的可塑体，再经冷却成熟后成为半固体状态，也即方登糖基。

将各种配料熬煮到一定浓度后，加入20%～30%的方登糖基，经过均匀地混合后，糖膏就逐渐起晶，以达到所需的起晶度，最终使产品产生细微的砂质质构。砂质乳脂糖经过返砂后，产品在贮藏过程中变化缓慢，可以较长时间地保持产品质量和形态，避免口感油腻和粘牙的感觉，这就是砂质乳脂糖的最大特点。

（4）混合奶油的制作：混合奶油是制造乳脂糖的中间体，它的质量好坏，直接影响乳脂糖的品质。各种混合奶油的配料，是根据乳糖的不同品种而定的。

操作时，先要将乳粉或鲜奶调和均匀，再将各种熔点较高的固体油脂熔化，然后将熔化的油脂加入乳品内，用夹层蒸汽锅加热保温，不停地搅拌混合，加热温度为55～60℃。加热后的混合物料要经高压均质机均质，压力保持14MPa以上，反复均质2次。均质后的混合奶油要迅速进行冷却，在大约30分钟内将混合奶油降温至10℃以下，但不可达到冰点。经冷却后的混合奶油在使用期间，仍需保持在10℃以下，以防变质，配制的混合奶油需在3天内用完。

混合奶油的总干固物应控制在35%～40%，其中含脂率控制在20%～30%，蛋白质含量应控制在3%～5.5%，乳糖含量应控制在5%～8.0%，水分含量控制在62%～67%为宜。

（5）冷却、成形与包装：批料进行的焦香型糖果最终熬煮温度一般为130℃左右，此时仍属黏稠的流体，及时冷却可使糖膏进入塑性状态，为机械定形提供必要的黏度。经过充分冷却保持温度一致的焦香型糖膏一般都采用切割成形的方式，这种方式适合于具有一定硬度的韧性、酥性或半砂性物料。

早期的切割方式是将不规则的糖块整形并平整为大小与厚薄均匀的板片，然后切割成均匀的糖条与糖粒。糖膏的整形与平块是通过安装上下轧辊的设备来完成的，轧辊可以调节通过的间距，将来回往复的糖块逐步碾压成所需的厚度，这一机械称为平车。整形引条切割成形的机械化生产，即糖膏经拉抻并成条并通过快速旋转的刀刃切割为形态、大小一致的糖粒。

焦香型糖膏应用较为普遍的是成形与包装同时进行的切割－包装机，由整形机、引条机与切割－包装机组成联合机组。

五、充气糖果加工技术

1. 工艺流程

牛轧糖代表中度充气形糖果，其加工工艺流程如图8－5、图8－6所示。

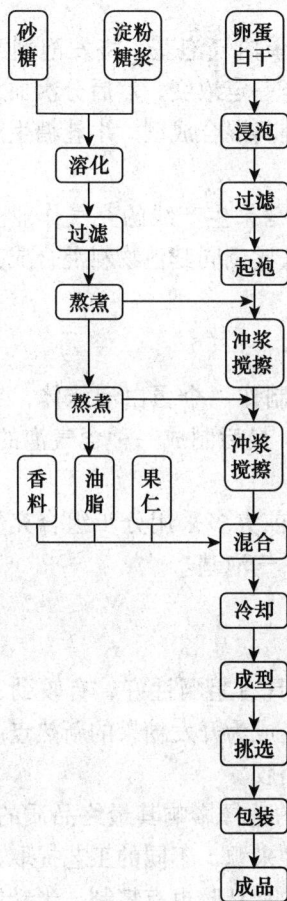

图8－5　两次冲浆牛轧糖生产流程　　　图8－6　添加糖－气泡基牛轧糖生产流程

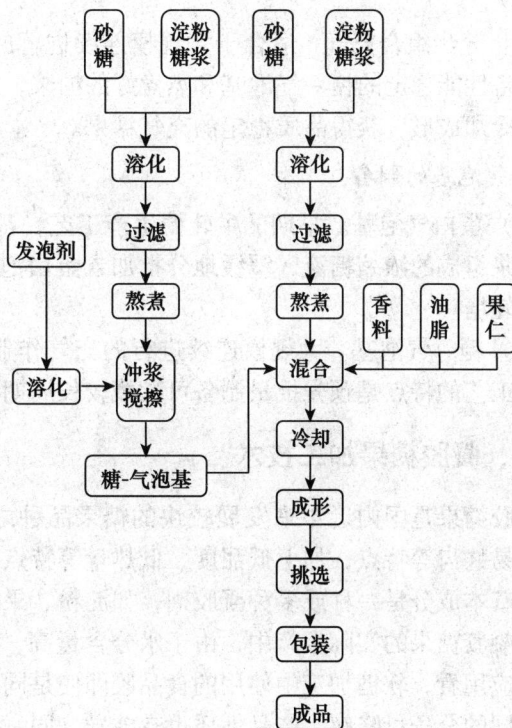

2. 气泡的产生和形成

充气糖果工艺过程需要解决的重要课题就是气泡的产生、形成和稳定。这一通过机械作用而形成的充气过程就称为充气作业。

由气体分散形成的小气泡作为分散相分布在甜体分散系统内，包围密集气泡的糖液是由液相和分子态固相构成的连续相，大大小小气泡的直径在 $1 \sim 100 \mu m$，这就是充气糖果含有无数气泡的甜体特征。

在充气过程中，当气泡的形成速度大大超过破坏速度，气泡将越积越多，产生并形或相对稳定的气泡层。

3. 气泡体制作方法

气泡体制作方法有一步充气、二步充气、分步组合充气。

(1) 一步充气：指一批物料或近似全部组成，在一次充气过程中形成有稳定泡沫体糖果的充气工艺方法。适用于密度较低并含有相当水分的充气制品，如棉花糖。

(2) 二步充气：是传统的充气工艺方法，首先制作蛋白气泡基，将发泡剂溶液搅打成细密的泡沫体，备用。将砂糖与淀粉糖浆溶化并熬至一定浓度，然后分次加入气泡基，快速搅打成疏松泡沫体的充气坯体。最后加入其他辅料混合成型。牛轧糖生产常用这种方法。

(3) 分步组合充气：适合于大规模连续进行的充气糖果生产线的充气作业。通过同步制备性能稳定的糖－气泡基和熬煮好的糖浆，最后按比例同其他物料混合成充气糖果坯，冷却成形，获得品质稳定的充气糖果。

4. 气泡基的制备

(1) 蛋白气泡基。早期的牛轧糖生产工艺，都是先制作一个蛋白泡沫体，然后将糖－糖浆组成的浓缩糖液，缓缓地分批加入蛋白泡沫体，最后制成一种含气泡的甜体，就是牛轧糖。

(2) 糖－气泡基。大规模连续进行的充气作业线目前大多采用分步组合充气。这一生产工艺的特点是预先批量制备可贮藏较长周期的糖－气泡基。

六、凝胶糖果加工技术

凝胶糖果是国内近年来发展较快的糖果品种之一，具有咀嚼性好、有咬劲、不粘牙、不易蛀齿等特点，加上低甜度、低热量等特点，已经成为开发糖果的新热点。凝胶糖果的基本成分是一种或多种凝胶剂，如淀粉、果胶或明胶。

在凝胶糖果的实际生产中，由于水分含量高，胶体的选择影响其最终品质的特性。从实际应用看，软糖加工中使用的食品胶即使是同一品种来源，不同的工艺提取条件会导致不同的分子量降解，产品性质也有差异。同一类型的食品胶也有精制、半精制及粗制品之分，区别主要在凝胶强度，溶液透明度等。

(一) 生产工艺

1. 工艺流程

几种凝胶糖果的工艺流程如图8－7、图8－8和图8－9所示。

2. 淀粉软糖的制造

(1) 配料。淀粉软糖配料如表8－3和表8－4所示。

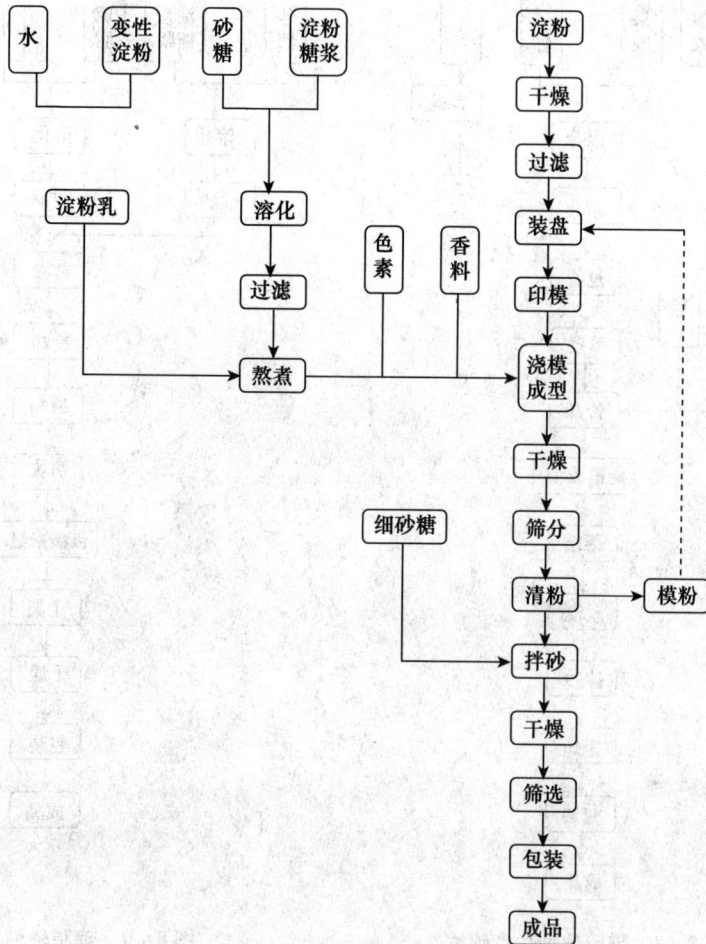

图 8-7 淀粉软糖生产流程

表 8-3 敞口锅熬煮淀粉软糖配料表

配料(kg)	凝胶型	坚韧型	柔软水果型	中等硬度型
砂糖	40.0	34.0	30.0	40.0
淀粉糖浆(42D. E)	40.0	54.0	48.0	48.0
变性淀粉	12.5	12.0	12.0	11.0
水	100.0	120.0	110.0	100.0
果酱	—	—	10.0	—
色素、香料、酸	适量	适量	适量	适量

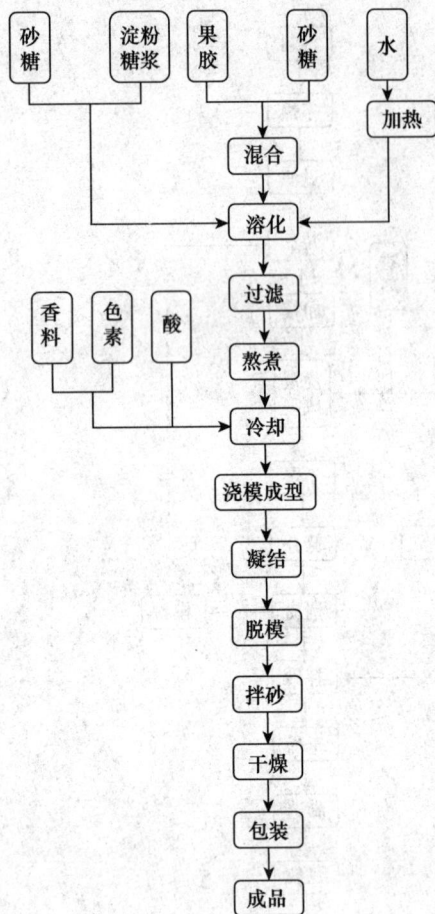

图 8-8 果胶软糖生产流程

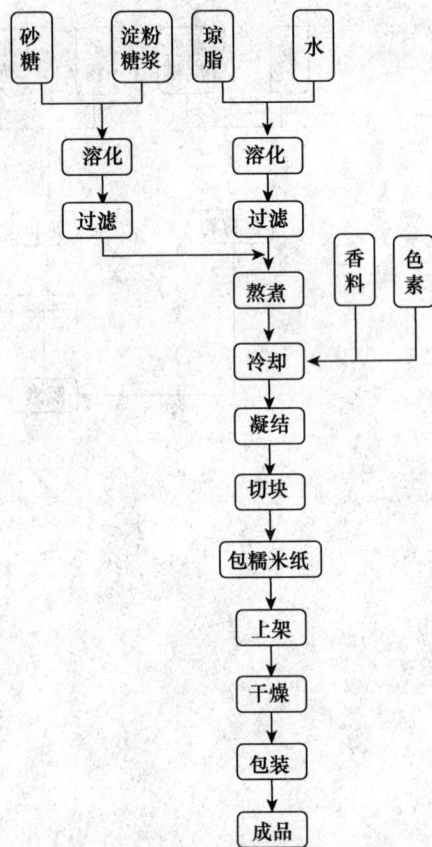

图 8-9 琼脂软糖生产流程

表 8-4 连续压力熬煮淀粉软糖配料表 （单位：kg）

配料	坚硬型	中等硬度型	柔软型
砂糖	33.0	40.0	50.0
淀粉糖浆（42D. E）	66.0	60.0	50.0
变性淀粉	12.0～13.0	11.5～12.0	11.0～11.5
水	26.0	22.0	22.0
色素、香料、酸	适量	适量	适量

（2）熬糖。将配方规定量的变性淀粉先用水调成薄浆，加水量约 8～10 倍。淀粉乳、砂糖和糖浆置于带有搅拌器的熬糖锅内加热熬煮。由于物料的黏度很高，水分蒸发需较长周期。熬糖的最终浓度为 70%，可以折光计测定，达到浓度后，熬糖即告充成。

（3）浇模成型。淀粉软糖一般采用浇模成型的工艺，即在淀粉模型内浇注熬到规定浓度的糖液，并在一定条件凝结成型。粉模淀粉含水量为 5%～8%，温度为 37～49℃。浇注时物料浓度为 72%～78%，添加色素、香料、酸时的物料温度为 90～93℃，浇注温度为 82~93℃。

（4）干燥—拌砂—干燥。浇注入粉盘模型内物料的含水量一般为 25% 左右，此时物料的水分基本上为两种形式：自由状态和结合状态。前期干燥的任务就是把这两种形式的水分较快地蒸发和扩散除去，自由态水分较易去除，结合态水分则较难去除。

后期干燥目的只是除去多余水分和拌砂中过程带来的水气，使糖粒不致因粘连而难于包装。

3. 果胶软糖的制造

（1）配料。果胶软糖配料见表 8-5。

表 8-5 果胶软糖配料表

配料	质量（kg）	配料	质量（kg）	配料	质量（kg）
果胶粉	1.25	淀粉糖浆（42D.E）	29.0	柠檬酸	0.4
砂糖	51.0	水	40.0	香料、色素	适量

（2）操作要点。

1）将质量比为 1:5 的果胶与砂糖混合均匀。同时将 44 倍果胶质量的水在锅内加热至 70~77℃。

2）将果胶和砂糖混合料加入热水，并不断搅拌，使物料充分溶化，至沸腾后继续加热 1 分钟，控制温度和时间，防止果胶剧烈分解。

3）将配方中的剩余砂糖、淀粉糖浆加入，加热熔化。

4）继续将糖液熬煮至 108℃，干固物浓度为 76%~78%

5）加入酸液、色素和香料，搅拌均匀。注意控制加酸的时间。

6）浇模成型。

4. 琼脂软糖的制造

（1）配料。琼脂软糖配料见表 8-6。

表 8-6 琼脂软糖配料表

配料	质量（kg）	配料	质量（kg）	配料	质量（kg）
琼脂	2.0	淀粉糖浆（42D.E）	40.0	柠檬酸	0.7
砂糖	70.0	水	60.0	香料、色素	适量

（2）操作要点。

1）琼脂预先以冷水浸泡 3~12 小时，后将浸泡的琼脂慢慢加热成溶胶并加入柠檬酸钠，融化后过滤。

2）加热熬糖和淀粉糖浆至沸腾，并熬煮至 107℃。

3）冷却此糖浆至 76℃ 以下，加入 50% 的酸溶液。再加入色素与香料，混合均匀。

4）浇注淀粉模型，模粉含水量为 5%~8%。

5）保持干燥温度 26~43℃，停留 12~24 小时。软糖含干固物超过 76% 时即可脱模。

6）如切割成形，则将糖浆倒在盘内，放置过夜，任其凝结，然后切成糖块，外裹糯米纸，置于金属网架上干燥、包装。

第二节　巧克力及其制品加工技术

一、概述

（一）起源与发展

巧克力是外来词 Chocolate 的译音（又译为"朱古力"），主原料是可可豆。早在 14 世纪，墨西哥人在生产可可豆时加入糖进行了简单的加工处理，制成一种既能冲饮又能咀嚼的食品，即现在的巧克力。

在中国，巧克力的生产历史不过半个世纪，规模化生产始于 20 世纪 70 年代，在 90 年代开始迅速发展。历经几十年的发展，国内巧克力市场已初具规模。

（二）定义

1. 巧克力

巧克力是由可可制品（可可液块、可可脂、可可粉）、砂糖、乳制品、香料和表面活性剂等为基本原料，经混合、精磨、精炼、调温、浇模成型等科学加工，具有独特的色泽、香气、滋味和精细质感、耐保藏、高热值的甜味固体食品。

2. 巧克力制品

巧克力制品是利用各种相宜的糖果、果仁或米面类制品等作为芯子，在表面以不同的工艺方法覆盖上不同类型的巧克力，或在不同类型的巧克力中间注入不同芯料，或在各种不同类型的巧克力上混合各种不同类型的果仁而制成不同形状、不同质构和不同风味的花色品种等。

（三）分类

巧克力的种类繁多，要从中找出相似特点，归纳成类较为困难。按其原料组成、加工工艺和组织结构特征可分为纯巧克力和巧克力制品两大类。这两大类又可分成若干种类和品种。

1. 纯巧克力

纯巧克力的叫法有清巧克力、苦巧克力、半甜巧克力、甜巧克力、深色巧克力等。纯巧克力的任何一个剖面，其基本组成都是均匀一致的，它是生产巧克力制品的基本原料。

由于原料油脂性质和来源不同，纯巧克力可以分为天然纯可可脂巧克力和代可可脂巧克力。天然纯可可脂巧克力的原料油脂是从可可豆中榨取的，而代可可脂巧克力的原料油脂，有一部分或大部分是由植物油加氢分馏后制得的。无论纯可可脂还是代可可脂巧克力，按其不同原料组成和生产工艺，又可分成三种不同的品种类型，即香草型巧克力、牛奶型巧克力和白巧克力。

（1）香草巧克力：也称为清巧克力或黑巧克力，是由可可液块、可可粉、可可脂、代可可脂、砂糖、香兰素和表面活性剂等原料组成的产品。外表呈棕褐色或黑色，有明显的苦味。香草巧克力具有明显的可可香味和苦味，并兼有一定的提神清脑作用。根据其加糖多少又有甜、半甜和苦巧克力之别。

（2）牛奶巧克力：是由可可液块、可可粉、可可脂、代可可脂、乳和乳制品、白砂糖、香料和表活性剂等原料制成的巧克力。这种巧克力外观柔和明快、香味优美，兼具天然可可和乳品两方面的优美香味，具有棕色或浅棕色的色泽，营养丰富全面，发热量高。

（3）白巧克力：是一种特殊的以可可脂或代可可脂为基础（可可脂含量不低于20%），不含非脂可可固形物，即不添加可可液块或可可粉的浅乳黄色巧克力，具有丰富的牛奶风味。也有人认为白巧克力不算巧克力，因为它不含有可可粉，只有可可脂、乳制品和糖等成分，口感与一般巧克力也不同。但它的可可脂成分使它同样具有可可的香味，现在的巧克力分类标准也把它划分为巧克力了，白巧克力相对于牛奶巧克力来说，甜味和奶味都更浓。

2. 巧克力制品

巧克力制品的花色品种很多，根据其组成和生产工艺技术的不同，可以分为以下几个种类。

（1）夹心巧克力：是用各种焙烤制品或各种相适宜的糖果、酒心糖果等为心子，外面覆一层纯巧克力，制成的各种不同形状和口感的巧克力制品。

（2）果仁巧克力：以各种整粒、半粒或碎粒的果仁，按一定比例与纯巧克力相混合，用浇注成型的生产工艺，制成各种规格和形状的排、块、粒的产品。

（3）抛光巧克力：是以膨松米面类制品、糖心或果仁心作为芯子，在外面用滚动挂衣成型和抛光工艺，覆盖一层巧克力，然后抛光，制成表面十分光亮，呈圆球形、扁圆形、椭圆形等不同形状的制品。

二、巧克力的组成和基本特性

（一）巧克力的组成

1. 巧克力的基本组成

巧克力的基本组成是以纯巧克力为基础的。根据纯巧克力分类的不同，各类型巧克力的基本组成，分别如表8-7和表8-8所示。

表8-7　香草巧克力的基本组成

基本组成（%）	苦巧克力	半甜巧克力	甜巧克力	涂外衣用
可可料	67~72	44~50	35~40	35~40
可可脂	—	10~12	14~16	16~18
砂糖	30~35	32~42	40~50	40~50
总油脂量	35~38	33~35	34~36	36~38

表 8-8　牛奶巧克力的基本组成

基本组成(%)	一级	高档	涂外衣用
可可料	10~12	11~13	10~12
可可脂	22~28	22~30	22~30
砂糖	43~55	40~45	44~48
乳固体	10~12	15~20	13~15
总油脂量	30~38	32~40	35~40

2. 巧克力的主要原料

巧克力主要由可可制品、代可可脂和类可可脂、乳固体、表面活性剂、香味料等物料组成。

（1）可可制品。可可豆经焙炒、轧碎、去壳、磨细、榨油和磨粉加工最后可制成三种产品：可可浆质(或可可液块)、可可脂和可可粉。

（2）代可可脂和类可可脂。由于天然可可脂受资源的限制，原料缺乏，价格昂贵，导致人们寻求可可脂代用品。自 1950 年以来，可可脂代用品发展极其迅速。目前，世界上可可脂代用品基本上有四种类型，即：类可可脂(CBE)、非月桂酸型代可可脂(CBR)、月桂酸型代可可脂(CBS)和新一代无反式脂肪酸代可可脂。

3. 糖类

糖在巧克力及其制品中，主要起着稳定基体和调节风味两大作用。砂糖在巧克力配方中与可可液块和可可粉比例应相对平衡，添加量过高会使巧克力过于甜腻，添加量过低，则影响巧克力的硬度、黏度和熔化性。

4. 乳固体

乳固体包括全脂奶粉、脱脂奶粉、乳清粉，在巧克力制造中不但起着填充料的作用，而且主要赋予巧克力细腻的组织结构和优美的香气滋味。

5. 表面活性剂

能有效地降低巧克力物料相界面的张力，从而有效降低巧克力物料的黏度，增强其流变性。常用的有单甘酯、卵磷脂、大豆磷脂、蔗糖酯、吐温 80 以及聚甘油酯类乳化剂。

6. 香味料

通常用的是香兰素和麦芽酚，在巧克力中不但不损害其原有的香味特征，而且起着衬托、完善和丰满的作用。

三、纯巧克力加工技术

巧克力是以可可制品(可可液块、可可粉、可可脂)、砂糖、乳制品、香料、表面活性剂等为基本原料，加工制成的一类特殊食品。

（一）原料配比

香草巧克力、奶油巧克力及白巧克力加工配料见表 8-9。

表 8 - 9 巧克力配料表

原料（kg）	香草巧克力	奶油巧克力	白巧克力
可可液块	10	—	—
可可粉	—	11	—
可可脂	15	16	20
砂糖粉	35	45	45
乳粉	15	15	22
奶油	—	2.0	2.0
代可可脂	—	10.6	10.6
磷脂	少量	0.3	0.3
香兰素	少量	0.1	0.1

（二）生产工艺

纯巧克力生产工艺流程如图 8 - 10 所示。

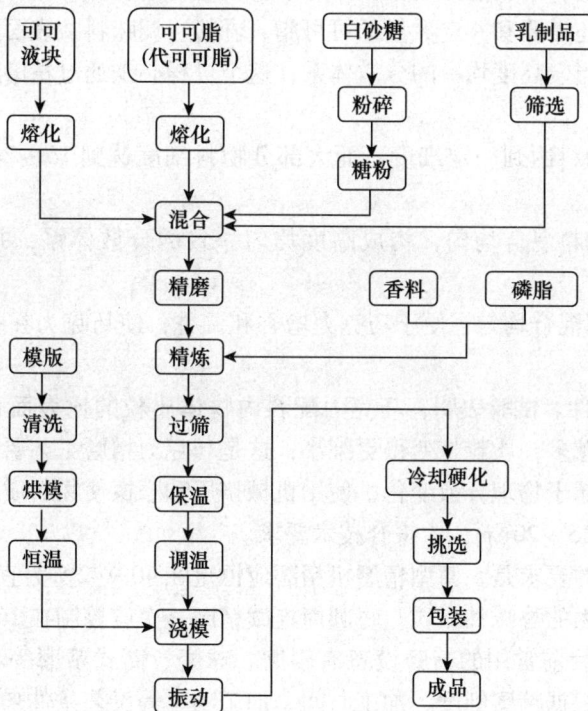

图 8 - 10 纯巧克力生产流程

（三）主要操作

1. 原料预处理

为了方便原料的混合操作，使之适应生产工艺的要求，需在投料混合前对原料进行预处理。

（1）可可制品预处理。可可液块、可可脂、代可可脂在常温下呈固态，在投料前需先熔化，然后才能混合精磨，熔化后温度一般不能超过60℃。为了加快原料的熔化速度，缩短熔化时间，可将大块粉碎成小块，然后投入加热设备中熔化。

（2）砂糖预处理。砂糖是巧克力的基本原料，一般含量为50%左右。通常砂糖的结晶颗粒大小不一，糖的质粒比较大时，制成的巧克力口感比较粗糙，如果将砂糖粉碎和研磨成粉，制成的产品组织结构就会变得细腻滑润，同时，也在一定程度上影响巧克力的味感和甜度。另外，如果直接将砂糖和其他物料一起研磨会延长时间，因此，应先将砂糖粉碎成一定的细度，以利于物料的混合、精磨和精炼。

2. 原料的混合

预处理的各种原料，按产品的配料比计量，加入混合机中进行充分的混合。一般采用附有定量给料器的特殊螺旋器的混合机。

3. 物料的精磨

巧克力生产中，配料的精磨是基本生产环节。经过粗磨的可可液块、糖粉在加工成纯巧克力的过程中，还需要和一定数量的可可脂、乳粉、调味料、表面活性剂和香料等组成一个颗粒大小相当、高度均一的分散体系，这个过程必须通过精磨来完成。

（1）精磨的作用。

1）精磨可以使物料达到一定细度，而大部分物料细度达到 $15\sim20\mu m$，制成的巧克力口感细腻润滑。

2）精磨使各种物料混合均匀，构成高度均匀一致的分散体系，并具有良好的流动性。

3）精磨可使香料混合均匀，便于巧克力增香和调香，使巧克力在香味上具有均匀舒服的特点。

（2）精磨技术条件。试验表明，巧克力配料内物体质粒的比表面积越大，则被分散的物料质粒增加得越多，质粒将变得更细小，这是巧克力精磨工艺要求达到的目的。

巧克力精磨过程属于物理分散变化，使用机械挤压和摩擦使物料质粒变小，直至物料质粒平均细度达到 $15\sim20\mu m$，才符合技术要求。

精磨温度和时间的要求是，筒型精磨机精磨应恒定在 $40\sim42℃$ 为宜，不超过50℃。温度过高会影响巧克力的香味和品质。每圆筒连续精磨一次应控制在 $16\sim24$ 小时完成。

（3）精磨设备。目前常用的精磨设备有辊磨、球磨、筒式精磨等不同形式，它们的性能也不相同。应根据精磨细度、加工时间、加工功率等工艺条件来合理选择精密设备，达到技术和经济的双重效果。

4. 物料的精炼

精炼是物料经过持续的机械混合、揉合及剪切，使物料质粒进一步破碎变小的工艺过程。精炼能进一步提高巧克力的质量。在精炼过程中物料的物理、化学特性均有不同程度的变化，这对巧克力质构和香味特征会产生极为重要的影响。

（1）精炼的作用。①促进巧克力物料的色泽变化。②除去可可料中残留的挥发性酸类物质。③促进巧克力物料中呈味物质的化学变化。④促使物料的强度发生变化，提高物料的流动性。⑤通过持续的机械碰撞和摩擦，可可和砂糖的质粒形状变得更加光滑，使制成的巧克力有更好的适口感。

（2）精炼过程中物料的变化。主要变化列于表 8-10 中。

表 8-10　精炼过程中巧克力的变化

化学组成	精磨后	精炼 24 小时	精炼 48 小时	精炼 72 小时
小于 15μm 质粒所占比重(%)	54.0	60.0	60.0	—
物料含水量(%)	1.19	0.96	0.91	—
物料黏度(40℃)（Pa·s）	7.6	5.0	4.65	5.3
挥发酸含量(%)	0.089	0.079	0.071	0.058
总酸含量(%)	0.67	0.61	0.51	0.42

1）质粒的变化。精炼过程长时间的摩擦作用使较大质粒变小并变得均匀。精炼设备的机械作用将质粒的多角体磨平，使其变成光滑的球体，弥补了精磨过程的不足。如表 8-10 所示，通过精炼，巧克力质粒变小，当分散和重组的速度达到平衡后，质粒超微的倾向就非常缓慢了。

2）物态的变化。巧克力在精炼过程中，由于不断地碰撞和摩擦等机械作用和表面活性剂的参与，物料的界面增加，界面张力降低，脂肪延伸成膜层，膜状脂肪均匀地将糖、可可及乳固体物包围起来，物料颗粒更均匀地分散在液态脂肪介质内，形成一种非常稳定的乳化组织状态，这种高度均一的组织结构在进一步调温和冷却凝固后具有极高的稳定性。这也是成品巧克力吃起来特别细腻滑润的原因。

3）水分的变化。在精炼过程中，物料因长时间受热，物质分子运动大大加快，物料内的水分子，特别是自由状态的水分子很快失去。此外，随着物料在精炼过程中颗粒进一步变小，表面积增大，水分的蒸发面积增大，结果使物料的含水量减少，如表 8-10 所示。

4）黏度的变化。巧克力精炼时，在物料中加入磷脂等表面活性剂，对巧克力物料能起到两方面的作用，一是可有效减少物料内胶体物质的水化作用的发生和水化物的形成，从而阻止胶团化合物形成冻胶；二是改变和降低物料颗粒界面张力。正是这些作用，使巧克力物料从稠厚状态变成稀薄状态，从而降低物料黏度，但随着精炼时间的延长，物料黏度将有所增加，如表 8-10 所示。

在实际生产中，磷脂的添加量控制在 0.3%~0.5%。用蔗糖酯代替磷脂，可发挥相似的作用，其添加量为 1%，可节约可可脂 3%~4%。

5）色、香、味的变化。通过精炼，巧克力物料质粒与脂肪充分乳化，颗粒大小形状的变化，导致物体外观光学性质的变化，精炼后的巧克力色泽变淡而明亮，更为柔和，牛乳巧克力表现更为明显。精炼过程可改善巧克力的香味，主要有两方面原因：一是排除了物料中存在的不愉快气味，如挥发性酸、醛和酮类化合物等，表8-10显示物料挥发酸和总酸含量随着精炼时间的延长而减少；二是使物料中的氨基酸游离，并与物料中的还原糖进行美拉德反应形成新的芳香化合物。随着精炼过程的进行，巧克力物料中挥发性物质的减少，物料中原有的不愉快气味减少了，物质颗粒的进一步变小，新的表面不断暴露在空气中，物质分子受热，不断地和空气中的氧发生变化，物料内红色单宁质和水溶性含氮物质发生了质的变化，因而使巧克力的香味变得格外香醇。

（3）精炼方式。为了取得最佳的巧克力香味，精炼方式一直存在着两种倾向，即按精炼时温度控制和按精炼时相态控制。

1）温度控制。主要有两种方法，一是冷精炼法：在精炼过程中应控制较低操作温度，约为45～55℃；二是热精炼炼法：在精炼过程中应控制较高操作温度，为70～80℃。

2）相态控制。主要有两种方法，一是液化精炼法：精炼过程中巧克力物料始终保持液化状态，传统的精炼设备均采用此种方式，也称为传统精炼法；二是干粒、液化精炼法：精炼过程中巧克力物料先后出现两种相态，即干粒阶段和液化阶段，这种精炼方式是近年巧克力生产所采用的方式。

（4）精炼设备。不论采用哪种精炼方法，都需要使用相应的精炼设备来完成。每种精炼机械都通过特定的机械运转来获得最佳效果。巧克力精炼设备类型较多，操作程序也不相同，但所起作用相似。随着生产发展和精炼形式的变化，巧克力的精炼设备也在不断改进，已有多种类型，归纳起来有以下几种型式：滚轮往复式精炼机、犁状混合式精炼机、三缸三轴翻覆式精炼机、内外缸四搅拌器精炼机、精磨精炼机以及球磨机等。

5. 物料的调温

巧克力物料经过精炼后呈液体状态，在物料由液态变为固态之前，须通过调温处理来控制物料中可可脂的晶型变化，这一工艺过程称为"调温"。

（1）调温的作用。未经调温或调温处理不好的巧克力物料，最终产品会出现以下品质问题。①产品外观变得暗淡无光，表面出现白色花斑，严重时可成为一片花白，这就是巧克力发花或称起霜。②产品组织结构不紧密，口感粗糙，缺少应有的坚实性和脆性。③产品贮存过程中耐热性差，易变形，稍微受热熔化后脂肪向表面转移。④物料缺少应有的稠度和流散性，这种物料严重影响后续的注模、脱模和涂布等工序，严重时无法进行流水化生产。

调温对巧克力品质的影响，以纯巧克力最为严重。调温的主要作用是根据可可脂的特性，调节和控制温度，使物料中可可脂最大限度地从不稳定晶型转入稳定晶型，从而使巧克力具有稳定的和能被人们接受的品质。

（2）调温过程物料的变化。在所有的巧克力物料中，脂肪含量占30%以上，纯深色巧克力物料中所含油脂全都是可可脂。可可脂对热比较敏感，当外界温度超过可可脂平均熔点，可可脂熔化而使巧克力物料呈现液态。当外界温度低于可可脂熔点，可可脂中液态转变为固态以结晶形式出现，随着外界温度的继续下降，巧克力变得越来越硬。

这种形式从出现到形成是一个连续的不断变化的过程。

（3）调温方式。巧克力的调温过程包含晶核形成和晶体成长的整个过程。调温分为三个阶段：第一阶段，物料从40℃冷却至29℃，温度的下降是逐渐进行的，使油脂产生晶核，并转变成其他晶型；第二阶段，物料从29℃继续冷却至27℃，使稳定晶型的晶核逐渐形成结晶，结晶的比例增大；第三阶段，物料从27℃再回升至29～30℃，这一过程在于物料内已经出现多晶状态，提高温度的作用是使熔点低于29℃的不稳定晶型重新熔化，而把稳定的晶型保留下来。

（4）调温设备。巧克力加热熔化，然后冷却和混合进行诱导结晶。常见的调温设备有调温缸、卧式连续调温机、薄膜式连续调温机等。

6. 浇模成型

调温后的巧克力物料仍然是一种不稳定的流体，成型是巧克力物料从流体很快地转变为稳定的固体，从而使巧克力获得生产工艺所需求的光泽、香味与组织结构的最佳品质的操作过程。巧克力制品的品种花样繁多，必须按照各种产品的特点浇模成型。

（1）成型的作用。浇模成型的作用，就是使液态物料迅速地变为固态，中止这种不稳定趋势，消除物料因流变性而带来的各种可能的变化，成为坚实稳定并带有脆性的固体巧克力，这个过程即称为成型。

（2）成型的工艺条件。首先，巧克力物料必须达到调温工艺要求，并具有正常的融度和流散性能。其次，有性能正常的浇注器，在浇注过程中能保持物料应有的温度要求和物料分配的准确性。再次，有符合浇注要求的模型盒并保持洁净。最后，有使物料冷却、凝结、固化成型得以进行的低温区，并能满足温度变化的工艺要求。

（3）物料温度与浇模。物料温度对浇模成型是否顺利进行有很大影响。物料具有良好的流动性，对物料的输送和分配都有好处，要提高物料的流动性，最简单的方法是提高温度，物料温度提高，强度变小，流动性好，浇模能顺利进行。但物料温度提高后会出现物料凝结时间长、脱模困难的情况，因此，应选择合适的物料温度。

（4）浇注模盘的选择。浇模成型能否顺利进行和模型盘的性能有很大关系，所选磨盘应坚固耐用、传热良好、脱模爽利、制定方便、价格便宜、轻巧美观。

（5）浇注模盘的振动。浇注了巧克力物料的模盘一般都要经过振动程序。振动有双重目的，一是将包藏在巧克力物料中的泡通过振动加以排除，防止巧克力凝固后出现气泡或空穴现象；二是通过振动，使巧克力物料在模架内做更均匀的分配，并使底面平伏。振动一般通过机械或电子装置来达到，模盘在振动台上不断地垂直移动，可避免产生撞击和摩擦的声音。

（6）浇模成型与冷却速度。巧克力物料注入模型盘后，应得到有效地冷却，才能凝固成型而脱模。每千克巧克力在冷却凝固过程中，总热量降低167.44～209.55kJ。除去这些热量不宜采用低温急冷方式，因为过低的温度将使模内上侧和内侧物料迅速固化而影响散热速度，不能及时除去内部热量，使巧克力形成脂肪斑，影响巧克力成型的最终品质。另外，急冷迅速固化巧克力，也无助于脂肪晶格的排列，从而会影响脱模。

（7）连续浇模成型过程。早期巧克力浇模采用手工操作间歇进行，生产效率低、劳动强度高，产品质量也难以控制。现代巧克力浇模成型采用连续浇模成型线完成，是一个完整循环的自动系统，它包括以下程序。

1）调温后的巧克力物料送入浇模机料斗中，由料斗的夹套加热装置保持物料温度，通过活塞和球阀将物料按确定量注入下端模盘内。

2）模盘进入由一组振动装置组成的振动区，模盘在可调频率和振幅的振动器上脱去物料中的气泡，并使物料均匀分布在模盘内。

3）模盘进入多层运行的冷却隧道，隧道上方装有制冷机组与鼓风机，冷风循环于隧道中，从而降低物料温度。冷风温度可调节，以保持各区段的不同冷却温度。

4）巧克力固化并产生收缩后模盘进入脱模区。

7. 巧克力的包装

要经久保持巧克力物品应有的外观、质构和香味特征，除了要提供适宜的保藏条件外，包装也起着不可忽视的作用，如防热、防水汽侵袭、防香气逸失、防油脂析出、防霉和虫蛀、防一切污染。包装应力求美观。可选择不同类型的包装机进行包装，包装室温度应控制在 17～19℃，相对湿度不超过 50%

四、夹心巧克力加工技术

（一）夹心巧克力的种类

夹心巧克力的品种，可以根据所包含的糖心种类的不同来区分，也可以根据涂覆巧克力外衣所采用的不同工艺来区分，表 8-11 列出了夹心巧克力的常见品种。

表 8-11　夹心巧克力品种

糖果心类别	夹心巧克力品种	糖果心类别	夹心巧克力品种
充气糖果	马希马洛夹心巧克力	中式糖果	脆性果仁夹心巧克力
	果味牛扎夹心巧克力	焦香糖果	卡拉蜜尔夹心巧克力
	弹性夹心巧克力		太妃糖夹心巧克力
中式糖果	花生酥夹心巧克力		福奇糖夹心巧克力

根据心体在涂覆巧克力外衣时，采用工艺方法的不同，可分为两种：一种是涂衣成型巧克力夹心糖；另一种是浇模成型的夹心巧克力，两种不同涂衣方法制出的产品有各自的特点。

（二）生产工艺

夹心巧克力生产流程如图 8-11 所示。

```
┌──────┐ ┌──────┐ ┌──────┐ ┌──────┐ ┌──────┐ ┌──────┐ ┌──────┐
│ 砂糖 │ │淀粉糖浆│ │ 蛋白干 │ │ 明胶 │ │ 油脂 │ │ 果仁 │ │ 香料 │
└──┬───┘ └──┬───┘ └──┬───┘ └──┬───┘ └──┬───┘ └──┬───┘ └──┬───┘
   └────────┴────────┴────┬───┴────────┴────────┴────────┘
                          ↓
  ┌──────┐          ┌──────────┐
  │ 巧克力 │          │制备各种类型│
  │ 外衣酱 │          │ 糖果心   │
  └──┬───┘          └────┬─────┘
     ↓                   ↓
  ┌──────┐          ┌──────────┐
  │ 调温 │ ────────→│ 涂衣成型   │
  └──────┘          │(浇模成型)  │
                    └────┬─────┘
                         ↓
              ┌──────┐ ┌────┐ ┌────┐
              │冷却硬化│→│包装│→│成品│
              └──────┘ └────┘ └────┘
```

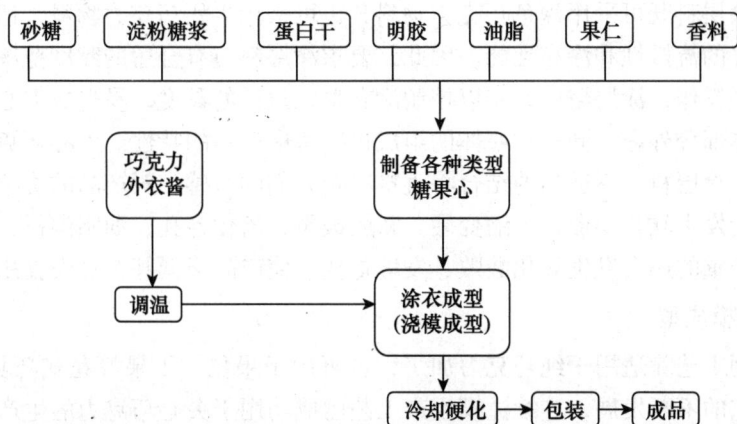

图 8 – 11　夹心巧克力生产流程

（三）涂衣成型

又称吊排或挂皮成型，即在一种可食的心料外面涂一层巧克力，使其成为巧克力制品的工艺方法。这种生产方式几乎适用于所有可定型心体的制品。因此，其花式品种繁多。

1. 主要步骤

（1）制备可供涂衣用的巧克力酱料。

（2）制备有一定形态的可食心料。

（3）将制备的心料外面均匀地涂上一层巧克力酱料。

（4）将已涂衣的巧克力制品冷却固化。

2. 工艺技术关键

巧克力涂衣成型工艺技术关键有以下三点。

（1）巧克力酱料温度。涂衣成型过程中要始终严格控制巧克力酱料的调温要求，并使巧克力酱料保持最稳定的工作温度。

（2）心料温度。涂衣过程中要严格控制被涂心料的温度，温度不宜过高，一般应事先冷却至常温状态，即 24～26℃。

（3）冷却条件。已经涂衣的巧克力制品半成品在冷却的过程中要严格控制冷却条件，冷却速度过快或过慢都会造成巧克力涂层表面花白，影响其色泽与口感。巧克力制品涂衣冷却工艺的技术参数是：①被涂衣心料的温度控制在 24～26℃。②冷却隧道温度应控制在 7～12℃。③冷却时间控制在 15～20 分钟为佳。④冷却时的风速应控制在 7m/s 以下。

采用代可可脂替代可可脂的涂料，不需要采取调温步骤，涂层温度应较高（40～45℃），冷却凝结速度应较快，冷却温度也应较低。

3. 注意事项

涂衣成型必须充分考虑产品特性和成型的工艺要求，并根据心体的香味与品质特点进行选择，涂层料既可采用深色巧克力物料，也可采用牛奶巧克力物料，但作为涂层料都应具有良好的流散性和涂布性能。因此，要求涂层料应有合适的黏度范围。过高的黏度不利于涂层操作，涂层偏厚，难以控制涂布量；过低的黏度，易造成夹心巧克力涂布量不足与心体部分外露。同样，心体的组成也应考虑产品的特性。夹心巧克力的心体必须适应巧克力涂层料，不适当的结合将直接影响人们的口感，对产品的货架寿命将有很大影响，常会发生软化变形、干缩变硬、膨胀破裂、熔化穿孔、油脂渗析、表面白花等质量问题。严重的还会发生氧化酸败、发酵霉变，使产品降低甚至丧失食用价值。

（四）浇模成型

浇模成型工艺除适用于纯巧克力加工，也可用于果仁、干果等花式巧克力的生产。随着生产工艺的不断发展，连续注模生产工艺已成功用于夹心巧克力的生产。

（1）壳模成型。连续注模成型工艺利用巧克力物料在模内形成一层坚实壳体，随后，将心体料定量注入壳体内，再将巧克力物料覆盖其上，密封凝固后从模内脱出，即成为形态精美的夹心巧克力。为了与纯巧克力注模工艺加以区别，将这种工艺过程称为壳模成型。连续壳模成型，巧克力物料和心体必须具备以下特性：①作为夹心巧克力壳层和壳底的巧克力物料，应具有良好的流动性，并能在短时间内成型。②作为夹心巧克力的心体料，应具有较低的黏度和流动性，适合于输送、浇注。③作为夹心巧克力的心体料，应具有较低的注模温度，不损坏已成型的巧克力壳模。④作为夹心巧克力的心体料，应具有适应巧克力壳层脱模收缩特性。⑤夹心巧克力心体必须具有较长的货架寿命。

实践表明，适用于夹心巧克力生产的心体，一般有半液卡拉蜜尔心体、酥性卡拉蜜尔心体、半液态酥性巧克力心体、果酱心体、胶冻或半胶冻心体、酒类心体等。

（2）壳模成型过程。连续自动壳模成型过程一般分为三个阶段：巧克力壳层制作和形成，心体注填和凝固，巧克力底覆盖、定型和脱模。

（五）几种常见夹心巧克力制造

1. 杏仁夹心巧克力

（1）原料配比。如表 8 - 12 所示。

表 8 - 12　杏仁夹心巧克力原料配比

配料	含量(kg)	配料	含量(kg)	配料	含量(kg)
香草巧克力	8.75	砂糖	10.0	精盐	0.08
杏仁	7.5	乳脂	5.0	柠檬酸	0.02

（2）制作方法。①先将杏仁放于沸水内浸泡，去皮，烘熟后将其中 2.5kg 杏仁轧碎成细粒。②将砂糖、乳脂、柠檬酸混合加热至 150℃，再加入其余 5kg 杏仁，混合均匀。③将混匀的物料倒在冷却台上，刮平、冷却后，切成扁长块，装入密闭容器中，以免吸潮发烊。④将糖块外涂布巧克力，先涂一端，待凝固后再涂另一端，然后在未干前蘸上碎杏仁粒。⑤待完全凝固后，包装、贮藏。

2. 巧克力酥心糖

（1）原料配比。如表 8－13 所示。

表 8－13　巧克力酥心糖原料配比

配料	含量（kg）	配料	含量（kg）	配料	含量（kg）
香草巧克力	0.3	液体葡糖糖	3.0	白脱油	0.02
花生酱	4.0	乳粉	20.0	猪油	1.5
砂糖	10.0	精盐	0.03	香兰素	0.02

（2）制作方法。①将白砂糖、液体葡萄糖置入熬糖锅内熬制成糖膏，冷却至80℃时加入香料。②取糖膏的一半，加入乳粉、花生酱、食盐等制成酥心。③将糖膏的另一半用拉白机拉白制作酥皮。将酥皮叠成长方形，包裹酥心，送入成型机内轧制成型。④将深色巧克力置入保温缸内，控制温度，将轧好的酥心糖涂以巧克力外衣，待冷却后，包装，密封即成。

3. 巧克力太妃糖

（1）原料配比。巧克力太妃糖的原料配比如表 8－14 所示。

表 8－14　巧克力太妃糖原料配比

配料	含量（kg）	配料	含量（kg）	配料	含量（kg）
香草巧克力	0.5	液体葡糖糖	10.0	白脱油	3.0
可可粉	1.2	乳粉	2.5	奶油	2.5
砂糖	10.0	发泡粉	0.15	香兰素	0.012

（2）制作方法。①将发泡粉置于打蛋机内，打成泡沫状。②将白砂糖、液体葡萄糖均分成两锅熬制，第一锅倒入搅拌机搅拌，另一锅继续加热浓缩，并对其冲浆。③冲浆结束后，加入辅料，最后加入香料，搅拌至糖膏光亮即可冷却。④将糖膏冷却到一定温度，送入成型机内成型。同时将巧克力置于保温缸内液化备用。⑤将成型的糖粒冷透涂以巧克力，包装，密封即为成品。

4. 巧克力酒心糖

（1）原料配比。巧克力酒心糖的原料配比如表 8－15 所示。

表 8－15　巧克力酒心糖原料配比

配料	含量（kg）	配料	含量（kg）	配料	含量（kg）
香草巧克力	0.5	液体葡糖糖	10.0	白脱油	3.0
可可粉	1.2	乳粉	2.5	奶油	2.5
砂糖	10.0	发泡粉	0.15	香兰素	0.012

（2）制作方法。①将淀粉和滑石粉按 10:3 配好，入模、成型、烘焙好即成坯料。②将可可粉、可可脂、糖粉按纯巧克力操作规程经精磨、精炼、调温等工序制成巧克力酱。③将砂糖用水溶解后过滤，熬制，加入名酒混合成含酒糖浆。④将含酒糖浆调温至 30～35℃，灌注到经烘焙好的料坯中。35～40℃保温 12 小时，涂巧克力酱料。⑤涂衣后干燥，控制干燥温度在 7～15℃。再冷却、包装，即为成品。

五、果仁巧克力加工技术

（一）果仁巧克力的种类

常见的果仁巧克力品种见表 8－16。

表 8－16　果仁巧克力的品种

果仁种类	果仁巧克力品种
坚果类	杏仁、榛子、胡桃、山核桃、香榧子、椰子等
果仁类	花生仁、瓜子仁
蜜饯类	葡萄干

（二）生产工艺

生产果仁巧克力，大部分采用奶油巧克力作为基本酱料，有极少数品种采用香草巧克力做基本酱料，这两种酱料的基本要求，除了个别品种外，都与通常的巧克力要求基本相同。

巧克力酱料中的果仁加入量，具体应视酱料的基本情况和果仁的种类、形状或大小等做相应变更，果仁巧克力成型方式与纯巧克力基本相同，工艺流程如图 8－12 所示。

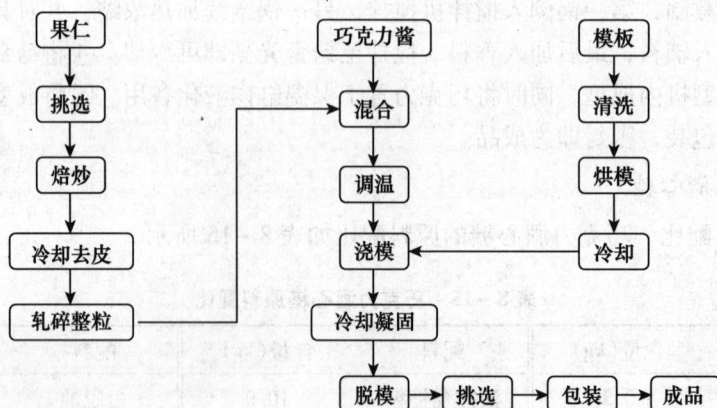

图 8－12　果仁巧克力工艺流程

（三）果仁巧克力制造

1. 果仁巧克力

产品特点是外有巧克力香味，内有榛子、杏仁口味，味美可口，营养丰富。

（1）原料配比。果仁巧克力的原料配比见表8-17。

表8-17　果仁巧克力原料配比

配料	含量(kg)	配料	含量(kg)	配料	含量(kg)
榛子	7.0	砂糖	23.0	代可可脂	11.0
杏仁	3.0	乳粉	25.0		

（2）制作方法。①将榛子、杏仁等烙热，去皮后粉碎成粒。②将巧克力料按纯巧克力料操作规程经精磨、精炼、调温等工序制成巧克力酱。③碎果仁与巧克力酱混合，注入浇注模机内浇模成型。④将成型的果仁巧克力冷却固化、脱模、挑选、包装后即为成品。

2. 白色果料巧克力

产品特点是香甜味美、果料松脆、巧克力香味突出。

（1）原料配比。果料巧克力的原料配比见表8-18。

表8-18　白色果料巧克力原料配比

配料	含量(kg)	配料	含量(kg)	配料	含量(kg)
果料	12.0	麦芽糊精	4.0	可可脂	5.0
砂糖	44.0	乳粉	13.0	代可可脂	22.0

（2）制作方法。①将果料(桃仁、杏仁、葡萄干等)粉碎成绿豆大小的颗粒。②先将糖粉、可可脂、代可可脂、乳粉、香兰素、麦糊精粉按配比称量混合。然后搅拌均匀按纯巧克力料操作规程经精磨、精炼、调温等工序制成巧克力酱。③调温后进行浇模，冷却固化、脱模、挑选、包装，即为成品。

六、抛光巧克力加工技术

（一）抛光巧克力的种类

抛光巧克力的种类，一般都按心料品种来划分，见表8-19。

表8-19　抛光巧克力的品种

类型	抛光巧克力品种
纯巧克力	奶油巧克力、牛奶巧克力、香草巧克力、蛋形巧克力
软心巧克力	杏仁巧克力、脆饼巧克力
果仁巧克力	花生巧克力、杏仁巧克力、胡桃巧克力
干果巧克力	葡萄干巧克力
糖果巧克力	软糖巧克力、脆性巧克力、夹心巧克力

（二）几种抛光巧克力的制造

1. 抛光巧克力

（1）工艺流程。如图 8－13 所示。

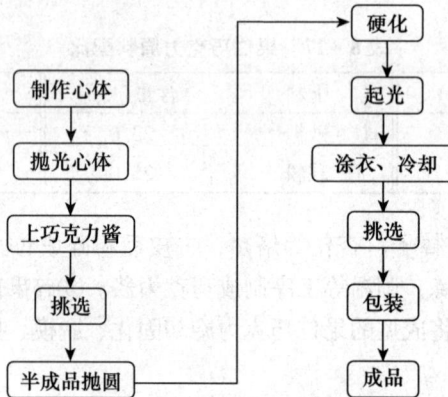

图 8－13　抛光巧克力工艺流程

（2）主要操作。

1）上酱。用滚动涂层的加工工艺，将各种不同的巧克力外衣酱料按不同要求进行涂层，称为上酱。上酱有手工和机械操作两种方法。手工上酱适用于小批量生产。其特点是在操作时，可对巧克力酱料的涂覆进行灵活调整。手工上酱后的半成品，应具有外衣巧克力酱覆盖严密、涂层分布均匀、颗粒大小基本一致、重量符合要求、形态完整、表面光滑、平坦等基本性质。机械上酱适合大批量生产。生产的巧克力具有外衣坚实、密致、颗粒均匀、形态完整、产品清洁卫生、操作省时省力等特点。

2）抛圆。经上酱后的抛光巧克力半成品，表面总会出现一些凹凸不平的现象，需要进一步加工，称为抛圆。半成品的抛圆，应在洁净的糖衣机内进行，它需要冷风配合，以增加抛圆的效果。抛圆操作一般凭经验掌握，认为已达到要求时，可进行下道工序。

3）硬化。抛光巧克力半成品经抛圆以后，要放在一定温度下让巧克力涂层硬化，以利于产品起光，这对产品表面的光亮度有一定作用。

4）起光。硬化后的半成品，在有冷风配合的糖衣机内滚动时，即将高糊精糖浆和阿拉伯树胶分数次加入，在冷风吹拂下，使制品起光。

高糊精糖浆又称为淀粉糖浆，具有较高的黏度，失水后能在巧克力表面形成一层膜层。这种膜层经不断的滚动摩擦时，产生一定的光亮，使制品起光。阿拉伯胶是豆科植物阿拉伯树枝干所渗出的黏液，当它在空气中干燥凝结后，便成为粒状的阿拉伯胶。用适量水溶解后，便成为抛光巧克力的起光剂。虫胶呈棕色或棕黄色，形状呈颗粒状，质脆而硬，无臭味，能溶于酒精等有机溶剂中，是抛光巧克力的良好上光剂。

（3）产品特点。

1）光泽、色泽：巧克力外表具有良好的光泽和色泽，切开后各种不同类别的抛光心，呈现出该产品应有的光泽和色泽。

2）形态：产品具有圆形、扁圆形、椭圆形、圆柱形等各种不同的形状。

3）组织：抛光巧克力外面是一层覆盖严密、厚薄均匀的巧克力外衣层，内心组织按不同品种，分别呈现出多孔松软，多孔松脆和脆性等不同特点。

4）香气和滋味：各种抛光巧克力的香气和滋味，随不同抛光心而呈奶油味、水果味、可可味、果仁味及其他香味和滋味。

2. 杏仁巧克力抛光糖

（1）原料配比，见表8－20。

表8－20 杏仁巧克力抛光糖原料配比

配料	含量（kg）	抛光剂配料	含量（kg）
巧克力酱	22.7～68.1	砂糖	0.908
焙烤杏仁	22.7	阿拉伯胶	1.8
可可脂	0.113～0.117	水	3.2
虫胶	少许	糖浆	2.7
抛光剂	适量		

（2）制作方法。

1）涂挂巧克力。先在挂糖衣锅内刷上薄薄的一层巧克力，打开通风阀，使涂层凝固，然后在锅中加入22.7kg焙烤杏仁，回火温度为21.2～23.8℃，待挂糖衣锅开始转动后，加入温度为35～43.3℃的稀巧克力浆，让杏仁在锅内来回翻滚、旋转，防止相互黏结。当巧克力浆均匀地涂满杏仁后，对锅内吹风，直至涂层开始凝固时停止。继续使杏仁转动，直到表面形成光滑的涂层。如此反复进行1～2次，一定要让杏仁完全覆盖上巧克力，然后继续加入巧克力浆，每次0.7L左右。

一定要等前一次涂挂料凝固之后，再加入新的巧克力。为加速凝固，每次加入巧克力浆后都要进行吹风冷却，在不使用吹风冷却的情况下，挂衣锅的旋转时间不能过长，否则由于摩擦产生的热会使杏仁肉上的涂料熔化脱落。按照上述工艺制作的杏仁巧克力糖，每一份杏仁大约要1～3份巧克力涂层。

最后一次涂挂巧克力浆后，加113～117g经研磨熔化可可脂，使其均匀地滚在糖果表面。一旦可可脂凝固，糖果表面光滑后，立即将杏仁巧克力移出锅，至少放置30分钟后，再进行抛光处理。

2）抛光剂制备。砂糖0.908kg，粉状阿拉伯树胶1.8kg放入3.2kg水中，加热使树胶熔化，用50目筛过滤后，加入糖浆2.7kg，然后加热约10分钟，撇去上面的泡沫。将制成的抛光剂放入广口瓶中，用等量热水将抛光剂稀释并进行冷却后使用。

3）抛光操作。将杏仁巧克力糖放入抛光锅进行抛光处理，这种抛光锅装有凹凸的条槽，当锅转动时，可使涂挂巧克力的杏仁颠簸滚动，其转速为30～35r/min。转动的同时，要向锅内喷撒稀释的抛光剂，手工翻动糖果，使抛光剂既快又薄地挂在糖果表面，这时要通入冷风，继续使糖果转动，使第一遍抛光层干燥，再加入少量的抛光剂，重复上述操作 3~5 次。

为了防止产品抛光层被擦掉，可用 5cm 的骆驼毛刷，在糖果表面涂上稀释的糖果用虫胶，用量极少，以恰好涂满表面即可，然后进行吹风处理，使转动的产品迅速干燥。将抛光后的产品放入深 5~7.6cm 的浅盘中，放置数小时后包装。

4）注意事项。生产这种产品的设备为标准的、表面光滑的旋转式挂糖衣锅，其直径为 90~100cm，顺时针转速控制在 24~30 r/min，在室温为 15.3~18.3℃，湿度为 45%~55% 的条件下向挂衣锅内吹温度为 18.3℃ 的干燥空气，以控制环境温、湿度。

这种糖果对巧克力涂层的厚薄以及杏仁的大小都没有严格的限制，作为涂层的原料可以使用深色巧克力与牛奶巧克力的混合物，也可使用牛奶巧克力与半甜巧克力的混合物。在对杏仁涂第一遍巧克力时，最好在涂料中加入少量带苦味的巧克力或熔化的可可脂，这样可使涂层完全覆盖杏仁。

（3）产品特点。圆形，表面深褐色，光滑，有光泽，巧克力外表香甜，杏仁酥脆。

3. 麦丽素牛奶巧克力

（1）原料配比。麦丽素牛奶巧克力原料配比见表 8-21。

表 8-21　麦丽素牛奶巧克力原料配比表

麦丽素配料	含量（kg）	麦丽素配料	含量（kg）
脱脂奶粉	32.0	麦芽糖	11.0
糖粉	12.0	苏打	0.3
糊精粉	11.5	碳酸氢铵	0.17
淀粉	11.0	水	22.0
巧克力酱	适量		

（2）工艺流程。如图 8-14 所示。

（3）制作方法。

1）心料配制：脱脂奶粉、糖粉、糊精、淀粉等过 100 目筛后倒入打蛋机桶内，加入计量好的水，低速搅拌 10 分钟，再加入苏打，碳酸氢铵搅打 2~3 分钟，即注模。心体烘焙温度控制在 92~100℃，时间为 3~4 小时。

2）巧克力酱料制备：可可液块、可可脂等配料按纯巧克力料操作规程经精磨、精炼、调温等工序制成巧克力酱。

3）涂层。将冷却的心体料倒入糖衣锅内，开启冷风，慢慢加入巧克力酱料，待第一次酱料涂匀结晶后，再进行第 2 次和第 3 次涂层，厚度达 2mm 左右，心体与酱料质量比为 1:3 时即可。

```
┌──────┐  ┌──────┐  ┌──────┐  ┌──────┐
│ 乳粉 │  │ 糖粉 │  │ 糊精 │  │ 淀粉 │
└──┬───┘  └──┬───┘  └──┬───┘  └──┬───┘
   │         │         │         │
   └─────────┴────┬────┴─────────┘
                  │
              ┌───▼───┐          ┌────────┐
              │ 过筛  │          │ 心体料粒│
              └───┬───┘          └───┬────┘
                  │                  │
              ┌───▼───┐          ┌───▼────┐
              │ 配料  │          │ 涂衣成型│
              └───┬───┘          └───┬────┘
                  │                  │
              ┌───▼───┐          ┌───▼───┐
              │ 搅打  │          │ 抛光  │
              └───┬───┘          └───┬───┘
                  │                  │
              ┌───▼───┐          ┌───▼───┐
              │ 成型  │          │ 检验  │
              └───┬───┘          └───┬───┘
                  │                  │
              ┌───▼───┐          ┌───▼───┐
              │ 干燥  │          │ 包装  │
              └───┬───┘          └───┬───┘
                  │                  │
              ┌───▼───┐          ┌───▼───┐
              │ 筛粒  │─────────▶│ 成品  │
              └───────┘          └───────┘
```

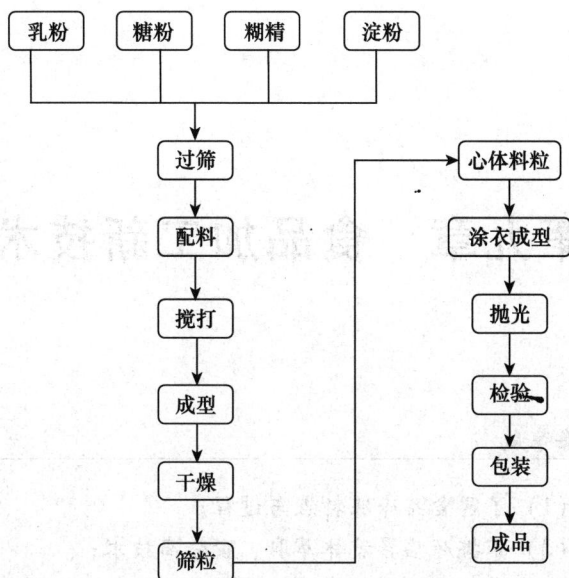

图 8-14 麦丽素牛奶巧克力生产流程

4）抛光。涂层后进行抛光，经检验合格后，即可包装成品。

（4）产品特点。圆形呈棕色，表面光亮，巧克力层厚薄均匀，有天然可可香味和乳香味，营养丰富。

复习思考题

1. 简述糖果的分类。
2. 试述熬煮糖果加工工艺流程和操作要点。
3. 简述充气糖果的充气方法。
4. 巧克力的分类有哪些？
5. 简述纯巧克力的加工工艺与操作要点。

第九章 食品加工新技术

学海导航

（1）了解食品冷冻特点与过程；
（2）掌握超临界流体萃取、膜分离技术；
（3）掌握食品浓缩方法。

第一节 食品分离技术

分离是食品工程领域中的一个重要操作单元，它根据被分离物料的物理、化学性质的不同，采用相应的技术手段，实现食品中不同组分的分离。分离过程可以运用物理方法、化学方法或者生物方法，也可以是这些方法互相结合。本节的主要内容集中在食品工业生产中较为成熟的各种高新分离技术，如超临界流体萃取技术、膜分离技术、分子蒸馏技术、冷冻干燥技术等，以及这些技术在食品生产中的应用情况。

一、超临界流体萃取技术

超临界流体萃取，也叫气体萃取、流体萃取、稠密气体萃取或蒸馏萃取，由于萃取中的一个重要因素是压力，因此广义地将其称之为压力流体萃取。超临界流体萃取是利用流体在临界点附近某一区域（超临界区）内具有的溶解特性，从混合物中提取可溶性组分的新技术。在食品生产中运用该技术可以明显提高制品的纯度、质量和产率，还可节能、省时。可作为超临界流体的物质很多，如二氧化碳、一氧化亚氮、六氟化硫、乙烷、甲醇、氨和水，但最为常用的是 CO_2。

（一）超临界流体萃取的工艺流程

超临界流体萃取的工艺流程一般由萃取和分离两部分组成，其中萃取步骤大致相同，都是在萃取槽中进行的，而分离析出溶质的方法有三种，因此，工艺流程也可分为三种。

1. 等温变压法

萃取和分离在同一温度下进行。萃取相减压，超临界流体的密度下降，因此对溶质的溶解度也跟着下降，于是溶质析出得以分离。溶剂经压缩机加压后再回到萃取槽，溶质经分离器分离从底部取出。如此循环，从而得到被分离的萃取物。该过程易于操作，应用较为广泛，但能耗高一些。

2. 等压变温法

萃取和分离在同一压力下进行。萃取完后，超临界的萃取相从萃取槽输送到加热器，随着温度升高，超临界流体的溶解能力下降，从而使溶质析出得以分离。作为萃取剂的气体经冷却器降温升压后循环使用。此过程只需用循环泵操作即可，压缩功率较小，但需要使用加热蒸汽和冷却水。

3. 恒温恒压法(或称吸附法)

萃取的温度和压力都没有变化。将萃取了溶质的超临界流体再通过一种溶质吸附分离器，溶质便与萃取剂即超临界流体分离。吸附萃取流程适用于萃取除去杂质的情况，萃取器中留下的剩余物则为提纯产品。

以上前两种流程主要用于萃取相中的溶质为需要的精制产品，第三种流程则常用于萃取产物中杂质或有害成分的去除。

（二）超临界流体萃取技术在食品分离中的应用

伴随着人类社会的进步，饮食文化的内涵不断丰富，人们对食品提出了营养性、方便性、功能性等更高的要求，同时还越来越强调其安全性。超临界流体特别是超临界 CO_2 萃取技术以其提取率高、产品纯度好、过程能耗低、后处理简单、无毒、无三废、无易燃易爆危险等诸多优势，近年来得到了广泛的应用。随着对超临界流体萃取技术研究的不断深入，其应用范围越加广阔。

1. 某些特定成分的提取

（1）天然色素的提取。传统的生产工艺提取天然色素，产品质量差，溶剂有残留，纯度低，而采用超临界 CO_2 提取可避免这些问题的出现。目前，对这方面的研究很多，如用超临界 CO_2 流体萃取茶花蜂花粉中的胡萝卜素，超临界 CO_2 萃取秋橄榄果实中的番茄红色素，以及红曲米中红曲色素的提取等。

（2）天然香料的提取。植物中的挥发性芳香成分由精油和某些特殊香味的成分构成。在超临界条件下精油和特殊的香味成分可同时被抽出，而且精油在超临界 CO_2 流体中的溶解度很大，与液体 CO_2 几乎能完全互溶，因此可提高萃取效率。

（3）植物油脂的萃取。超临界 CO_2 萃取对植物油脂的应用比较广泛成熟，植物种子富含油脂，传统的提取采用压榨法或溶剂萃取法。大量研究表明，利用超临界 CO_2 萃取技术得到的油产品油色清亮，杂质含量低，油收率高，并且可省去减压蒸馏和脱臭等精制工序。

（4）动植物中功能成分的提取。一些生理活性物质易受常规分离条件的影响而失去生理活性功效。超临界流体萃取由于分离条件十分温和，而在这个领域有十分广阔的前景。例如，超临界流体萃取对鱼油中含有的 EPA 和 DHA 这类具有生理活性的不饱和脂肪酸的提取获得了较好的效果。

2. 不良颜色、风味及功效成分的脱除

（1）脱咖啡因。超临界流体萃取技术得到较早大规模的工业化应用的是天然咖啡豆的脱咖啡因。咖啡因是一种较强的中枢神经系统兴奋剂，富含于咖啡豆和茶叶中，许多人饮用咖啡或茶时，不喜欢咖啡因含量过高，而且从植物中脱下的咖啡因可做药用。它常作为药物中的掺合剂，因此咖啡豆和茶叶脱咖啡因的研究应运而生。经过科研实践，运用该技术能够使茶叶和咖啡豆中的咖啡因脱出率超过 85%。

（2）大蒜脱臭。有研究利用超临界 CO_2 萃取技术进行大蒜脱臭的同时保留大蒜 SOD，发现该技术能使大蒜 SOD 保留率达到 95% 以上，同时较好地实现了大蒜的脱臭目的。

（3）黄米醇溶蛋白脱色。处于临界状态的流体 CO_2 有很低的黏滞性和对色素很强的溶解能力，但由于结构上的原因，黄米醇溶蛋白中的类胡萝卜素在流体 CO_2 中的溶解度是有限的，所以，虽经超临界 CO_2 流体萃取，醇溶蛋白仍然略呈黄色。由于无水乙醇（极性脂溶性溶剂）可以解开蛋白质的多层螺旋结构，使内陷于"疏水口袋"中的叶黄素暴露而易于被萃取。所以，在同样的操作条件下，添加 15% 的无水乙醇作为夹带剂可得到视觉纯白的脱色蛋白样品，脱色效果较好。

二、膜分离技术

膜分离指的是利用天然或人工合成的高分子薄膜（分离膜）为介质，借助于膜的选择渗透作用，在外界能量或化学位差的作用下对双组分或多组分的溶质和溶剂进行分离、分级、提纯和浓缩的方法。膜分离技术包括微滤（MF）、超滤（UF）、纳滤（NF）、反渗透（RO）、气体分离（GP）、渗透蒸发（PV）、渗析（DL）和电渗析（ED）等一系列膜过程。

（一）膜的材料

膜材料主要有两类：高分子膜材料和无机膜材料。高分子膜材料包括纤维素衍生物类、聚酰胺类、聚烯烃类、芳香聚合物类、含氟聚合物等；无机膜材料包括陶瓷膜材料、金属膜材料、玻璃膜材料、分子筛膜材料等。

1. 纤维素衍生物类

此类膜材料是研究最早、应用最多的膜材料。纤维素类膜材料主要包括：天然纤维素、再生纤维素、二醋酸纤维素、三醋酸纤维素、硝酸纤维素、乙基纤维素、混合纤维素等。

2. 聚酰胺类

聚酰胺类是一类非常重要的膜材料。主要包括：尼龙-6、尼龙-66、聚砜酰胺、芳香族聚酰胺、聚酰亚胺、聚醚酰胺等。

3. 聚烯烃类

聚烯烃类膜材料主要包括：聚乙烯(PE)、聚丙烯(PP)、聚丙烯腈(PAN)、聚氯乙烯(PVC)、聚乙烯醇(PVA)、聚偏二氯乙烯(PVDC)等。

4. 芳香聚合物

芳香聚合物主要包括：聚碳酸酯、聚酯、聚醚酯、聚醚酮、聚醚醚酮、聚苯并咪唑、聚苯并咪唑酮、聚亚苯基硫化物等。芳香聚合物最大的特点是耐热性能优异。

5. 含氟聚合物

含氟聚合物主要包括：聚四氟乙烯、聚偏二氟乙烯等。含氟类材料憎水性很强，耐强酸、强碱侵蚀，耐热性好，适合于处理蒸气和腐蚀性液体。

6. 无机膜材料

与高分子膜相比，无机膜具有以下特点：①热稳定性好，适用于高温、高压下的气体分离，特别是将分离过程和膜催化反应结合的情形；②化学稳定性好，能耐酸和弱碱，pH 使用范围宽，尤其陶瓷膜通常可用于任何 pH 和任何有机溶剂存在下的苛刻条件；③抗微生物能力强，与一般微生物不发生生化及化学反应；④机械强度大；⑤无毒，不会使被分离体系受到污染，容易再生和清洗；⑥无机膜的孔径分布窄，分离性能好。其缺点是比较脆，不易加工，成本高，强碱条件下容易受到污染和侵蚀。

（二）膜分离的基本方法

根据分离过程中推动力的不同，膜分离技术可分为两类：一类是以压力为推动力的膜分离，如超滤、纳滤和反渗透；另一类是以电力为推动力的分离过程，所用的是一种特殊的半透膜，称为离子交换膜，这种分离技术叫做离子交换，如电渗析。

1. 微滤和超滤

微滤和超滤是一种精密过滤技术，微滤所分离的组分直径为 $0.03 \sim 15\mu m$，主要除去微粒、亚微粒和细粒物质。它多用于半导体工业超纯水的终端处理，反渗透的首端预处理，如在啤酒与其他酒类的酿造中，用于除去微生物与异味杂质等。而超滤所分离的组分直径为 $0.005 \sim 10\mu m$，介于反渗透与微滤之间。超滤在水处理方面应用十分广泛。它可以与反渗透联合制备高纯水；可以处理生活污水；处理工业废水，包括电泳涂漆废水、含油废水、含聚乙烯醇(PVA)废水等；可以从羊毛精制废水中回收羊毛脂；处理纤维加工油剂废水；等等。

2. 纳滤

纳滤膜是孔径介于反渗透与超滤膜之间的压力渗透膜。它对相对分子质量介于 $200 \sim 1000$ 之间的有机物和高价、低价、阴离子无机物有较高的截留性能。纳滤被广泛用于水软化、有机生物活性物质及化工中间物的除盐和净化浓缩、水中三卤代物前趋物的去除、废水脱色等领域。由于纳滤膜对物料中的盐和其他有效组分之间的选择性透过

（即纳滤膜选择透过低分子量的盐，而对其他分子量较大的有效组分则全部截留），盐随着渗透溶剂而被不断去除，从而达到对物料的除盐净化目的。

3. 反渗透

当把相同体积的稀溶液（如淡水）和相同体积的浓溶液（如盐水）分别置于半透膜的两侧时稀溶液的溶剂将在渗透压的作用下自发向浓溶液的一侧流动，这一现象称为渗透。若在浓溶液的一侧施加一个大于渗透压的压力，溶剂的流动方向将与原来的渗透方向相反，开始从浓溶液向稀溶液一侧流动，这一现象称为反渗透。反渗透装置就是利用这一原理用高压泵将待处理水经过增压以后，借助半透膜的选择截留作用来去除水中的无机离子的，由于反渗透膜在高压情况下只允许水分子通过，而不允许钾、钠、钙、锌等离子及病毒、细菌通过，所以，这种技术被广泛运用在纯水的生产当中。

4. 电渗析

电渗析是在外电场的作用下，利用一种特殊膜（离子交换膜）对离子具有不同的选择透过性，而使溶液中的阴、阳离子与其溶剂分离。用电渗析脱盐时，在外界电场的作用下，阳离子透过阳离子交换膜向负极方向运动，阴离子透过阴离子交换膜向正极方向运动。这样就形成了淡水室（去除离子的区间）和浓水室（浓聚离子的区间）。同时，在靠近电极的附近，则形成了极水室。水经过淡水室引出，便得到脱盐的水。

（三）膜分离技术在食品工业中的应用

1. 膜分离技术在果蔬汁澄清处理中的应用

传统的果蔬汁澄清处理方法有自然沉降、离心分离、活性炭吸附、板框过滤以及酶处理法等，都存在有不同的缺点。将膜分离技术应用于果蔬汁等饮料的澄清时，可在分离产生浑浊组分的同时，进行澄清处理。由于膜分离技术无加热、无相变等特点，可以保存原有风味，同时具有高效特点。利用膜分离技术处理甘蔗汁、苹果汁等果汁，分离澄清的效果非常显著。

2. 膜分离技术在茶饮料浓缩处理中的应用

膜分离技术浓缩茶汁，采用超滤或反渗透的工艺，避免了其他浓缩法的高温相变，而超滤则可以解决沉淀混浊及冷后浑浊现象，同时又为反渗透膜浓缩做准备。去除了茶汁中的大分子，如蛋白质等。超滤后茶汁浊度接近于零，对保持茶的香气、滋味、色泽有直接影响，而反渗透膜浓缩与真空浓缩相比有其无法比拟的优越性，运行成本低，产品质量明显提高。

3. 膜分离技术在乳品工业中的应用

反渗透、超滤技术在乳品工业中的最主要应用是乳蛋白的回收、脱盐和牛乳的浓缩。乳清中含有高营养价值的蛋白质、乳糖、乳酸、脂肪及矿物质。为了从相对分子质量低组分中分离出蛋白质，通常采用超滤和反渗透处理。

4. 膜分离技术在酶制剂工业中的应用

目前报道最多的利用膜分离技术进行酶的分离及提纯，取得了良好的效益，同时，利用膜分离技术进行酶的精制和浓缩方面的研究实践也较多。

5. 陶瓷膜在食品工业中的应用

最近，陶瓷膜的应用研究已经成为了行业热点。例如，对功能性因子的分离研究已经成为食品及药学科研单位的热点课题。江南大学采用陶瓷膜对麦胚水溶性提取物中的谷胱甘肽的分离研究。

三、分子蒸馏技术

分子蒸馏（molecular distillation）又称短程蒸馏（short-dath distillation），是一种在高真空度条件下进行非平衡分离操作的连续蒸馏过程，它是以液相中逸出的气相分子依靠气体扩散为主体的分离过程。

（一）分子蒸馏技术的基本原理

不同物质因其有效直径不同，分子运动平均自由程不同，即轻分子的自由程较大，中分子的自由程较小。分子蒸馏技术正是利用了不同种类分子逸出液面后直线飞行的距离不同这一性质来实现物质分离的。液体混合物为了达到分离的目的，首先进行加热，能量足够的分子逸出液面。轻分子的平均自由程大，重分子的平均自由程小，若在离液面小于轻分子自由程而大于重分子自由程的地方设置一冷凝面，使得轻分子落在冷凝面上被冷凝，而重分子则因达不到冷凝面，而返回原来的液面，从而将混合物分离，如图9-1所示。

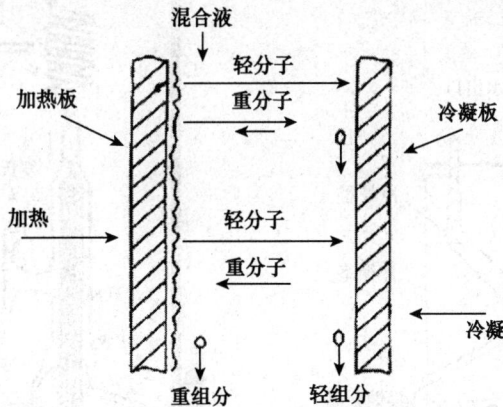

图9-1　分子蒸馏原理示意图

（二）分子蒸馏设备

1. 分子蒸馏系统

分子蒸馏全套装置由加热系统、蒸发系统、冷凝系统、真空系统、控制系统等部分组成，如图9-2所示。

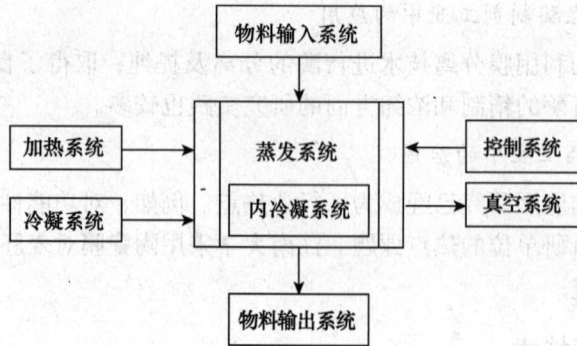

图 9 - 2　分子蒸馏系统

2. 分子蒸发器

分子蒸发器是分子蒸馏装置的核心部分。根据分子蒸馏器的结构形式和操作特点，主要分为：静止式蒸发器、降膜式蒸发器、刮膜式蒸发器和离心式蒸发器。

（1）静止式蒸发器。该类蒸馏器出现最早，结构最简单，由蒸馏釜和内置冷凝器组成，类似于简单蒸馏实验装置；其特点是有一个静止不动的水平蒸发表面，如图 9 - 3 所示。间歇釜式分子蒸馏器分离能力低、分离效果差，物料停留时间长，热分解危险性大，目前已经不再采用。

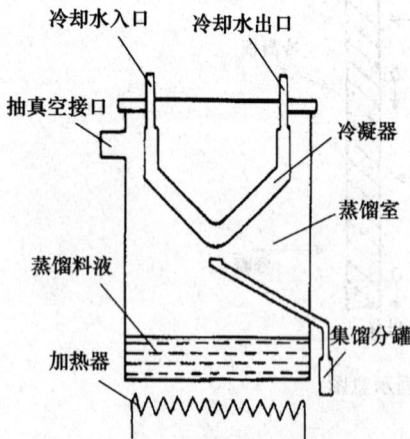

图 9 - 3　静止式蒸发器

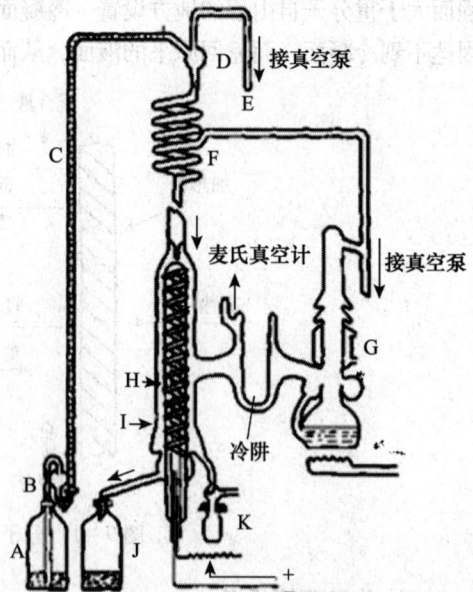

图 9 - 4　降膜式蒸发器

（2）降膜式分子蒸馏器。降膜式分子蒸馏器在实验室及工业生产中有广泛应用。它由具有圆柱形蒸发面的蒸发器和与之同轴且距离很近的冷凝器组成，物料靠重力在蒸发表面流动时形成一层薄膜，如图9-4所示。与间歇釜式分子蒸馏器相比，其优点是液膜的厚度小，停留时间短，热分解概率大大降低，蒸馏过程可连续进行，生产能力大。但其液膜厚度不均匀，液体流动时常发生翻滚现象，容易形成过热点使组分发生分解，所产生的雾沫也常溅到冷凝面上；液膜呈层流流动，传质和传热阻力大，降低了分离效率。

（3）刮膜式分子蒸馏器。在降膜分子蒸馏装置内设置一个转动的刮膜器，当物料在重力作用下沿加热面向下流动时，借助刮膜器的机械作用将物料迅速刮成厚度均匀、连续更新的液膜分布在加热面上，从而强化传热和传质过程，提高了蒸发速率和分离效率，如图9-5所示。优点是物料的停留时间短，成膜更均匀，热分解可能性小，生产能力大，蒸馏过程可以连续进行。但是，此类蒸馏装置的液体分配装置难以完善，成膜性相对较差，液膜不均匀，且相对较厚，蒸馏效率较低；液体流动时常发生翻滚现象，所产生的雾沫也常溅到冷凝面上；从塔顶至塔底的压力损失相当大，所以有加热温度变高的缺点。

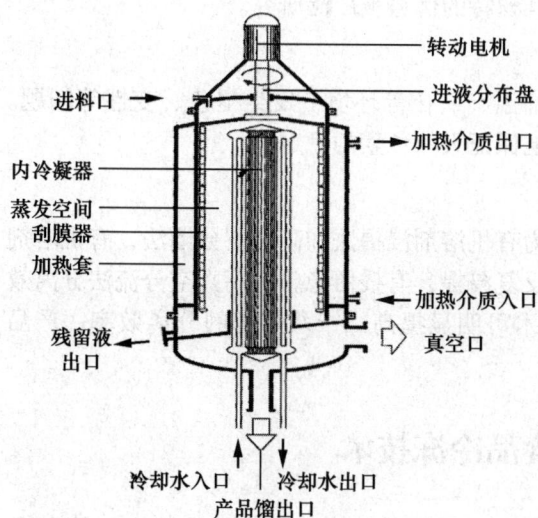

图9-5　刮膜式蒸发器

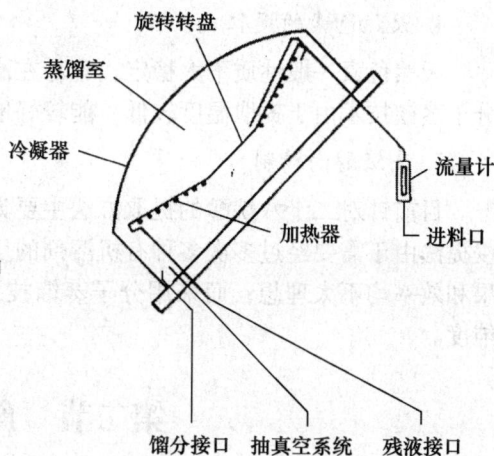

图9-6　离心式蒸发器

（4）离心式分子蒸馏器。离心式分子蒸馏装置是将物料输送到高速旋转的转盘中央，并在旋转面扩展形成液膜，同时加热蒸发使之在对面的冷凝面上冷凝，如图9-6所示。该装置由于离心力的作用，液膜分布均匀且薄，分离效果好，停留时间更短，处理量更大，可处理热稳定性很差的混合物，是目前较为理想的一种装置形式。

（三）分子蒸馏技术在食品工业中的应用

分子蒸馏可广泛应用于国民经济的各个方面，特别适用于高沸点、热敏性及易氧化物料的分离。目前可应用分子蒸馏生产的产品在数百种以上。今后，随着人们崇尚天然、回归自然潮流的兴起，分子蒸馏技术生产的产品必将有更广阔的市场前景。主要应用如下：

1. 芳香油的提取

分子蒸馏技术目前已研究证实可以用于生产的芳香油包括香茅精油中柠檬醛的富集、杭白菊精油的生产、当归根萃取物中蒿苯内酯的提取、玫瑰精油的提取、大蒜油中有机硫化物二烯丙基二硫醚（DADs）和二烯丙基三硫醚（DATs）的提纯等。

2. 天然维生素

近年来，分子蒸馏技术用于浓缩脱臭馏出物中的天然维生素 E 也被广大科研工作者研究。例如，有研究从生产大豆油、菜籽油、葵花籽油等植物油的脱臭馏出物中进行生育酚的提取采用分子蒸馏处理，能够获得较高浓度的生育酚。

3. 功能性脂肪酸提取

深海鱼油富含多不饱和脂肪酸，典型代表物是 ω-3 不饱和脂肪酸二十碳五烯酸（EPA）和二十二碳六烯酸（DHA）。现代医学证明，EPA 和 DHA 具有很高的药用和营养价值。然而多不饱和脂肪酸极易被氧化，大量的医药和食品工作者致力于阻止或者减缓多不饱和脂肪酸氧化的研究。分子蒸馏以其独特的优势被广泛研究。

4. 天然色素的提取

天然色素一般性质不太稳定，容易在高温、氧化等环境下发生褪色、变性等问题。分子蒸馏技术由于提取温度较低，能较好地保证天然色素的稳定。

5. 高级醇的精制

目前针对二十八烷醇的提取方法主要为有机溶剂浸提法和高真空分馏法，有机溶剂浸提法由于需要经过多次多种有机溶剂的反复浸提，有残留隐患，高真空分流法分离效果和效率均不太理想；而采用分子蒸馏技术可明显提高二十八烷醇的分离效率、产品纯度。

第二节　食品冷冻技术

食品冷冻技术主要是通过降低化学反应速度和微生物的生长繁殖速率，控制食品的化学、生物化学和物理化学的变化，达到延长保鲜期、保持食品营养和风味的目的。

一、冷冻干燥技术

冷冻干燥又称真空冷冻干燥、冷冻升华干燥、分子干燥等。它是利用冰晶升华原理，将含水物料先行冻结，使物料中的大部分水冻结成冰，然后在高真空的环境下，使冰直接升华为水蒸气而使物料脱水的过程。

（一）冷冻干燥的理论

1. 水的三相点

真空冷冻干燥基本原理是基于水的三相变化。随着压力的降低，水的冰点变化不大，而沸点不断下降，逐渐接近冰点。当水的沸点降至与冰点重合时，水的气、液、固三相共存，此时对应的气压、温度值称三相点，纯水的三相点为(610.5Pa，0.01℃)。在三相点温度和压力以下，冰由固相直接转变为气相，称之为升华。

2. 升华

在高真空状态下，利用升华原理，使预先冻结的果蔬中的水分直接以冰态升华为水蒸气被除去，从而得到冷冻干燥脱水食品。

3. 共晶点与共熔点

共晶点是指物料溶液析出冰晶体后，水与溶质达到平衡，共晶溶液全部冻结时的温度，是溶液完全冻结固化的最高温度。

溶液完全冻结后，随着温度上升，开始有冰晶融化的温度称为共熔点。

冻结的最终温度常以物料的共晶点为依据，必须达到共晶点以下才能保证物料完全冻结。干燥过程中的物料，其干燥层温度必须保持在共熔点以下，否则不能保证水分全部以汽化形式除去。

4. 冷冻干燥中的传热和传质

进行冷冻干燥的必要条件是，既要提供冰晶升华所需要的热量，又要及时除去升华出来的水蒸气。在食品冷冻干燥过程中，若传给升华界面的热量等于从升华界面溢出的水蒸气升华所需的热量时，则升华界面的温度和压力均达到平衡，升华正常进行。

（二）冷冻干燥过程

冷冻干燥过程一般分三步进行，即预冻结、升华干燥(或称第一阶段干燥)、解析干燥(或称第二阶段干燥)。

1. 预冻结

经过预处理(拣选检测、清洗、去皮去核、切割、热漂烫、冷却等)的产品用适宜的容器分装，预先冻结至共晶点以下，才能进入冷冻干燥。预冻的目的是保护物料的主要性能不变，生产的冻干制品有合理的结构以有利于水分升华。冻干的物料需配置成10%~15%的溶液，采用散装或瓶装方式分装。预冻可以直接在冻干箱内进行，也可在箱外进行。

2. 升华干燥

在产品的冻结冰消失前的升华过程为第一阶段干燥，即升华干燥。将冻结后的产品置于密闭的真空容器中加热，其冰晶就会升华成水蒸气逸出而使产品脱水干燥，干燥是从外表面开始逐步向内推移的，冰晶升华后残留下的空隙变成尔后升华水蒸气的逸出通道。此时注意提供适宜速率的热通量以保证升华的进行而又不致达到共熔点以上，温度过低升华时间太长，温度高于共熔点将发生产品体积缩小、出现气泡溶解困难等不良现象。

3. 解析干燥

不含冻结冰的产品尚含有 10% 的水分，为使产品达到预定的残余含水量，必须对其进一步干燥，称之为解析干燥。由于在分子间作用力的束缚下，这部分水分难以被冻结，也难以除去，必须提高条件以达到干燥要求。此阶段可使产品温度迅速上升至该产品允许的最高温度（一般是 25~40℃），以利于降低残余水量并减少解析干燥的时间。第二阶段干燥后，产品内残余水分的含量视产品种类和要求而定，一般在 0.5%~4%。

（三）冷冻干燥设备

含水物质的冷冻干燥是在真空冷冻干燥设备中实现的，根据所冻干的物质、要求、用途等不同，相应的冻干设备也不同。冻干设备主要由四部分组成，即制冷系统、真空系统、水汽去除系统和加热系统。另外，还有供热系统及控制系统。如图 9-7 所示。

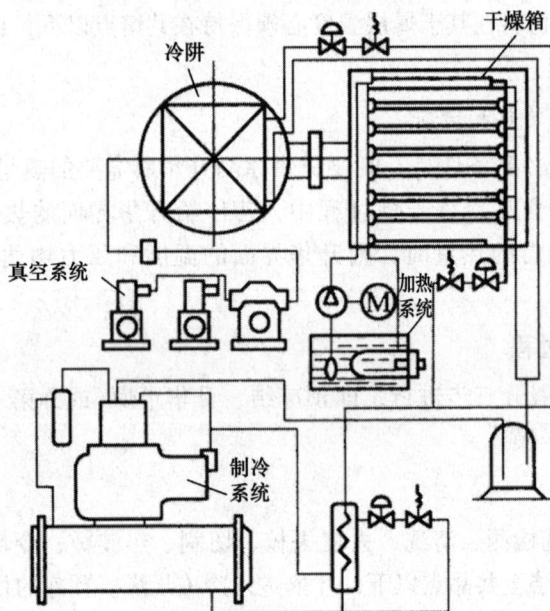

图 9-7　真空冷冻干燥设备结构图

1. 制冷系统

制冷系统由冷冻机组与冷冻干燥箱、冷凝器内部的管道等组成。冷冻机可以是互相独立的两套，即一套制冷冷冻干燥室，一套制冷冷凝器，也可合用一套冷冻机。

2. 真空系统

真空系统由冷冻干燥室、冷凝器、真空阀门和管道、真空泵和真空仪表组成。

3. 水汽去除系统

在冷冻干燥时需不断地排除制品中的水汽，捕捉水汽主要是利用被冷却的表面来使水汽凝结成水，这种容器称为水汽凝结器或冷阱。冷阱是一个真空密封的容器，内有表面积很大的金属管路连通冷冻机，温度 -80 ~ -40℃，可将干燥室中的水蒸气冷凝吸附变成冰，以免进入真空泵，一方面可减小真空泵的工作负担，另一方面能够保证干燥室具有较低的真空度。水汽凝结器安装在干燥箱与真空泵之间，水汽的凝结是靠箱体与水汽凝结器之间的温差形成的压力差作为推动力，故水汽凝结器表面的温度要比干燥箱的低。水汽凝结器的结构形式多种多样，按放置的方式可分为立式与卧式，按圆筒内凝结面的形状可分为单螺旋管式、多层螺旋管式、蛇管式和板式等。

4. 加热系统

为了使冻结后制品中的水蒸气不断地从冰晶中升华出来，就必须提供水蒸气升华所需的足够热量，因此要有加热系统。按提供热量方式的不同，可分为直接加热和间接加热两种类型。直接加热可采用电加热，也可采用红外或微波加热。

5. 控制系统

控制系统的主要控制包括制冷机、真空泵的起、停，加热温度的控制，物料温度、冷阱温度、真空度的测试与控制，自动保护和报警装置等。自动控制系统的功能是对冻干机的各个重要参数进行测量、显示，根据预先的设置对冻干机进行精确控制，使其运行在规定的状态，可对故障状态报警并自动应急处理。

（四）冷冻干燥在食品工业中的应用

根据美国农业部提供的资料，真空冻干食品的加工费是冷冻食品和罐头食品的 2 倍多，但其销售储藏费用较低。从整个加工流通过程的总成本看，真空冻干食品为罐头食品的 1.02 倍，为冷冻食品的 1.28 倍，三者相差不大。近年来，我国开发、研制的真空冻干设备取得了可喜的成果，工艺技术达到了国外同类设备先进水平。

由于真空干燥农产品的价格是热风干燥产品的 4 ~ 6 倍，是速冻产品的 7 ~ 8 倍，因此，近几年在我国发展迅速，利用真空冷冻干燥技术不仅可以对绝大部分的蔬菜、水果、肉食、水产品进行冻干。而且可对牛奶、豆浆、果汁、蜂王浆等进行冻干，目前，在食品工业原料、烹饪原料、土特产品、调味品、补品、饮料、休闲食品等方面都已开发出多种产品。

二、冷冻浓缩技术

冷冻浓缩是指将溶液中的一部分水以冰的形式析出，并将其从液相中分离出去，从而使溶液浓缩的方法。冷冻浓缩特别适用于热敏性液态食品、生物制药、要求保留天然色香味的高档饮料及中药汤剂等的浓缩处理。

（一）冷冻浓缩的原理

冷冻浓缩是利用冰与水溶液之间的固液相平衡原理，将水以固态方式从溶液中去除的一种浓缩方法。图 9 - 8 为表示水溶液与冰之间的固液平衡关系的示意图，图中物系组成为质量分数。

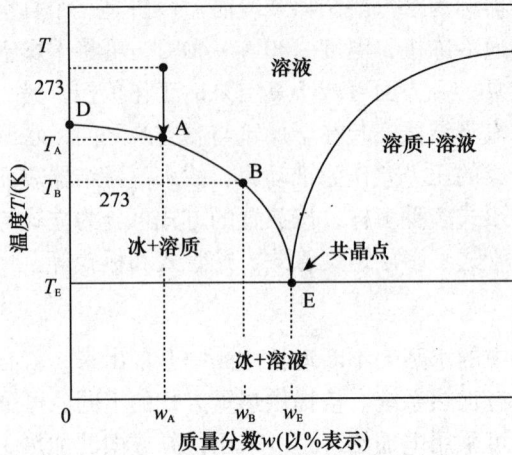

图 9 – 8　简单的双组分相图

（二）冷冻浓缩的过程

冷冻浓缩的过程主要包括结晶和分离两个方面。

1. 结晶

一般来说，结晶指的是溶质的析出，而冷冻浓缩过程中所指的结晶是溶剂的结晶。目前，工业上常采用的冷冻浓缩的结晶方式有悬浮结晶冷冻浓缩法和渐进冷冻浓缩法两种。悬浮结晶过程中，晶核形成速率与溶质浓度、溶液主体过冷度有关，一般来说，提高搅拌速度，使温度均匀化，对控制晶核形成是有利的。渐进冷冻结晶主要采用的层状冻结，又称为规则冻结，是晶层依次沉积在先前由同一溶液所形成的晶层之上，是一种单向的冻结。

2. 分离

分离是指经过结晶所形成的冰晶体和被浓缩液之间的分离。冷冻浓缩在工业上的应用成功与否，关键在于分离的效果。一般来说，分离主要采用过滤的方法进行，过滤完成后，为了防止分离出的冰晶体上残留较多的浓缩液，一般还要进行冰晶体的清洗。

（三）冷冻浓缩在食品工业中的应用

该技术在国内也已被广泛应用于食品工业中，并在相关理论和设备开发上取得了许多新进展。

1. 果蔬汁液类产品的浓缩

冷冻浓缩在果蔬汁行业的应用最广。在国外，有人将冷冻浓缩技术应用于一种生长于安第斯山脉的浆果，发现此技术并未改变其果肉的色泽及酸度，并明显降低了挥发性物质的损失量，且很好地保留了浆果独特的香味。也有将管式结冰渐进式冷冻浓缩系统应用于含果肉的番茄汁的浓缩，可浓缩至 12.5%，如果事先将果肉去除，则番茄汁可浓缩至 40%，浓缩效果非常好。

2. 酿酒行业

在酿酒过程中运用冷冻浓缩技术，可以较好地提高酒体的品质。另外，有人也通过对经过冷冻浓缩的葡萄酒的品质研究，发现其能最大限度地降低因浓缩带来的葡萄酒品质劣变问题。

3. 乳制品方面

冷冻浓缩在乳品浓缩中也获得了较好的应用效果。有人以去脂牛乳为对象进行冷冻浓缩，维持最佳热平衡条件，以求获得易分离的表面光滑的大冰晶，效果较为理想。另外，冷冻浓缩的同时，也能结晶分离乳糖，进而得到低乳糖乳制品。

4. 茶叶行业

冷冻浓缩在茶饮料的浓缩方面具有很大的应用价值。冷冻浓缩可使茶饮料中含有的营养成分与风味物质得到最大限度的保护。例如，有人对新鲜茶叶水提取液进行了冷冻浓缩实验，通过对浓缩液的主要有效成分（茶多酚）的定量分析，发现通过调节合适的冷冻温度及结冰速率，茶多酚的损失能控制在 10% 以内。

三、冷冻粉碎技术

冷冻粉碎技术是利用冷冻与粉碎两种技术相结合，使食品原料在冷冻状态下进行粉碎制成干粉的技术。冷冻粉碎突破了常规粉碎工艺的局限性，使得粉体加工食品的制造技术得到了重大改进。

（一）冷冻粉碎的特点

常温粉碎固体的效果，在很大程度上受到物料性质及粉碎机类型的影响。例如：对于含油或含水分较多的食品，粉碎后因微粒化产生分离凝聚，造成粉碎机的堵塞，生产能力下降。此外，粉碎中所投入能量的大部分因转化为热能，而以热的形式散发，这一点对于热敏性食品极为不利，常常造成食品的变质、熔解、黏着，导致生产能力下降。但如果预先将待粉碎的材料冷却冻结到脆化点以下，就可以利用其低温脆性轻而易举地使物料粉碎，从而避免了上述问题的发生。

（二）冷冻粉碎技术在食品工业中的应用

由于冷冻粉碎技术可以粉碎常温难以奏效的物质，如含水分或油分多的食品，而且在处理过程中原料处在低温状态和惰性介质中，有效地抑制了芳香成分的挥发和物质的氧化变质。因而制得的粉体品质优良，适用于配制配方食品和保健食品，以满足各种高品质的营养强化剂、调味料、增香剂等的需要。

1. 冷冻粉体技术在谷物加工中的应用

谷类食品随着粉体温度的降低，产品粒度更细，呈干粉状态，使用方便。以米的粉碎为例，米经低温粉碎得到的米粉，粒度细、吸水性强、品质优良，可制成新型米粉。

2. 冷冻粉碎技术在水产品、畜产品加工中的应用

将一些水产品、畜产品经冷冻干燥后，不仅可制成营养价值高的功能性食品，而且

可以将一些下脚料经加工作为资源回收利用。例如，将鳖、贝类、鱼类制成干粉出售；将动物的皮、腱、蹄壳或内脏等制粉用做营养强化剂、添量剂等；用鱼贝干粉与水果蔬菜和香料的粉末制成无腥鱼粉等。

3. 冷冻粉碎技术在果蔬加工中的应用

新鲜的菜叶和水果含有大量水分，冷冻粉碎后的粉状产品在常温中绝大部分变成液体，因此必须进行连续冻结干燥的后处理制成干粉，这种粉体与传统加热干燥法得到的产品相比，风味更好。

4. 冷冻粉碎技术在其他方面的应用

近些年来，随着冷冻粉碎技术的不断发展，应用于食品领域的加工产品日益增多。除上述列举的三类以外，其他方面还有大豆、花生、可可豆、胡椒、杏仁等种子类材料的冷冻粉碎。

冷冻粉碎是食品加工中颇具前景的新技术，它不仅可使粉体加工食品的制造技术得到改善，而且可使新食品开发的可能性不断扩大。

第三节 食品杀菌新技术

随着食品工业的发展，目前已经有诸多杀菌技术被应用在食品杀菌的过程中，目前研究运用的热点包括超高压杀菌技术、微波杀菌技术、脉冲电场杀菌技术、辐射杀菌技术等。

一、超高压技术

超高压技术简称高压技术、高静水压技术，超高压处理是指将包装好的食品放入液体介质中，加 100～1000MPa 的压力作用一段时间后，杀灭食品中的微生物的过程。由于超高压杀菌技术实现了常温或较低温度下杀菌和灭酶，保证了食品的营养成分和感官特性，因此被认为是一种最有潜力和发展前景的食品加工和保藏新技术，并被誉为"食品工业的一场革命""当今世界十大尖端科技"等。

（一）超高压杀菌的机理

微生物的热力致死是由细胞膜结构变化、酶失活、蛋白质变性、DNA 损伤等引起的。而超高压是破坏氢键之类的弱结合键，使基本物性变异，产生蛋白质的压力凝固及酶的失活，以及使菌体内成分产生泄露和细胞膜破裂等多种菌体损伤。

1. 高压会影响细胞的形态

微生物细胞内含有小的液泡、气泡和原生质，这些结构在高压下会发生变形，从而导致细胞的变形，以致微生物生理结构发生改变。研究表明，细胞内的气体空泡在 0.6MPa 压力下会破裂。埃希氏大肠杆菌的长度在常压下为 1～2μm，而在 40MPa 下为 10～100μm。

2. 高压对细胞膜和细胞壁有影响

在压力作用下，构成微生物的细胞膜的磷脂双层结构的容积随着每一磷脂分子横切面积的缩小而收缩，从而导致细胞膜表现出通透性的变化和氨基酸摄取的受阻。高压也会使构成微生物细胞壁的结构发生改变，甚至发生破裂。当压力为 20～40MPa 时，细胞壁会发生机械性断裂而松懈；当压力为 200MPa 时，细胞壁会因遭到破坏而导致微生物的细胞死亡。

3. 高压会引起代谢酶或蛋白质的失活

酶是有催化活性的一类特殊蛋白质，是由多种氨基酸以肽键结合形成的链状高分子物质。酶蛋白的高级构造除共价键外，还有离子键、疏水键、氢键和二硫键等较弱的键。当蛋白质经高压处理后，其离子键、疏水键会因体积的缩小而被切断，从而导致其立体结构崩溃，蛋白质变性，酶失活。

（二）超高压杀菌的影响因素

在超高压杀菌过程中，由于食品成分和组织状态十分复杂，因此要根据不同的食品对象采取不同的处理条件。一般地，影响超高压杀菌的主要因素有：压力大小、加压时间、加压温度、pH、水分活度、食品成分、微生物生长阶段和微生物种类等。

1. 压力大小和处理时间

在一定范围内，压力越高，杀菌效果越好。在相同的压力下，杀菌时间越长，杀菌效果会在一定程度内得到提高，但并不意味着延长时间一定能提高杀菌效果。有人研究了超高压对鲜牛奶中细菌的影响，鲜牛奶中细菌菌落尺寸取决于加工压力的高低以及加压时间的长短。加压时间越长，压力越大，细菌菌落直径越小。有报道称，300MPa 以上的压力会使细菌、霉菌、酵母菌灭活，病毒在较低的压力下就会失去活力。非芽孢菌在 300～600MPa 时就可全部致死，芽孢菌能够耐受的压力最高，达到 1000MPa。

2. 处理温度

温度是影响微生物生长代谢最重要的环境因素。大多数微生物在低温或较高的温度下耐压程度会降低，因此，在温度的协同作用下，超高压杀菌效果可大大提高。

3. pH

酸度对微生物的生长繁殖有较大程度的影响。一般来说，酸度越高，越容易杀灭微生物。这个规律在超高压杀菌时也有同样的应用。在压力作用下，介质的 pH 会影响微生物的生长。据报道，一方面压力会改变介质的 pH，且逐渐缩小微生物生长的 pH 范围。另一方面，在食品允许范围内，改变介质 pH，使微生物生长环境劣化，也会加速微生物的死亡速率使超高压杀菌时间缩短或降低所需压力。

4. 水分活度

水分活度（Aw）对超高压杀菌效果的影响也十分显著，有人通过研究证明了这个观点。水分活度对杀菌效果的影响主要因压力大小的不同而不同，例如，当压力为 414MPa 时，水分活度从 0.99 降至 0.91，杀菌作用会明显减弱。低水分活度产生细胞收缩和对生长的抑制作用，从而使更多的细胞在压力中存活下来。因此水分活度的大小对超高压杀菌非常关键，尤其表现在对固体与半固体食品的杀菌。

5. 食品成分

食品成分对高压杀菌的影响情况十分复杂，这主要是由于食品成分本身就比较复杂。在高压下，食品的化学成分对杀菌效果有明显的影响。蛋白质、碳水化合物和脂类对微生物具保护作用，强化的培养基因富含可供细菌利用的氨基酸和维生素等营养物质，从而在超高压下对细菌仍具有很好的保护作用。另外，食品基质所含的添加剂组分对超高压灭菌也有很大的影响。通常，食品中的盐分和糖分含量较高时，杀菌效果会受到抑制，蛋白质、油脂含量较高的食品高压杀菌也较困难，可通过加入乳化剂如脂肪酸酯、糖脂等提高杀菌效果。

（三）超高压技术在食品杀菌中的应用

1. 在果蔬产品加工中的应用

在果蔬产品灭菌中的应用是超高压技术最早也是最成功的应用之一。而且，这种技术的应用绝不仅仅局限在其所具有的杀菌效应上，它还可以简化生产工艺、提高产品品质。超高压技术在果蔬汁生产中的应用研究是目前的热点，经超高压处理的新鲜果蔬汁颜色、风味、营养成分和未经超高压处理的新鲜果蔬汁几乎没有任何差别。

2. 在奶类产品加工中的应用

与传统的加热杀菌乳制品比较，超高压杀菌乳制品具有不可比拟的优势，不但可以节省杀菌时间，更加重要的是，这种处理方式对于奶制品中重要的营养素的保护效果十分显著，而且在经过处理后的产品中不会有任何有毒物质产生。

3. 在肉制品加工中的应用

在常温下，对肉制品进行超高压灭菌，革兰氏阴性细菌和酵母菌在400MPa左右的压力下基本灭活，革兰氏阳性细菌则需600MPa压力可基本灭活，但孢子类细菌则较难灭菌。

4. 在水产品加工中的应用

与其他类食品不同，水产品对其原有风味、色泽保持以及对良好的口感和质地的保持要求较高。应用常规的加热处理方式，这些品质均会发生较大程度的劣变，不能满足水产品加工的要求。采用超高压技术对水产品加工处理，可最大限度地保持产品原有的色、香、味。

5. 在酒类产品加工中的应用

超高压技术还可用于酒的生产，生酒（生啤酒、生果酒等）经约400MPa的超高压处理，可将酒中的所有酵母菌及其他部分菌类杀死，从而得到具生酒风味，且能长期保存的超高压生酒产品。

二、高压脉冲电场杀菌

高压脉冲电场(简称 PEF)处理是对两电极间的流态物料反复施加高电压的短脉冲(典型为 20~80kV/cm)处理的过程。它的主要用途是作为一种非热处理的食品保藏方法,是处于研究阶段的一种新型非热力杀菌技术。

(一)高压脉冲电场杀菌的机理

关于高压脉冲电场杀菌的机理有很多假说,主要有细胞膜穿孔效应、介电破坏理论、空穴理论、电磁机制模型、黏弹极性形成模型、电解产物效应、臭氧效应等。其中细胞膜穿孔效应、介电破坏理论和空穴理论被认可的程度较高。

1. 细胞膜穿孔效应

该理论认为,由于细胞膜是一种液态镶嵌模型,高压电脉冲会改变膜中脂肪的分子结构和增大部分蛋白质通道的开度,使细胞膜失去半渗透性质,致细胞膨胀而死。

2. 介电破坏理论

研究发现,给细胞膜施加外加电场,细胞膜上的内外电势差增大,当电势差达到 1V 左右时,细胞膜便失去功能。

3. 空穴理论

空穴理论认为,液体食品流经高压脉冲电场,当主间隙放电时,产生强大的脉冲电流,使液体汽化成温度高达数万摄氏度以上的等离子体,形成高压通路。或多或少产生一些气体,形成极薄的"气套"包围着火花,压力由薄薄的气套传递给液体,产生高速绝热膨胀而形成强大的超声液压冲击波。放电终了瞬间,气套处形成空穴,由于压力突然减小,液体又以超声速回填空穴,形成第二个超声回填空穴冲击波。正是由于这种高压脉冲能量直接转化成的冲压式机械能,引起液体食品中微生物细胞内部的强烈振动和细胞膜破裂等现象,从而产生杀菌效应。

(二)影响高压脉冲电场杀菌的因素

1. 对象菌的种类

不同菌种对电场的承受力有很大的不同。无芽孢细菌较有芽孢细菌更易被杀灭,革兰氏阴性菌较阳性菌易于被杀灭。一般来说,霉菌、乳酸菌、大肠杆菌、酵母菌等菌种对电场的耐受力逐渐降低。需要注意的是,这不是绝对的规律,因为菌体所处的生长期的不同也能使微生物耐受电场的能力发生改变。

2. 电场强度

电场强度对杀菌效果影响最显著。电场强度增大,对象菌存活率明显下降。电场强度从 5kV/m 增加到 25kV/m,杀菌对数曲线斜率增加一倍。

3. 处理的温度、时间及 pH

一般情况下,处理温度上升(在 24~60℃范围内),杀菌效果提高。随着杀菌时间延长，对象菌存活率开始急剧下降，然后平缓，逐渐变平，最后增加杀菌时间亦无多大作用。在正常的 pH 范围内，pH 对灭菌效果无显著影响，但当 pH 低于酸碱平衡值时，灭菌率会增加。

4. 介质电导率、脉冲频率及脉冲数目

介质电导率影响放电时的脉冲强度和脉冲次数，介质电导率提高，脉冲频率上升，脉冲宽度下降。这样，电容器放电时，脉冲数目不变，即杀菌总时间下降，从而杀菌效果相应降低；对于每一次电容器放电，提高脉冲频率，就具有更多的脉冲数目，杀菌效果可能会上升，但脉冲频率增加，能耗增加，操作费用也大为增加。若电场强度固定，细菌的存活率随所施加的脉冲数目增加而减少。

5. 高压脉冲电场的波形及极化形式

据报道，矩形波的灭菌率要高于指数衰减波，振荡衰弱脉冲的灭菌率最低。在脉冲极化形式方面，双向脉冲的灭菌率高于单向脉冲，能量及电压相同的方波形脉冲电场比指数形高压脉冲电场杀菌效果好。指数形双极性高压脉冲电场比指数形单极性高压脉冲电场杀菌效果好。

另外，细胞大小、培养基组成、食品的性状、成分，溶液的含菌量、离子浓度和悬浮液的导电性能、食品处理室的结构等也对灭菌效果有一定的影响。

（三）高压脉冲电场杀菌技术在食品工业中的应用

1. 在果蔬类产品中的应用

目前，果蔬汁一般都是采用热处理来杀死微生物和钝化酶的活性，但对于果蔬汁这种热敏性产品的色、香、味及营养成分等有一定程度的破坏作用，不但降低了产品的新鲜度，甚至还产生了煮熟味，严重影响了果蔬汁的质量。因此，该技术在果蔬产品中的应用受到了研究人员的关注。例如，有人将该技术应用在橙汁的杀菌中，并将其与传统的热力杀菌方法相比，其结果表明，虽然高压脉冲电场没有完全杀灭果汁中的微生物，但是细菌菌落数和霉菌与酵母菌的菌落数已经下降到 $18cfu/mL$ 和 $10cfu/mL$。从 V_C 含量保留实验可以看出，经过高压脉冲电场处理的橙汁样品中的 V_C 含量大大高于热处理的产品。

2. 在奶制品中的应用

高压脉冲电场不会引起原料奶的任何化学变化，电场预处理后，将最大限度地保留原料奶原有的营养价值和味道，这是高温消毒无法实现的。将该技术应用在奶制品中，可使乳品的保存期显著延长。

3. 在水产品中的应用

研究表明，用高压脉冲电场作用 30 次，可使单核李斯特菌的数量减少一个对数周期，同样的方法处理金黄色葡萄球菌和大肠杆菌，可以使其数量减少一个对数周期。此外，其他研究显示，电场升高能够使大肠杆菌、金黄色葡萄球菌、沙门菌等水产品中常见的微生物显著减少。

三、微波杀菌技术

微波是指频率在 300MHz 至 300kMHz 的电磁波。在微波电磁场的作用下，介质中的极性分子从原来的热运动状态转为跟随微波电磁场的交变而排列取向。目前，国内对微波杀菌技术的研究也十分活跃，例如，有研究者将其应用在牛乳的杀菌中，效果明显。

（一）微波杀菌的机理

微波具有热效应和非热效应双重杀菌作用，微波所能起到的杀菌作用是微波热效应和非热效应共同作用的结果。而且在相同条件下，微波杀菌致死温度比传统加热杀菌得低。

1. 热效应理论

关于微波杀菌的机理，致热效应最先被人们所认识，并且在 20 世纪 40 ~ 50 年代人们普遍认为微波只有这种效应。该理论认为，由于微波是由交变的电场产生交变的磁场，具有高频特性，当它在介质内部起作用时水、蛋白质、核酸等极性分子，受到交变电场的作用而剧烈振荡。例如：当食品处于微波场中，由于磁场作用，使原来食品中一端带正电、一端带负电的排列无序的极性分子变成有序排列，即带正电的一极朝电场的负极，而带负电的一极朝电场的正极，电场极性的改变导致偶极子朝向的改变。极性改变的速度越快，偶极子转变得也越快。在快速转变过程中，分子之间相互摩擦产生"内热"，导致温度升高。温度的升高使微生物内的蛋白质、核酸等分子结构改性或失活，这样就会对微生物产生破坏作用。显然，这种利用微波的热力作用来杀灭微生物的解释并不难理解。

2. 非热效应理论

最新研究认为，微波杀菌时，除了热效应外，还有非热力的生物效应，二者具有协同增效作用，达到杀死微生物的效果。微波非热效应指生物体内部不产生明显的升温，却可以产生强烈的生物响应，使生物体内发生各种生理、生化和功能的变化，从而导致细菌死亡，达到杀菌目的。

（二）微波杀菌的特点

1. 微波杀菌的优点

（1）时间短、速度快。常规热力杀菌是通过热传导、对流或辐射等方式将热量从食品表面传至内部。要达到杀菌温度，往往需要较长时间。微波利用其选择透射作用，使食品内外均匀，热效应与非热效应共同作用，达到快速升温杀菌作用，处理时间大大缩短。在强功率密度强度下，仅仅需要几秒或几十秒即能达到效果。

（2）保持营养成分和传统风味。微波杀菌是通过快速升温和非热效应杀菌，增强了杀菌功能。与常规热力杀菌比较，能在较低的温度和较短的时间获得所需的消毒杀菌效果。

（3）表面和内部同时进行。常规热力杀菌是从物料表面开始，然后通过热传导传至内部，存在内外温差。为了保持食品风味，缩短处理时间，往往食品内部没有达到足够温度而影响杀菌效果。由于微波具有穿透作用，对食品进行整体处理时，表面和内部都同时受到作用，所以消毒杀菌均匀、彻底。

（4）食品成分对微波具有选择吸收性。用微波干燥谷物，由于谷物的主要成分——淀粉、蛋白质等对微波的吸收率比较小，谷物本身升温较慢。但谷物中的害虫及微生物一般含水分较多，某些介质易吸收微波能，可使内部升温而被杀死。这样，既能达到杀菌效果，又可以保持谷物原有的营养成分。

（5）改善劳动条件，节省占地面积。设备的工作环境温度低、噪音小，极大地改善了劳动条件。整套微波设备的操作人员只需 2 ~ 3 人。

（6）设备简单、节约能源，工艺先进、便于控制。常规热力杀菌往往在环境及设备上存在热损失，而微波可直接使食品内部介质分子产生热效应，装置本身不被加热，也不需要传热的媒介。因此，能量损失少，效率又比普通的杀菌方法高。此外，其电能到微波能的转换效率在 70% ~ 80%，相比而言，一般可节电 30% ~ 50%。

与常规消毒杀菌相比，微波杀菌设备，不需要锅炉、复杂的管道系统、煤场和运输车辆等，只要具备水、电基本条件即可。另外，设备制成隧道式使得生产过程可实现自动化，减轻劳动强度并有利于标准化生产。微波食品杀菌处理，没有常规热力杀菌的热惯性，设备即开即用，操作灵活方便，微波功率可连续调节、传输速度从零开始连续调整，便于控制。

2. 微波加热存在的问题

（1）微波加热不均匀。微波作为电磁波的一种，其电场有尖角集中性，电场会向有角的地方集中，这些部分就产热多、升温快，造成食品微波加热不均匀。另外，由于微波在实际加热中受反射、穿透、折射、吸收等影响，对同一食品材料各部分产生的热能也可能存在较大的差异。

（2）微波对人体的影响。从微波的作用原理看，人体也会吸收微波，因此微波的辐射也会对人体产生一定的危害。通常人体受到辐射时，总是皮肤先感到灼热，因而可以及时避让。然而受微波辐射时，由于其穿透性，体内组织也会同时发热，而人体内的神经又比较少，所以往往在还未感到灼热时，那些耐热性低的器官已经受到损伤，如血管、眼睛和睾丸易受微波侵害，雷达工作人员常见的病是白内障和男性不育。

（3）破袋问题。目前，采用微波杀菌可以在包装前进行，也可以在包装好以后进行。包装好的食品在进行微波加热杀菌时，由于袋内压力过高会胀破包装袋，因此整个微波加热杀菌过程应在一定压力下进行。

（4）变色问题。微波处理可能会造成某些成分发生变色，例如，在对榨菜等产品微波杀菌时就发现了产品变色问题，需要在应用时引起重视。

（三）微波杀菌技术在食品中的应用

1. 微波杀菌技术在果蔬制品中的应用

传统果蔬加工中往往要用沸水热烫以杀死部分微生物和钝化酶，高温烫煮不但会使大量的可溶性营养物质流失，而且极有可能造成风味和口感变差，特别是硬度和脆度降低。采用微波杀菌保鲜技术能有效解决这些问题，目前已有多种果蔬制品成功采用微波杀菌。

2. 微波杀菌在畜、禽产品中的应用

微波杀菌不仅速度快、效果好，而且能较好地解决软包装肉制品的杀菌问题。实验发现，微波杀菌的杀菌效果在软包装酱牛肉杀菌中的效果接近高压杀菌。也有研究人员利用微波杀菌方法处理羊肉火腿，发现羊肉火腿的货架期冷藏达 3 个月，并且随着贮藏期的延长，厌氧菌逐渐成为优势菌种。其他在熟鸡、熟鸭、烧鹅等快餐食品中的应用也获得了较好的效果。

3. 微波杀菌在水产品中的应用

微波加热技术用于食品加工最初是在 1946 年，当时仅限于食品烹调及冻鱼解冻，20 世纪 60 年代被广泛用于食品的冷冻及干燥。有研究人员曾利用微波对鱼丸、鱼片、熏鱼等水产品进行实验，根据食品的介电常数、含水量，确定其杀菌时间、功率密度等工艺参数，证实了微波对食品灭菌具有一定的作用。有人对清蒸鲈鱼、鳊鱼等进行了微波杀菌技术研究，其研究结果被企业采用，从试验结果和生产实践来看，都取得了十分满意的效果，满足了该类产品的工业化生产要求。

4. 在食品包装材料杀菌中的应用

食品包装用纸的消毒、杀菌对于食品卫生也十分重要，目前常规杀菌方法是利用化学或物理方法，但这些方法会损伤纸的品质，以化学方法为例，虽然能够达到理想的杀菌效果，但是因其会产生臭味等不良风味，而且可能会造成化学污染，从而降低纸的使用价值。物理杀菌方法中的紫外线杀菌，也仅能杀灭包装纸表面的大部分细菌，效果一般。应用微波杀菌可较好地解决这些问题。

四、辐射杀菌技术

辐照技术是运用 X 线、γ 射线或电子高速射线辐射食品，使食品中生物体产生物理或化学反应，抑制或破坏其新陈代谢和生长发育，甚至使细胞组织死亡，从而达到消毒灭菌、延长食品贮藏销售时间、减少损失的目的。这一技术是继传统的物理、化学方法之后，又一发展较快的食品保藏新技术。与传统的方法相比，辐射杀菌技术有较多优点：首先，被处理的食品几乎只增高温度，是一种"冷"灭菌（Cold Sterilization）方法，能保持食品原有的感官质量，不改变其营养成分；其次，这种方法处理的成本低，人力和能源消耗低；第三，经过辐照处理后的食品不会留下任何残留物，这与熏蒸杀虫和其他化学处理相比是一种更为安全可靠的新方法；第四，辐射装置加工效率高，整个工序可以连续作业，较容易实现自动化。

我国在 20 世纪 70 年代就先后在河南、四川、上海、北京等地成立了辐照食品研究协作组，分别对果品、蔬菜、畜禽产品、水产品等不同农产品进行了辐照研究。至今全国已有 28 个省、自治区、直辖市约 200 多个单位对 200 多种物品进行了辐照保鲜、杀

虫防霉、灭菌消毒、改善品质等方面的研究。在辐照食品的立法方面，我国已于1984年11月正式颁布了马铃薯、洋葱、大蒜、大米、香肠、蘑菇、花生仁7种辐照食品的卫生标准，1986年6月颁布了《辐照食品卫生暂行规定》。

（一）辐照杀菌技术的机理

辐照杀菌是利用一定剂量的波长极短的电离射线对食品进行杀菌。用于食品辐射加工的辐射源主要有γ射线、X射线和电子束，其中γ射线与电子束应用最广。γ射线源又分为 ^{60}Co 和 ^{137}Cs 两种，电子束由机械源产生。由于γ射线和电子束对于纸张、木板等有较强的穿透能力，对于包装食品，甚至已经贴上标签的食品也可以直接进行辐射加工，而不需要额外的处理。

射线在对食品照射过程中会对其中的微生物产生直接和间接两种化学效应。直接效应是指微生物细胞间质受高能电子射线照射后发生电离和化学作用，使物质形成离子、激发态或分子碎片。间接效应是指水分经辐射和发生电离作用而产生各种游离基和过氧化氢再与细胞内其他物质作用，生成与原始物质不同的化合物。这两种作用会阻碍微生物细胞内的一切活动，导致细胞死亡。

（二）食品辐照的类型

食品经辐照可达到各种预期的目的，联合国粮农组织（FAO）、世界卫生组织（WHO）、国际原子能机构（IAEA）联合专家委员会把食品辐照分为三种类型。

1. 低剂量辐照

低剂量辐照的平均辐照剂量在1kGy以下，主要用于抑制马铃薯、洋葱、大蒜等农产品的发芽，杀死昆虫和肉类的病原寄生虫，提高鲜活食品的保藏时间。

2. 中等剂量辐照

中等剂量辐照的平均辐照剂量范围在 $1\sim10kGy$，主要目的是减少食品中微生物的负荷量，减少非芽孢致病微生物的数量和改进食品的工艺特性。

3. 大剂量辐照

大剂量辐照的平均辐照剂量范围为 $10\sim50kGy$，主要用于军事和商业目的的灭菌或者杀灭病毒，但由于剂量较高，安全方面的问题需要引起注意。

另外，根据杀菌要求的不同，辐射杀菌处理又可以分为三种类型，包括辐射完全杀菌、辐射针对性杀菌和辐射选择性杀菌，此处不再详述。

（三）提高食品辐照效果的方法

为了获得满意的辐照效果，除了采用合适的辐照剂量外，还可以采用一些辅助措施，以降低辐照剂量，提高辐照效果，减少食品营养物质的损失。

1. 添加化学成分

研究证明，在待辐照食品中加入硫脲、抗坏血酸、维生素K、氯化钠等物质可起到不同的效果。例如，添加硫脲可减少维生素 B_2 的损失，添加抗坏血酸或棕榈酸能减少辐射臭味的产生，添加维生素K、氯化钠等物质可降低辐射杀虫灭菌的剂量，提高辐照效果，添加藻土磷酸、氯化钠和碎冰混合物等可提高牛肉、鸡肉、猪肉等肉类制品的保水性能，等等。

2. 温度

辐照时温度的不同会显著影响辐照效果。例如，鲜肉食品高温下辐照，可起到钝化酶活性的效果，低温下辐照，可降低辐照臭味的产生。提高辐照前面包的温度，可提高辐照效率。柑橘、桃子、芒果等生鲜食品在辐照前若先用温水浸泡，可减少辐照损伤、降低腐烂率。其他在鱼、虾等水产品中的应用也有相似的效果。辐照后的低温贮藏也能够较大程度地延长辐照食品的贮藏时间。例如，用 γ 射线照射的鱼糕，当吸收剂量为 5kGy 时，在 28℃ 中保藏，可延长保藏时间 2 天，在 20℃ 中保藏，可延长保藏时间 5 天，在 8℃ 中保藏，可延长保藏时间 15 天。

3. 环境气体

改变待辐照食品环境中的气体构成，也可以在一定程度上提高辐照效果，减少辐照损伤。例如，鲜肉在真空隔氧条件下辐照时，可保持颜色不变；水果先经过充氮包装后再进行辐照，可保持维生素 E 等物质不受损伤；在用 γ 射线照射食品前，先用 CO_2 处理，可更好地保持其新鲜度；等等。

4. 包装材料及包装质量

为了保证食品在辐照灭菌后不受二次污染，需要首先保证包装的严密性。由于食品一般是先包装好，再进行辐照的，所以需要包装材料有较好的被射线穿透的性能，一般来说，较好的包装材料是聚苯乙烯、尼龙-6、聚乙烯、聚对苯二甲酸乙二酯、玻璃纸、金属容器、玻璃容器等。包装材料的厚度也对辐照效果有较大影响。

第四节 其他食品加工新技术

一、食品生物技术

生物技术，也称生物工程，是应用生物体(包括微生物、动物细胞、植物细胞)或其组成部分(细胞器和酶)，在适宜条件下，生产有价值的产物或进行有益过程的技术，是目前国际食品产业领域最具发展前景的前沿核心技术。生物技术包括传统生物技术和现代生物技术。传统生物技术包括酿造、酶的使用、抗生素发酵、味精和氨基酸工业等，被广泛应用于生产多种食品如面包、奶酪、啤酒、葡萄酒以及酱油、米酒和发酵乳制品。现代生物技术是 20 世纪 70 年代初在分子生物学、生物化学、生化工程、微生物学、细胞生物学和电子计算机技术基础上形成的综合技术。现代生物技术可在解决当今世界社会发展重大问题如粮食短缺、资源枯竭与生态环境恶化等方面发挥积极作用。

随着科学技术与经济的发展，人们生活水平的不断提高，人们对食品的色、香、味、营养、安全等提出了越来越高的要求。作为 21 世纪最具有发展潜力的新兴产业，现代生物技术对于满足人们对食品的要求，解决食品工业发展中的问题发挥着越来越大的作用，被广泛应用于食品工业中。食品工业领域的生物技术不仅用来制造某些具有特殊风味的食品，而且，越来越多地被用来改进食品加工工艺和提供新的食品资源，生物技术必将使食品工业的发展取得突破性进展。

（一）基因工程的应用

基因工程又称 DNA 重组技术，是以分子遗传学为理论基础，以分子生物学和微生物学的研究方法为手段，将不同来源的基因按预先设计的蓝图，在体外构建杂种 DNA 分子，然后导入活细胞，以改变生物原有的遗传特性、获得新品种、生产新产品。基因工程可以应用于食品包装、保藏、储运等，以及改变包装材料，降低生产成本；延长食物的储藏期，改变传统的储运方式等方面。

（二）细胞工程的应用

细胞工程是指应用现代细胞生物学、发育生物学、遗传学和分子生物学的理论与方法，按照人们的需要和设计，在细胞水平上的遗传操作，重组细胞的结构和内含物，以改变生物的结构和功能，即通过细胞融合、核质移植、染色体或基因移植以及组织和细胞培养等方法，快速繁殖和培养出人们所需要的新物种的生物工程技术。主要包括细胞培养、细胞核移植、细胞器摄取、染色体片断重组、细胞融合及细胞代谢物的生产等。

利用细胞杂交和细胞培养可生产具有独特香味和风味的食品添加剂，如香草素、可可香素、菠萝风味剂以及高级天然色素，如咖喱黄、紫色素、花色苷素、辣椒素、靛蓝，而且培养的色素含量高，色调和稳定性好。植物方面，国内外已育成番茄马铃薯、大豆米、大豆豌豆、芹菜油菜、芹菜胡萝卜、大豆烟草等新品种，全世界已从试管中培育出数千种植物，效果十分显著，被称为植物学中的"激光"技术。在动物细胞培养领域，现已成功培育出"四倍体复合银鲫鱼""人工复合三体鲤鱼"等，大面积饲养试验显示出明显的快速生长特性。

（三）酶工程的应用

酶工程可应用于食品生产过程中物质的转化，如纤维素酶在果汁生产、蔬菜汁生产、速溶茶生产、酱油酿造、制酒等食品工业中的应用。如在肉品加工过程中，可应用转谷氨酰胺酶对低价值碎肉进行重组，提高肉制品的外观及质构，增加产品的附加值；发酵肉制品，由于具有良好的特殊风味，深受国内外消费者的喜爱，如享誉中外的金华火腿、宣威火腿以及品质优良的中式香肠和民间传统发酵型肉制品等。随着基因工程、细胞工程等高新技术应用于酶工程领域，不断研究开发出更多新品种、新用途、高活力的酶类，同时酶的固定化技术、酶分子修饰技术及模拟酶技术也得到更快发展。

（四）发酵工程

发酵工程是生物工程技术的重要组成部分，是生物技术产业的重要环节，是通过现代工程技术手段，利用微生物的某种特定功能，产生有用的物质或使微生物直接参与控制某些生产过程的技术。

近年来，利用食用菌及有益微生物发酵开发具有特殊风味及营养保健功效的饮料制品受到了人们的重视，并对其加工过程中微生物种群的变化及发酵微生物的分离与鉴定进行了研究。人们熟知的利用酵母菌发酵制造啤酒、果酒、工业酒精；利用乳酸菌发酵制造奶酪和酸牛奶等都是这方面的例子。有人以发酵液的外观口感及其中的活菌数为评定产品的指标，考察了以豆奶、胡萝卜汁为底料，利用青春双歧杆菌生产活菌饮品发酵饮料，获得了良好的效果。其他诸如在粟米发酵饮料、薯类乳酸发酵饮料、发酵茶饮料方面的应用研究也取得了较大进展。随着科学技术的进步，发酵技术也有了很大的发展，并且已经进入能够人为控制和改造微生物，并使这些微生物为人类生产产品的现代发酵工程阶段。现代发酵工程作为现代生物技术的一个重要组成部分，具有广阔的应用前景。

二、微胶囊技术

目前，微胶囊技术在国外发展迅速，如美国、日本。全球对微胶囊技术的研究机构也快速增加。我国的研究起步较晚，在 20 世纪 80 代中期引进了这一概念。微胶囊技术应用于食品工业始于 20 世纪 50 年代末，该技术所具有的包埋特点，解决了食品工业中许多传统工艺无法解决的难题，推动了食品工业由农产品的初加工向精深加工的转变。

微胶囊技术是把分散的固体物质颗粒、液滴或气体完全包埋在一层膜中形成球状微胶囊的一种技术。一般微胶囊粒子大小在微米至毫米范围。微胶囊内容物的释放条件、释放速率是可控制的。采用微胶囊技术制得的产品称为微胶囊制品。微胶囊粒子的大小和形状因制备工艺不同而存在很大差异，通常制备的微胶囊粒子大小在 $2 \sim 1000 \mu m$ 范围，多数分布在 $5 \sim 200 \mu m$ 范围。粒径太小，会因布朗运动而难于收集；粒径太大，颗粒不易分散，容易聚沉。

三、膨化与挤压技术

食品挤压技术是指物料经预处理(粉碎、调湿、混合等)后，经机械作用强迫其通过一个专门的模具孔，以形成一定形状和组织状态的产品。挤压技术作为一种经济实用的新型加工方法被广泛应用于食品生产中，并得到了迅速发展。该技术的应用，彻底改变了传统的谷物食品加工方法，不仅简化了谷物食品的加工工艺、缩短了生产周期、降低了产品的生产成本和劳动强度，而且丰富了谷物食品的花色品种、改善了产品的组织状态和口感，提高了产品的质量。人类使用挤压技术已有很长的历史，最初使用的是纯木质柱塞式的原始结构，1879 年英国制造出了世界上第一台螺旋挤压机，到了 20 世纪 30 年代，第一台谷物加工单螺旋挤压机问世，大约 30 年后，双螺旋挤压机也被用于食品加工领域。我国从 20 世纪 80 年代末开始对该技术进行研究，尽管起步较晚，但由于我国经济形势的好转，大众消费饮食结构的变化刺激了食品工业的迅速发展，也迎来了挤压技术研究应用的机遇和挑战。

(一) 挤压膨化加工原理

物料被送入挤压膨化机中，在螺杆螺旋的推动作用下，由于螺旋与物料、物料与机筒以及物料内部的机械摩擦作用，物料被强烈地挤压、搅拌、剪切，使物料不断细化、均化。随着机腔内部压力的逐渐加大，温度不断升高，在高温高压高剪切力的作用下，物料性质发生变化，当糊化物料由模孔喷出的瞬间，在强大压力差的作用下，水分急骤汽化，物料被膨化，形成结构疏松多孔酥脆的膨化产品，膨化瞬间，谷物结构发生了变化，生淀粉转化成熟淀粉（α-淀粉转化为 β-淀粉），同时变成片层状疏松的海绵体，谷物体积膨大几倍到十几倍，从而达到挤压膨化的目的。挤压机螺杆的主要作用分为三段：当原料进入挤压机，先进入加料输送段，混合和剪切过程开始进行；接着原料进入压缩熔融段，挤压机开始对原料加热、加压，使原料成为熔融状态；最后，在挤压结束时，原料进入计量均化段，对原料降温，排出挤压产物。根据挤压设备的不同，可分为单螺杆挤压机、双螺杆挤压机以及多螺杆挤压机，其中单螺杆挤压机和双螺杆挤压机被广泛使用。

单螺杆挤压机与双螺杆挤压机主要差别是物料允许的水分范围及加工能力不同，使用挤压技术的一个重要原因是促进最终产品的膨化，非直接膨化食品生产采用单螺杆挤压机，直接膨化食品生产采用双螺杆挤压机。与单螺杆挤出技术相比，双螺杆挤出技术还具有其他优越性能，如物料能充分、彻底混合揉捏，并且在双螺杆挤压机运转时，由于双螺杆互相啮合而具有自行擦净的功能，避免了单螺杆挤压机经常出现的螺杆堵塞或物料在套筒表面产生结焦的现象。同时，双螺杆挤压机还具有广泛的原料适应性这一显著优点，解决了单螺杆挤压机无法处理高水分和高脂肪物料这一瓶颈问题。

（二）挤压膨化技术的应用

1. 在休闲食品中的应用

应用挤压技术主要可生产两大类休闲食品，一类是以玉米和大米等谷物类为主要原料，根据需要可加入适量的咖喱粉、小苏打、可可粉等，经挤压蒸煮后膨化，形成疏松多孔状产品，再经烘烤脱水或油炸，在表面喷涂一层调味料，制成如玉米果、膨化虾条、麦圈米乐等；另一类为膨化夹心小吃，通过挤压膨化制成空管状物，管中可充填馅料，即在膨化物被挤出的同时将馅料注入管状物中间，经此工艺加工的膨化夹心食品，口感酥脆，风味随夹心馅的改变而改变，可通过改变夹心料的配方，加工出各种营养强化食品和功能食品。

2. 在糖果加工中的应用

由于挤压操作可对糖果生产过程中糖的转化、美拉德反应、起泡、胶凝过程中蛋白质的分解、糖的结晶、脂类物质的同素异构、酶的反应以及淀粉的胶凝等进行控制，故能有效地控制糖果的营养、物理特性、成分等。将挤压技术应用于糖果生产中，对改进传统的糖果生产工艺起着积极的促进作用。传统的糖果生产技术厂房占地面积大、生产周期长、劳动强度大，生产过程难以控制。采用蒸煮挤压技术后，可大大地提高生产效率，降低厂房的占地面积，减少操作人员数量和能源的消耗。

3. 在酿造生产中的应用

谷物经挤压膨化处理后，淀粉和蛋白质等大分子物质的分子结构均不同程度地发生降解，使得糊精、还原糖和氨基酸等小分子物质含量增加。同时，可溶性的小分子物质在发酵初期可供给酵母足够的营养成分，对酵母的活化和生长起到促进作用。挤压处理对物料质构方面的影响也能够较好地促进发酵过程，由于物料挤压后呈片状或蜂窝状结构，体积膨胀，增大了与酶及酵母的接触机会，可提高生产效率，缩短发酵周期。

4. 在肉类食品生产中的应用

肉类的蛋白质含量较高，在谷物类食品中加入肉类，可显著提高产品中赖氨酸和含硫氨基酸的含量，所以，以肉类为主要原料制成的挤压膨化产品能有效提高膨化食品的营养价值，故而有广阔的开发前景。挤压技术在肉类食品中的应用主要包括对牛肉、鸡肉、鱼肉等原料的处理。

5. 在食品成分改性方面的应用

以较多成熟研究工作作为基础，挤压技术在食品成分的改性方面的应用也十分突出。如对蛋白质、淀粉、纤维素等。例如，蛋白质在机筒内受到热、剪切、高压、蒸煮等综合作用，导致维持蛋白质三级、四级结构的结合力变弱，蛋白质分子由球状聚集态重组为纤维状，发生变性，改变了蛋白质的溶解性、乳化性、凝胶性等特性，提高了蛋白质的利用率，拓宽了蛋白质附加值。淀粉在挤压处理的过程中，由于高温、高压、高剪切力的作用，淀粉分子间的氢键断裂，淀粉发生糊化、降解，生成相对分子质量低的物质，淀粉水溶性增强，淀粉溶解性和消化率降低。有研究表明，玉米淀粉在挤压过程中，直链部分没有发生显著变化，淀粉降解主要发生在淀粉的支链部分，挤压膨化后的淀粉平均分子量明显减小，淀粉裂解产生麦芽糊精等小分子物质。

复习思考题

1. 什么是超临界流体萃取？影响超临界流体萃取的因素有哪些？
2. 膜分离的类型有哪些？各自有什么特点？
3. 分子蒸馏技术的基本原理是什么？分子蒸馏装置包含哪些必要的系统？
4. 什么是冷冻干燥？冷冻干燥的基本过程有哪些？
5. 冷冻浓缩有哪些优点？冷冻浓缩的方法有哪些？
6. 什么是冷冻粉碎技术？其基本原理是什么？
7. 食品腐败变质的原因有哪些？如何避免食品的腐败变质。
8. 超高压杀菌的原理是什么？影响超高压杀菌的因素有哪些？
9. 什么是高压脉冲电场杀菌技术？影响高压脉冲电场杀菌的因素有哪些？
10. 微波杀菌的优点有哪些？存在哪些问题？
11. 辐照对食品中营养物质的影响有哪些？
12. 什么是食品生物技术？食品生物技术都包含哪些领域？
13. 微胶囊的形成方法有哪些？
14. 什么是挤压膨化？挤压膨化的原理和特点是什么？

第十章　实训项目

实训项目一　广式腊肠的制作

一、实训目的

通过实训，熟悉中式香肠的加工方法；学会广式腊肠的制作。

二、实训材料、设备、工器具及其他

（一）实训材料

（1）主料：猪Ⅳ号肉、猪背膘。

（2）辅助材料：食盐、白糖、白酒、水、异抗坏血酸钠、亚硝酸钠、胶原蛋白肠衣等。

（二）实训设备、工器具及其他

（1）实训设备：绞肉机、搅拌机、液压灌肠机、熏蒸炉。

（2）工器具及其他：修割刀、案板、不锈钢盆、电子秤、塑料盒盘、不锈钢操作台、线绳、剪刀、挂肠车、针板。

三、实训配方及工艺

（一）实训配方（表10–1）

表 10–1　广式腊肠配方

名　　称	实训用量（kg）	名　　称	实训用量（kg）
猪Ⅳ号肉	19.8	食盐	0.42
猪背膘	4.95	味精	0.06
白糖	2.10	异抗坏血酸钠	0.015
冰水	1.95	亚硝酸钠	0.0036
白酒	0.72	合计	30

（二）实训工艺

1. 工艺流程

原料选择→解冻→选修→绞制/切丁→腌制→搅拌→灌装→打结、挂杆→烘烤

2. 操作要点

（1）原料选择。选用猪Ⅳ号肉和猪背膘为原料，但有时考虑到成本的因素，会选用一部分猪碎肉或鸡腿肉来替代原料中猪Ⅳ号肉。

（2）解冻。采用循环空气的方式进行解冻。原料肉除去外包装，保留塑料膜放在解冻架上，不得堆叠放置，解冻后原料肉的中心温度控制在 0～4℃，要求无硬心，并控干解冻水分。

（3）选修。解冻后的原料肉应修去表面的筋腱、脂肪、淤血、碎骨等，后洗涤干净，控干水分备用。

（4）绞制/切丁。将选修好的猪后腿肉在绞肉机上绞制成直径 10mm 大小的颗粒，绞制好的肉温不得超过 8℃。背膘不能绞制，需预先分切成 0.5cm^3 大小的肉丁。

（5）腌制。制作广式腊肠的瘦肉和肥膘均需要进行腌制。该产品主要采用干腌法，称取原料肉重 2% 的食盐及 0.015% 的亚硝酸钠，将腌制料分别和绞制、切丁后的原料一同加入搅拌机搅拌 5～6 分钟，搅拌至料馅混合均匀，瘦肉部分有一定的黏度即可。搅拌后将瘦肉和肥膘分别盛装在洁净的容器内，上面覆盖一层塑料膜，盖严并压实，在 0～4℃ 的环境中腌制 24～48 小时，要求腌制好的瘦肉肉质坚实，发色良好，呈现鲜艳的玫瑰红色，无异味，腌制好的肥肉呈青白色，断面透亮。

（6）搅拌。将腌制好的猪Ⅳ号肉、背膘分别加入搅拌机后启动搅拌机，然后依次加入配方中的各种辅料进行搅拌，混合均匀即可，时间控制在 3～5 分钟。

（7）灌装。将直径为 20mm 的胶原蛋白肠衣按要求裁成一定的长度，然后用 25℃ 左右的温水浸泡备用。将搅拌好的肉馅倒入液压灌肠机进行灌装，要求灌装后的肠体饱满、松紧度适宜。

（8）打结、挂杆。将灌装好的半成品进行人工打结，半成品重量及长度分别控制在（45±1）g 和 11.5～12cm，然后将灌装好的半成品整齐、均匀地悬挂在挂肠车上。

（9）烘烤。烘烤工艺参数为：温度 58℃，烘烤 300 分钟；温度 55℃，烘烤 780 分钟。

（三）注意事项

（1）在打结过程中若发现肠体中有气泡存在时，需用针板进行排气，以免影响下一步的烘烤效果。

（2）半成品在入炉烘烤前应用水冲洗掉肠体表面黏附的馅料和污物。

（3）打结过程中若发现半成品的长度及重量不符合工艺规定的要求，应及时进行

处理。

（4）为提高工作效率，也可采用真空定量灌装机进行灌装。

四、产品感官质量要求（表10-2）

表10-2 腊肠感官质量要求

项　目	要　求
组织及形态	肠体干爽，呈完整的圆柱形，表面有自然皱纹，断面组织紧密
色泽	脂肪呈乳白色，瘦肉鲜红、枣红或玫瑰红色，红白分明，有光泽
风味	咸甜适中，鲜美可口，腊香明显，醇香浓郁，具有广式腊肠的特有风味
长度、直径	长度150～200mm，直径17～26mm

五、思考题

（1）实训中添加猪脂肪的目的是什么？对添加的猪脂肪有什么具体要求？

（2）灌装结束后可以采用烘烤或自然晾晒的方式进行干制，这两种方法各有什么优缺点？

实训项目二　熏鸭胸的制作

一、实训目的

通过实训，进一步熟悉熏煮火腿类产品的基本制作工艺过程；掌握熏鸭胸的加工技术。

二、实训材料、设备、工器具及其他

（一）实训材料

（1）主料：带皮鸭胸肉。

（2）辅助材料：冰水、分离蛋白、食盐、白糖、亚硝酸钠等。

（二）实训设备、工器具及其他

（1）设备：制冰机、盐水注射机、滚揉机、熏蒸炉、真空包装机。

（2）工器具及其他：不锈钢操作台、不锈钢盆、案板、电子秤、塑料盒盘、挂肠车、剪刀、线绳等。

三、实训配方及工艺

（一）实训配方（表10-3）

表10-3　熏鸭胸配方

名　称	实训用量（kg）	名　称	实训用量（kg）
带皮鸭胸肉	24	分离蛋白	0.09
冰水	4.28	味精	0.06
食盐	0.46	火腿香料	0.045
白糖	0.46	异抗坏血酸钠	0.03
葡萄糖	0.3	I+G	0.006
肉味香精	0.16	亚硝酸钠	0.003
三聚磷酸钠	0.18	合计	30

（二）实训工艺

1. 工艺流程

注射液配制

↓

原料肉选择→解冻→选修→注射→滚揉→整形、穿线、挂杆→热加工→冷却

2. 操作要点

（1）原料选择。选择经兽医卫生检验、检疫合格的鲜（冻）带皮鸭胸肉为原料。

（2）解冻、选修、注射液配制。具体操作要求参照"澳式烤肉的制作"。

（3）注射。启动盐水注射机，并调整压力旋钮至合适的注射压力（一般控制在0.4Mpa），然后将称重后的鸭胸肉（摆放时要求鸭皮朝下）送入盐水注射机进行注射，注射率为25%，要求注射后注射率达到20%以上即可，剩余部分在滚揉时加入即可。

（4）滚揉。将经过注射的鸭胸肉放入滚揉机，注射不足部分可以用剩余的注射液进行补充，随同鸭胸肉一同加入滚揉机，工作参数设定为：正转20分钟，休息10分钟，反转20分钟，总时间8小时，要求滚揉好的鸭胸肉形状完整，色泽发亮，可塑性强，糊而不烂。滚揉间环境温度最好控制在0~4℃，滚揉后肉块的温度控制在4~6℃。

（5）整形、穿线、挂杆。将滚揉好的鸭胸肉放置在经清洁、消毒好的塑料盒盘内，在案板上将鸭皮拉平，用专用工具穿孔后系上大约15cm的棉线绳，然后挂在挂肠车上，要求鸭皮朝向一致，6~7块/杆且间距均匀。

（6）热加工。具体工艺参数为：炉温70℃，干燥35分钟；炉温85℃，蒸煮55分钟；炉温78℃，蒸煮10分钟；炉温90℃，烟熏40分钟。

（7）冷却。在0~4℃的冷却间将杀菌结束后的产品中心温度降至10℃以下即可。

（三）注意事项

（1）滚揉是该产品制作的关键环节，要把握好其滚揉程度，若时间太短，盐溶性蛋白提取不充分，肉块可塑性差；时间过长，会造成滚揉过度，肉块太烂，不易成形。

（2）整形环节是决定产品最终外形的关键，要根据每个肉块的特点进行整形、穿线。

（3）鸭皮在熏制时温度低难以上色，要控制好熏制的炉温，若条件允许，可以在熏制时在烟熏木屑中掺一些白糖以提高其烟熏效果。

（4）本产品的制作也可以参考澳式烤肉的工艺进行冷却、真空包装及二次杀菌，以延长产品的保质期。

四、产品感官质量要求（表 10 - 4）

表 10 - 4　熏鸭胸感官质量要求

项　目	要　求
外观	外形良好，不破损，无汁液
色泽	鸭皮色泽呈金黄色，瘦肉部分呈深红色，色泽发亮
质地	组织致密，有弹性，切片性好，切面无直径大于 5mm 的气孔，无汁液分离，无异物
风味	肉嫩爽口，咸淡适中，滋味鲜美，烟熏风味浓郁，无异味

五、思考题

（1）简述盐水注射工序的工艺要求。

（2）如何正确判断原料肉的滚揉效果？

（3）结合实训说明熏制工序的作用和工艺要点。

（4）实训制作的熏鸭胸，其感官质量与工艺要求的产品感官质量要求有何差异？并说明其原因。

实训项目三　花色面包的加工

一、实训目的

（1）了解花色面包的加工原理和发酵技术。

（2）学会用一次发酵法制作面包。

（3）掌握花色面包花型的加工技巧。

二、实训原料与配方

（一）原料

高筋粉、酵母、改良剂、酥油、鸡蛋、白砂糖、盐、奶粉、辅料等。

（二）配方

高筋粉 1000g；酵母 15g；盐 20g；奶粉 50g；酥油 20g；糖 20g；水 520g 左右。

三、实训设备与工具

（一）实训设备

和面机、发酵箱、烘烤箱。

（二）实训工具

面粉筛、电子秤、不锈钢切刀、温度计、烤盘、烤模、毛刷。

四、实训步骤

（一）工艺流程

调粉→切割→搓圆成型→醒发→制作花型→发酵→刷蛋液→烘烤→冷却→成品

（二）操作要点

1. 调粉

取全部的高筋粉、酵母、糖、原料投入调粉机中，开动机器，慢速搅拌均匀，慢慢加水和鸡蛋，待形成均匀面团后加入盐，至 15 分钟左右面筋完全形成时加入起酥油，搅拌成面团后待用。

2. 分割成型

发酵好的面团按要求切成每个 90g 的面坯，用手搓圆。

3. 醒发

将搓圆的面团放在保鲜膜下静止 15 分钟。

4. 制作花型

将面团制成辫子形、动物形等，成型后放入烤盘。

5. 发酵

静止后面团均匀放入烤盘中，置于 38℃、相对湿度为 75% 的醒发箱中发酵 90 分钟，观察发酵成熟即可取出。

6. 刷蛋液

面团表面和四周均匀刷全蛋液。

7. 烘烤

烤盘推入炉温已预热至底火 180℃、面火 150℃左右的烘箱内烘烤，至面包烤熟立即取出。烘烤时间一般为 15~20 分钟。

8. 冷却

出炉的面包待稍冷后脱出烤模，置于空气中自然冷却至室温。

五、思考题

（1）花色面包加工与主食面包加工的不同之处？
（2）花色面包花型的制作技巧体会？

实训项目四　酥性饼干的加工

一、实训目的

（1）掌握酥性饼干加工的原理和一般过程。
（2）掌握酥性饼干加工的要点与工艺关键。

二、实训原料与配方

（一）原料

糕点粉、糖、油、水、小苏打、碳铵、单甘脂、糖浆、淀粉等。

（二）配方

糕点粉 5kg；糖 1.5kg；油 1kg；水 1kg；小苏打 40g；碳酸氢铵 50g；单甘脂 10g；糖浆 500g；淀粉 500g。

三、实训设备与工具

（一）实训设备

酥性饼干生产线、不锈钢容器、和面机。

（二）实训工具

电子秤、不锈钢切刀、温度计、毛刷等。

四、实训步骤

（一）工艺流程

调粉→成型→烘烤→冷却→成品

（二）操作要点

1. 面团调制

先把白糖和水加热溶解，再加入糖浆混合后加入油搅拌混合均匀。面粉、淀粉和其他辅料混合，搅拌均匀。干性物料与湿性物料在和面机中混合均匀即可。

2. 成型

和好的面团放入饼干成型机中成型烤制。

3. 烘烤

烤制参数：温度 180℃，转速 450r/min。

4. 冷却

饼干在一段输送带上冷却，冷却到室温包装。

五、注意事项

（1）面团调制时间控制。
（2）烘烤温度和时间合理搭配。

六、思考题

（1）为什么不能用高筋面粉？
（2）酥性糕点加工中应注意哪些问题？

实训项目五　原料乳的检验

一、检验

（一）实训目的

（1）了解牛乳相对密度测量的原理及方法。
（2）学会牛乳相对密度的实际操作。

（二）原理

使用密度计检测试样，根据读数经查表可得相对密度的结果。

（三）材料和仪器

（1）材料：生乳。
（2）仪器。

1）密度计：20℃/4℃。

2）玻璃圆筒或 200~250mL 量筒：圆筒高度应大于密度计的长度，其直径大小应使在沉入密度计时其周边和圆筒内壁的距离不小于 5mm。

（四）操作步骤

取混匀并调节温度为 10 ~ 25℃ 的试样，小心倒入玻璃圆筒内，勿使其产生泡沫并测量试样温度。小心将密度计放入试样中到相当刻度 30° 处，然后让其自然浮动，但不能与筒内壁接触。静置 2 ~ 3 分钟，眼睛平视生乳液面的高度，读取数值。根据试样的温度和密度计读数查表换算成 20℃ 时的度数。

（五）计算

相对密度(ρ_4^{20})与密度计刻度关系式如下：

$$\rho_4^{20} = \frac{X}{1000} + 1.000$$

式中：ρ_4^{20}——样品的相对密度；X——密度计读数。

当用 20℃/4℃ 密度计，温度在 20℃ 时，将读数代入上式即可直接计算相对密度；不在 20℃ 时，要查表 10 – 5 换算成 20℃ 时度数，然后再代入上式计算。

表 10 – 5　密度计读数变为温度 20℃ 时的度数换算

密度计读数	生乳温度（℃）															
	10	11	12	13	14	15	16	17	18	19	20	21	22	23	24	25
25	23.3	23.5	23.6	23.7	23.9	24.0	24.2	24.4	24.6	24.8	25.0	25.2	25.4	25.5	25.8	26.0
26	24.2	24.4	24.5	24.7	24.9	25.0	25.2	25.4	25.6	25.8	26.0	26.2	26.4	26.6	26.8	27.0
27	25.1	25.3	25.4	25.6	25.7	25.9	26.1	26.3	26.5	26.8	27.0	27.2	27.5	27.7	27.9	28.1
28	26.0	26.1	26.3	26.5	26.6	26.8	27.0	27.3	27.5	27.8	28.0	28.2	28.5	28.7	29.0	29.2
29	26.9	27.1	27.3	27.5	27.6	27.8	28.0	28.3	28.5	28.8	29.0	29.2	29.5	29.7	30.0	30.2
30	27.9	28.1	28.3	28.5	28.6	28.8	29.0	29.3	29.5	29.8	30.0	30.2	30.5	30.7	31.0	31.2
31	28.8	28.0	29.2	29.4	29.6	29.8	30.0	30.5	30.5	30.8	31.0	31.2	31.5	31.7	32.0	32.2
32	29.3	30.0	30.2	30.4	30.6	30.7	31.0	31.2	31.5	31.8	32.0	32.3	32.5	32.8	33.0	33.3
33	30.7	30.8	31.1	31.2	31.5	31.7	32.0	32.2	32.5	32.8	33.0	33.3	33.5	33.8	34.1	34.3
34	31.7	31.9	32.1	32.3	32.5	32.7	33.0	33.2	33.5	33.8	34.0	34.3	34.4	34.8	35.1	35.3
35	32.6	32.8	33.1	33.3	33.5	33.7	34.0	34.2	34.5	34.7	35.0	35.3	35.5	35.8	36.1	36.3
36	33.5	33.8	34.0	34.3	34.5	34.7	34.9	35.2	35.6	35.7	36.0	36.2	36.5	36.7	37.0	37.2

二、滴定酸度的测定

（一）实训目的

（1）了解生乳滴定酸度所需的材料、试剂、仪器、滴定原理及酸度滴定对于生乳新鲜程度和热稳定性的意义。

（2）学会生乳滴定酸度的实际操作。

（二）实验原理

测定乳中酸的含量即可了解牛乳的新鲜程度，同时也反映出乳质的热稳定性。乳的酸度一般以中和100mL牛乳所需要0.1mol/L氢氧化钠的体积来表示，为°T（吉尔涅尔度），此为滴定酸度，简称酸度。正常牛乳的酸度由于乳的品种、饲料、挤乳和泌乳期的不同而有差异。但一般均在16～18°T。如果牛乳存放时间过长，细菌繁殖可致使牛乳的酸度明显增高。如果乳牛健康状况不佳，患急、慢性乳房炎等，则可使牛乳的酸度降低。因此，牛乳的酸度是反映牛乳质量的一项重要指标。

（三）材料、试剂及仪器

（1）材料：牛乳

（2）试剂：0.5%中性酚酞乙醇指示剂；0.1mol/L氢氧化钠标准溶液。

（3）仪器：碱式滴定管，吸耳球，250mL三角瓶，50mL烧杯，10mL移液管，漏斗。

（四）操作步骤

用刻度吸管精确吸取10mL乳样，注入三角瓶中，加入20mL新煮沸冷却后的蒸馏水，再加入0.5mL、0.5%的酚酞指示剂，混匀。用已标定的标准氢氧化钠溶液滴定至微红色，并在30秒内不褪色，记录所消耗的氢氧化钠的体积（mL）。消耗NaOH溶液毫升数乘以10即是样乳的滴定酸度（°T）。

（五）计算

用乳酸含量表示酸度时，按上述方法测定后用下列公式计算：

$$乳酸度（\%）=(V_2 \times C \times P)/(V_1 \times d)$$

式中：V_2——消耗氢氧化钠溶液的体积，mL；C——氢氧化钠溶液的标定浓度，mol/L；P——乳酸的换算系数，0.09008；V_1——乳样体积，mL；d——牛乳的相对密度。

若使$C \approx 0.1$mol/L，$P \approx 0.09$，则：

$$乳酸度（\%）=\frac{V_2 \times 0.009}{V_1 \times d} \times 100\%$$

三、酒精实验

（一）实训目的

（1）了解酒精实验对于牛乳新鲜度及稳定性的意义。

（2）学会标准酒精溶液的配制方法及酒精实验的实际操作。

（二）实训原理

酒精实验是生鲜牛乳检验中一项非常重要的项目，它不但可以检出酸度超出一定范围的牛乳，而且还能检出异常乳（乳房炎乳、盐类不平衡乳、掺入氯化盐乳）。酒精实验的目的在于检验生鲜牛乳的蛋白质对酒精的稳定性。正常乳中蛋白质形成稳定的胶体溶液，当 pH 达到等电点时，发生絮凝。而酒精是亲水性较强的物质，它可使蛋白质胶粒脱水，造成聚沉。因此酒精浓度越高，pH 越接近等电点，蛋白质越容易沉淀。用一定浓度的酒精和等量牛乳混合，根据蛋白质的凝聚判断牛乳的酸度。尽管酒精浓度与牛乳酸度不是纯直线关系，但由于方法简便迅速，仍被广泛采用。

（三）材料、试剂和仪器

（1）材料：牛乳。

（2）试剂。68%、70%、72%、75% 的中性酒精。

（3）仪器：试管，1mL 刻度移液管，吸耳球。

（四）操作步骤

取 1~2mL 牛乳和等量中性酒精于试管中混合，振荡 5 次（频率为每秒钟 1 次），5 秒时观察，出现絮片的牛乳为酒精试验阳性乳，表示其酸度较高；不出现絮片的牛乳为酒精试验阴性乳，表示其酸度符合表 10-6 所列酸度标准。样品温度以 20℃ 为准，不同温度需进行校正。根据不同季节和收乳标准，采用 68%、70%、72% 和 75% 酒精。收购用于加工 UHT 乳的原料乳时，应采用 75% 中性酒精，酒精浓度与不出现絮片时的酸度情况见表 10-6。

表 10-6 酒精试验酸度表

酒精浓度（%）	不出现絮片时的酸度（°T）
68	<20
70	<19
72	<18
75	16

实训项目六 调味乳的加工

一、实训目的

（1）了解调味乳的加工工艺。

（2）学会实验室内巧克力风味乳的制作。

二、材料、仪器与设备

（1）材料及配方。原料乳，80%~90%；或乳粉，9%~11%；蔗糖，10%~12%；可可粉，1%~3%；稳定剂，0.2%~0.3%；香精或麦芽酚，适量；色素，适量；净化水，加至 100%。

常用的稳定剂有卡拉胶、海藻酸丙二醇酯（PGA）、耐酸性羧甲基纤维素（CMC）、明胶等。明胶容易溶解，使用比较方便。

（2）仪器与设备。天平、台秤、量杯、煤气灶、锅、胶体磨、冷热缸、均质机、灌装机。

三、工艺流程

原辅料处理→配料→预热→均质→杀菌→冷却→灌装→包装→检验→成品

四、操作步骤

1. 原辅料处理

（1）乳粉的复原。使用优质新鲜乳或乳粉为原料。使用乳粉时，用大约一半的50℃左右的软化水来溶解乳粉，确保乳粉完全溶解。

（2）可可粉的预处理。由于可可粉中含有大量的芽孢，同时含有许多颗粒，因此为保证灭菌效果和改进产品的口感，在加入乳中时可可粉必须经过预处理。一般先将可可粉溶于热水中，然后将可可浆加热到85～95℃，并在此温度下保持20～30分钟，最后冷却，再加入到牛乳中。应使用高质量的可可粉，其中大于75μm的颗粒总量应小于0.5%。

（3）稳定剂的溶解。一般将稳定剂与其5～10倍的砂糖混合，然后在高速搅拌下（2500～3000r/min）溶解于70℃左右的软化水中，经胶体磨分散均匀。

2. 配料

将所有处理好的原辅料加入配料罐中后，低速搅拌15～25分钟，以保证所有的物料混合均匀，尤其是稳定剂能均匀分散于乳中。

3. 预热

将混合好的物料预热到65～85℃。

4. 均质

将预热后的物料在18～25MPa条件下均质。

5. 杀菌

均质后的物料经85～90℃，15秒巴氏杀菌。

6. 冷却、包装

物料冷却至20℃以下，香料和色素在冷却后、包装前加入，包装后立即放入4℃冰箱内冷藏。

实训项目七　碳酸饮料的糖浆调配

一、实训目的

（1）掌握碳酸饮料生产过程中糖浆调配的方法。

（2）培养学生严谨的学习态度，使学生得到理论联系实际的锻炼。

二、材料与设备

（一）材料

白砂糖、山梨酸、柠檬酸、香精、色素等。

（二）仪器

调配缸、过滤机、杀菌锅等。

三、生产工艺

第一步是原糖浆的制备，然后是调和糖浆的调配。

四、操作要点

（一）原糖浆的制备

把优质砂糖溶解于一定量的水中，根据生产的产品制成预计浓度的糖液，再经过滤、澄清后备用。

（二）调和糖浆的调配

1. 添加剂的调制

先将添加剂按操作规程要求制成一定浓度的水溶液，经过滤后计量添加。

2. 调和糖浆的投料顺序

原糖浆(加甜味剂)→防腐剂→酸味剂→果汁→香精→色素→水(碳酸水)

实训项目八　花生乳的加工

一、实训目的

（1）掌握花生乳饮料的加工方法。

（2）培养学生严谨的学习态度，使学生得到理论联系实际的锻炼。

二、材料与设备

（一）材料

花生仁、白砂糖、单甘酯、蔗糖酯等。

（二）仪器

榨汁机、均质机、真空脱气机、杀菌锅、调配缸、过滤机等。

三、工艺流程

原料处理→磨浆→分离去渣→杀菌消毒→均质→灌装→冷却→产品

四、产品配方

花生仁5%~10%，白砂糖8%，单甘酯和蔗糖酯0.1%。

五、操作要点

（一）原料处理

精选花生仁，剔除霉烂变质的颗粒，用水淘洗干净，除去杂物；再放入 pH7.5~8.5 的弱碱液中浸泡2~10小时进行软化处理；然后倒出浸泡液，换上新的碱液，加热至沸腾后倒掉碱液。通过以上处理，一方面使花生仁脱除红色，去除苦涩味；另一方面使花生仁中的脂肪氧化酶失去活性，防止脂肪氧化而影响饮料口感。

（二）磨浆

用磨浆机将花生仁粉碎磨浆。磨浆时的加水量一般为干花生仁重量的10~20倍。

（三）分离去渣

对花生浆进行分离，将分离出的花生渣用80℃以上的热水冲洗搅拌后再分离，这样反复进行2~3次，力求将渣中残存的水溶性蛋白质提取出来。将多次滤液合并混匀即为花生乳液，此时乳液的 pH 为6.8~7.1。

（四）杀菌消毒

将花生乳液加热到80℃、液面起泡微沸时，撇去部分泡沫，继续加热至液面翻滚，温度达94~96℃时，维持1~2分钟，即可达到杀菌和消毒的目的。

（五）均质、灌装、冷却

在煮沸后的花生乳液中加入甜味剂、增稠剂和乳化剂等，还可加入适量营养强化剂，然后进行均质，均质温度为70~90℃。将均质后的花生乳立即装罐密封，在温度为4℃的条件下贮藏。

六、质量标准

（一）感官指标

呈均匀的乳白色，具有浓郁的花生香气，呈均匀混浊的乳液状，无杂质。

（二）理化指标

可溶性固形物（以折光计）≥6%；蛋白质≥0.5%；脂肪≥1%；砷≤0.5mg/kg；铅≤1.0mg/kg；铜≤10mg/kg。

（三）微生物指标

细菌总数≤100 个/毫升；大肠杆菌≤6 个/毫升；致病菌不得检出。

实训项目九　糖水桃罐头的制作

糖水桃罐头是世界上果品罐头的大宗商品，生产量和贸易量均居世界首位，其产量近百万吨，其中美国约占 2/3。

一、工艺流程

原料选择→洗涤→切半去核→碱液去皮→热烫→修整→装罐→加注糖液→排气密封→杀菌→冷却→保温处理→成品

二、操作要点

1. 原料选择

（1）色泽：白桃白色至青白色果尖，合缝线及核洼处无花色素，白桃不含无色花色素。黄桃含有大量的类胡萝卜素，稍有褐变也不如白桃明显，并且具有波斯系及其杂种所特有的香气和风味，故品质远优于白桃。

（2）肉质要求不溶质：不溶质桃果实耐贮运及加工处理，劳动生产率高，原料吨耗低。溶质品种，尤其是水蜜桃，不耐贮运，加工中破碎多，损耗大，劳动效率低，烂顶和毛边，质量低。

（3）要求种核为黏核：黏核种肉质较致密，粗纤维少，树胶质少，劈桃损失少，去核后核洼光洁；离核种则相反，但常是较好的鲜食品质。

所谓的罐桃品种常指黄肉、不溶质、黏核品种。此外，罐藏用桃还要求果形大，不扁圆；核小，可食率高；风味好，无显著涩味和异味，香气浓；成熟度接近成熟，单果各部位成熟一致，后熟较慢等。

我国通过几十年的引种和选育，目前具有的罐藏用种有丰黄、连黄、橙艳、罐藏 5 号、罐藏 14、明星、黄露等。另有不溶质的 60～24～7、中州白桃、晚白桃、北京 24 等白肉桃用于罐藏。

2. 洗涤

用流动的清水冲洗桃果。也可在洗涤池中加入适量的明矾，帮助脱毛。

3. 切半去核

用劈桃器沿缝合线切下，防止切偏，并用圆形挖核器去掉桃核，立即浸入 1.5% 的食盐水中或浸泡在 0.1%~0.2% 柠檬酸溶液中进行护色处理。

4. 碱液去皮

桃果去核后要及时去皮。可采用淋碱去皮或浸碱去皮。淋碱去皮是在淋碱去皮机里将桃块反扣，通过淋碱法，碱液浓度为 13%~16%，温度为 80~85℃，处理时间为 50~80 秒，淋碱后迅速用冷水揉搓去皮。浸碱法，碱液浓度为 4%~6%，温度 90~95℃，浸碱 30~60 秒。再将桃块倒入 0.3% 的盐酸溶液中，中和 2~3 分钟，再用 1.5% 的食盐水浸泡护色 10 分钟。用流动水冲洗干净。

5. 热烫

去皮后立即热烫，促其软化。将桃块放入 90~95℃ 水中，热烫 4~8 秒，以煮透为度。按照常规做法，桃块热烫后立即进行冷却，而后再进入下道工序。

6. 修整

削去桃块表面斑点、变色、红肉部分，并使切口无毛边，核洼光滑。

7. 装罐加注糖液

首先将罐瓶洗净消毒备用。桃块称重后装入罐中，加入的糖水浓度一般为 25%~30%。有的需在糖水中加入适量的柠檬酸，以调节风味。做法是：先将糖水加热化开，待糖充分溶解后再加入 0.1%~0.2% 的柠檬酸。

8. 排气

在排气箱中加热排气，当罐中心温度达到 70℃ 左右时，维持 10~12 分钟。若用真空封罐机抽气密封，其真空度应控制在 60~66.7kPa。

9. 密封

用封罐机密封。

10. 杀菌及冷却

根据桃品种、成熟度及排气、封罐方式不同，一般要求在沸水中杀菌 10~20 分钟，然后冷却至 38~40℃。

11. 检罐

在 20℃ 的保温室中贮存 1 周，质检合格后，贴标装箱。当密封杀菌合格时也可不进行保温。

三、质量标准

糖水澄清透明，开罐时糖水浓度（按折光计）为 14%~18%；果肉重不低于净重的

60%，果块大小均匀一致，允许稍有毛边；具有果实原有的色泽和风味，无异味。

实训项目十　番茄汁的制作

番茄汁是一种色香味俱佳的饮料，具有鲜番茄的特殊颜色，适合佐餐，是普通饮食和特殊食物中的重要添加剂，还可作酒精饮料的基料，其加工方法如下。

一、工艺流程

选料→清洗→破碎和预热→取汁→脱气→均质→预杀菌→装罐和密封→杀菌→产品

二、操作要点

（1）选料：加工番茄汁的原料要求成熟度高，比制番茄酱原料有更高的总固形物，可溶性固形物达5%以上，果胶含量高，糖酸比在6:1左右，pH在4.2~4.3以下。剔除病虫果及人工机械损伤果。

（2）清洗：可采用化学洗涤法、浸渍法、喷淋法等方法反复清洗，并用次氯酸钠进行处理，以消灭微生物。

（3）破碎预热：用破碎机把番茄破碎脱籽，破碎成浆后迅速用加热器在5~10秒内加热到85℃以上，保持15秒以上，杀死微生物。

（4）取汁：用螺旋式榨汁机压榨，筛孔为0.4mm。

（5）脱气：用真空脱气机脱气，真空度为79.9kPa，脱气3~5分钟。

（6）配料均质：为增加番茄汁风味，可在汁中加入食盐或糖。调配后的产品用高压均质机进行均质，压力范围为9800~14700kPa。

（7）预杀菌：采用管式或板式热交换器，使产品升温至118~120℃，保持40~60秒，立即冷却至90~95℃。

（8）装罐、杀菌：预杀菌后立即装罐密封，然后在105~115℃下杀菌15分钟，再用冷水冷却。

实训项目十一　葡萄酒的制作

一、实验目的

通过葡萄酒制作的工艺试验，使学生在理论知识的基础上，加深对葡萄酒生产中主要生产过程的认识，锻炼学生观察、动手、分析及解决问题的能力。

（1）了解并熟悉传统发酵法酿制葡萄酒的生产工艺。

（2）掌握葡萄酒生产的技术要点。

二、实验原理

葡萄原料经过破碎等处理后，在葡萄皮表面的酵母菌的作用下，发酵生成酒精、

CO_2 及少量的甘油、高级醇类、酸类、酯类等物质，果实原有的色素、单宁、有机酸、氨基酸等物质也溶入酒液中，使葡萄酒具有特有的色、香、味物质。

三、实验材料与设备

（1）材料：红皮葡萄、白砂糖适量、高度酒适量、75%酒精适量、偏重亚硫酸钾。

（2）设备：1000mL 三角瓶、1000mL 量筒、500mL 烧杯、250mL 三角瓶、天平、糖度计、温度计、纱布等。

四、实验方法

1. 工艺流程

如图 10－1 所示。

葡萄 → 分选 → 去梗 → 破碎 → 葡萄浆(加偏重亚硫酸钾)

成品 ← 陈酿 ← 后发酵 ← 调整酒精度 ← 过滤 ← 前发酵

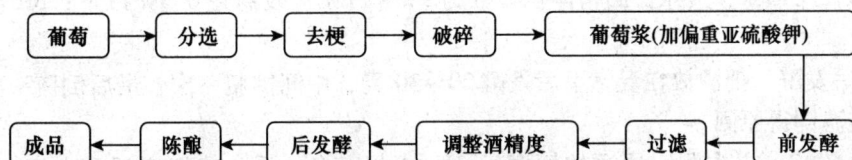

图 10－1　葡萄酒生产工艺流程

2. 参考配方

红皮葡萄 1kg、白砂糖适量、高度酒少许、偏重亚硫酸钾 0.1g。

3. 操作要点

（1）准备工作。把所用的三角瓶、烧杯等器材用清水洗干净，并用 75% 的酒精擦拭消毒。

（2）果浆的制取。称取一定量葡萄，除去病害果及果梗，打浆去籽。在破碎打浆过程中，其浆汁不得接触铜、铁等金属器具，以免发生褐变。

（3）果浆成分的调整。用量筒量取所制得果浆的体积 V 并记录。取 30～40mL 的果浆，用双层纱布过滤后备用。

1）测量糖度、pH 取一两滴滤液滴于手持测糖仪镜上，测定并记录其糖度 C，此数值为表观糖度。用 pH 试纸测定滤液的 pH 并记录。

2）调整果浆的含糖量。根据测得的糖度，加入一定量的白砂糖，使其表观糖度达到 22～23°Be。也可按下式粗略计算加糖量 X。

$$X = \frac{20 - (C - 3)}{80} \times V$$

式中：X——白糖的用量，单位为 g；C——原浆的表观糖度；V——原果浆汁的体积数，单位为 mL。

按计算量称取白糖，倒入果浆，搅拌至完全溶解。

3）调整果浆 pH。根据所测得的 pH，在 3.5～4.5 时，不用调整，当 pH 大于 4.5

或小于 3.5 时，可用柠檬酸溶液或碳酸钙对其进行调整，使其 pH 在 3.5 ~ 4.5。

4）加入 SO_2 试剂。根据水果原料的好坏程度及 pH 大小、气温等条件，按 0.1g/L 加入偏重亚硫酸钾，然后搅拌均匀。

（4）发酵及其管理。

1）前期发酵。把调整好成分的果浆装入消毒好的 1000mL 三角瓶内，密封瓶口，在 20 ~ 25℃ 条件下发酵 5 ~ 7 天。在发酵过程中，每天应摇瓶一次。

当气泡变弱酒盖下沉后，把发酵醪倒出，用双层纱布滤去酒渣，并测量酒精度和体积，把瓶子洗干净，再把酒液倒入三角瓶内。

根据所测酒度，用高度酒进行调配使其酒度达到 12% ~ 13% vol，高度酒的使用量亦用十字交叉法计算求得。

发酵后的酒液质量应该是：呈深红色或淡红色；混浊而含悬浮酵母；有酒精、CO_2 和酵母味，无霉味、臭味；酒精体积分数为 9% ~ 11%；残糖在 0.5% 以下；pH 没有多大变化。

2）后发酵。把酒放在温室下后发酵 20 ~ 30 天，中间倒瓶一次，最后倒瓶一次，双层纱布过滤即得原酒。

（5）陈酿。再次测定原酒的糖度、pH，根据其色、香、味拟定调配方案。封口、贴标签后室温下存放。

五、思考题

（1）在葡萄破碎前，为什么不能对葡萄进行清洗？葡萄皮外面的一层白雾在发酵过程中起什么作用？

（2）葡萄酒生产中加入偏重亚硫酸钾有何作用，如何添加？

（3）在葡萄酒生产过程中，要保证质量，应注意哪些问题？

实训项目十二　啤酒的制作

一、实验目的

通过啤酒制作的工艺试验，使学生在理论知识的基础上，加深对啤酒生产中主要生产过程的认识，锻炼学生观察、动手、分析及解决问题的能力。

（1）掌握复式煮浸糖化法制备麦芽汁的工艺流程。

（2）掌握采用低温发酵法生产啤酒的工艺流程。

二、实验原理

成品麦芽中含有丰富的酶类，其中水解酶对酿酒尤为重要。不同种类的水解酶其作用的最适温度、pH 等条件不同，因而可以控制不同的工艺条件，在水解酶的作用下使各种物质适度降解，制备出适合啤酒酿造的麦芽汁。

糖化所得的麦芽汁中含有大量的营养物质，在一定条件下，啤酒酵母可以在其中生长繁殖产生酒精和 CO_2 等代谢物质。

三、试验材料与设备

（1）材料：麦芽粉，大米粉，α-淀粉酶，酒花，酵母，碘液。

（2）设备：电子天平，糖化锅和糊化锅（可用铝锅代替），1000mL 量筒，白瓷板，玻璃棒，糖度计，煤气灶，水浴锅，冰箱，1000mL 三角瓶，粉碎机、过滤机等。

四、实验方法

1. 工艺流程（图 10－2）

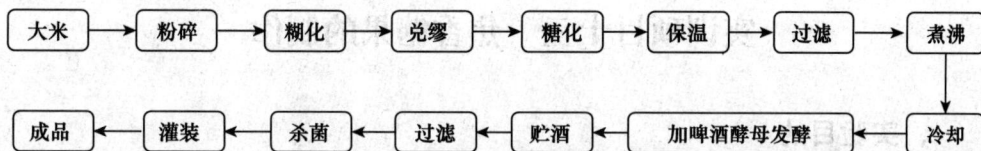

大米 → 粉碎 → 糊化 → 兑醪 → 糖化 → 保温 → 过滤 → 煮沸

成品 ← 灌装 ← 杀菌 ← 过滤 ← 贮酒 ← 加啤酒酵母发酵 ← 冷却

图 10－2　啤酒生产工艺流程

2. 参考配方

麦芽粉 280g，大米粉 130g，α－淀粉酶 780μg，酒花 0.492g，酵母 0.8%（以麦汁体积计），碘液少许。

3. 操作要点

（1）复式煮浸糖化法制备麦芽汁操作要点。

1）准确称取麦芽粉 280g 置于糖化锅中，加入 54℃ 热水 990mL，搅拌均匀，于 50～52℃ 保温 60～90 分钟。

2）准确称取大米粉 130g 于糊化锅中，加入 50℃ 热水 630mL，加入 α-淀粉酶 780μg，搅拌均匀，于 80～85℃ 保温 30～40 分钟。

3）将糊化锅中的醪液（糖化醪）升温至 100℃，迅速倒入糖化锅中，混匀，于 68℃ 保温 60～90 分钟，期间用碘液进行检查，直至完全糖化。

4）将糖化醪升温至 78℃，倒入洁净的容器中，静置 10 分钟后用双层纱布过滤、洗槽。

5）将过滤、洗槽得到的麦芽汁合并，加入麦芽汁体积 0.12% 的酒花，煮沸 90 分钟。

6）煮沸结束后，用糖度计测量麦芽汁浓度，加入适量热水，调节麦芽汁浓度，滤去酒花备用。

（2）低温发酵法生产啤酒操作要点。

1）将两个 1000mL 的三角瓶清洗并湿热灭菌，冷却备用。

2）将麦芽汁冷却至 9~10℃后，装入 1000mL 三角瓶中，加入 0.8% 的泥状酵母，封口后置于冰箱冷藏室进行低温发酵。

3）发酵过程中严格控制发酵温度，并随时观察啤酒产气情况。主发酵时间为 7~8 天，发酵温度最高不超过 15℃，以 6~9℃为宜，发酵终了温度为 4℃。后发酵期采用"先高后低"的原则，3℃保持 1.5 天左右，然后降温至 1.5℃保持 1 天，最后在 0~1℃下贮酒 5~7 天。总发酵时间一般为 15~20 天。

（3）将发酵好的啤酒过滤，在 80~90℃下保温 30 分钟，灌装后即得成品。

五、思考题

（1）结合所学知识，简述啤酒的发酵机理。

（2）酒花在啤酒生产中有何作用？如何添加？

实训项目十三　焦香糖果的制作

一、实验目的

通过焦香糖果制作的工艺试验，使学生在理论知识的基础上，加深对焦香糖果生产中主要生产过程的认识，锻炼学生观察、动手、分析及解决问题的能力。

（1）掌握焦香糖果的制作原理。

（2）掌握焦香糖果的制作工艺流程及操作要点。

二、实验原理

焦香糖果是采用砂糖、淀粉糖浆、炼乳、油脂、食盐、明胶及香料等原料制成的带有特殊焦香风味的糖果，质地比较坚韧致密，具有一定的咀嚼性，其焦香风味形成的原理是原料在高温熬煮的过程中发生的焦糖化反应以及美拉德反应。

三、试验材料与设备

（1）材料：白砂糖、淀粉糖浆、炼乳、奶油、氢化植物油脂、食盐、干明胶、乳化剂、香料、食用色素。

（2）设备：化糖锅、过滤器、混合机、高压均质机、熬糖锅、冷却台、成型机、包装机等。

四、试验方法

1. 工艺流程

见图 10-3。

2. 参考配方

白砂糖 34%、淀粉糖浆 46%、炼乳 12%、奶油 7%、氢化植物油脂 3%、食盐

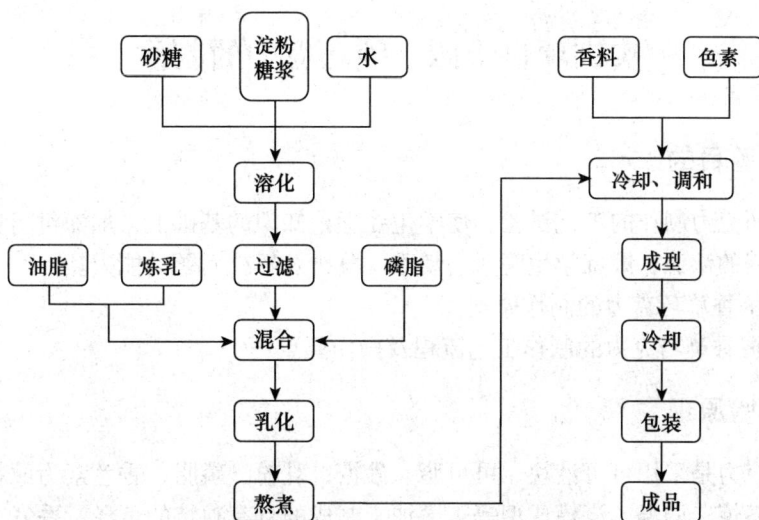

图 10 - 3 焦香糖果的制作工艺流程

0.3%、干明胶 0.2%、食用乳化剂 0.15%、香料、食用色素适量。

3. 操作要点

（1）溶糖。按配方比例称取白砂糖、葡萄糖浆和炼乳，先将白砂糖加水加热熔化（加水量为白砂糖的 30%），再加入葡萄糖浆和炼乳，煮沸后加入食盐，保持 2 分钟，使砂糖和食盐充分溶解，待糖浆温度达到 105℃ 左右时，用 80 目筛过滤除杂。

（2）混合、乳化。将油脂和乳化剂加入过滤后的糖浆溶液中，在低于 60℃ 的温度下，均匀搅拌 10 分钟，使物料充分混合均匀，然后将混合糖液泵入高压均质机中进行均质和乳化，使糖液混合物中的脂肪球直径降至 1μm 左右。

（3）熬煮。将混合糖液加入熬糖锅中，加热至 125～130℃ 熬煮 30 分钟左右。在熬煮过程中，要不断进行搅拌，以促进热交换和物料焦香化反应均匀而完全，同时避免发生焦煳粘锅现象。

（4）冷却。停止加热后，立即将适量食用香料和食用色素加入熬煮好的糖浆中，混合均匀后，倒在冷却台上不断翻拌、调和，进一步使糖浆与香料色素充分混合均匀、冷却。

（5）成型。将冷却至 60℃ 左右的糖膏送至成型机进行整形拉条、切块成型。

（6）包装。成型后的糖粒再经冷风进行适当冷却后，采用真空或非真空方式进行包装，即得焦香糖果成品。

五、思考题

（1）焦香糖果的焦香风味是怎样产生的？

（2）影响焦香糖果风味形成的因素是什么？

实训项目十四　纯巧克力的制作

一、实验目的

通过纯巧克力制作的工艺试验，使学生在理论知识的基础上，加深对巧克力生产中主要生产过程的认识，锻炼学生观察、动手、分析及解决问题的能力。

（1）了解香草巧克力的制作原理。

（2）掌握香草巧克力的制作工艺流程及操作要点。

二、实验原理

香草巧克力是采用可可液块、可可脂、砂糖、乳粉、磷脂、香兰素为原料，经过混合、精磨、精炼、调温、浇模成型等工序加工制成的具有独特的色泽、香气、滋味和精细质感、耐保藏、高热值的甜味固体食品。

三、试验材料与设备

（1）材料：可可液块、可可脂、砂糖粉、乳粉、磷脂、香兰素。

（2）设备：水浴锅、捏合机、筒形精磨机、滚轮式精炼机、巧克力连续调温机等。

四、实验方法

（1）工艺流程，如图 10-4 所示。

（2）参考配方：可可液块 1kg，可可脂 1.5kg，砂糖粉 3.5 kg，乳粉 1.5kg，磷脂 0.002kg，香兰素 0.001kg。

（3）操作要点。

1）原料预处理。可可液块、可可脂在水浴锅或夹层锅中加热进行溶化，温度不超过 60℃。砂糖粉碎后过 120 目筛备用。干燥乳粉过筛备用。

2）混合。将经预处理的各种原料，按配料比计量，加入捏合机中进行充分的混合。

3）精磨。将混合均匀的物料过筒型精磨机精磨，精磨时温度一般控制在 40 ~ 42℃，不超过 50℃。每圆筒连续精磨 1 次应控制在 16 ~ 24 小时内完成，经过精磨后，物料平均细度应达到 20μm。

4）精炼。将巧克力物料通过精炼机精炼，精炼机内的温度控制在 48 ~ 65℃，精炼时间控制在 24 小时左右。精炼结束后，加入磷脂，调节物料黏度，并加入适量香兰素。

5）调温。调温分三个阶段进行。第一阶段，将巧克力物料的温度从 40℃冷却到 29℃，以形成可可脂的结晶；第二阶段，将巧克力物料的温度从 29℃冷却到 27℃，以使巧克力物料中的可可脂迅速形成细小的结晶核；第三阶段，巧克力物料的温度从 27℃上升到 29 ~ 30℃，以便巧克力物料中的可可脂的晶型趋向基本一致，达到物料调

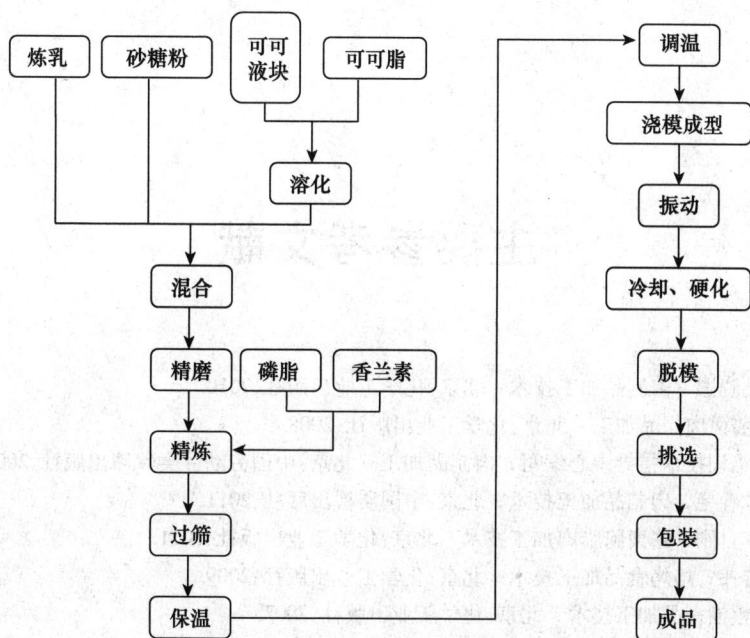

图 10 - 4 纯巧克力的制作工艺流程

温的目的。

6）浇模成型及冷却硬化。巧克力物料的温度控制在 28~29℃，并在瓷盘模盘浇模后，振动巧克力物料，以排除包藏在物料中的空气，使物料在模架内做更均匀的分配。浇模后，通过预冷和冷却将巧克力硬化。预冷阶段温度控制在 10~15℃，冷却阶段温度控制在 0~5℃。

7）包装。加工好的巧克力可采用锡箔纸、聚乙烯材料或玻璃纸包装。

五、思考题

（1）巧克力物料精炼的目的是什么？
（2）简述巧克力的制作过程及调温操作中可可脂的晶型变化。

主要参考文献

[1] 浮吟梅,吴晓彤. 肉制品加工技术. 北京:化学工业出版社,2010.

[2] 赵改名. 酱卤肉制品加工. 北京:化学工业出版社,2008.

[3] 中国就业培训技术指导中心编写. 肉制品加工. 北京:中国劳动社会保障出版社,2007.

[4] 车云波,林春艳. 肉制品加工技术. 北京:中国质检出版社,2011.

[5] 岳晓禹,李自刚. 酱卤腌腊肉加工技术. 北京:化学工业出版社,2011.

[6] 张妍,梁传伟. 焙烤食品加工技术. 北京:化学工业出版社,2009.

[7] 刘延奇. 粮油食品加工技术. 北京:化学工业出版社,2007.

[8] 李则选. 粮食加工技术. 北京:化学工业出版社,2005.

[9] 王丽琼. 粮油加工技术. 北京:化学工业出版社,2007.

[10] 詹现璞. 乳制品加工技术. 北京:中国轻工业出版社,2011.

[11] 马兆瑞,秦立虎. 现代乳品加工技术. 北京:中国轻工业出版社,2010.

[12] 李风林,兰文峰. 乳制品加工技术. 北京:中国轻工业出版社,2010.

[13] 蒋和体. 软饮料工艺学. 北京:中国农业科学技术出版社,2006.

[14] 朱珠. 软饮料加工技术. 北京:化学工业出版社,2006.

[15] 张菊瑞. 软饮料加工技术. 北京:中国轻工业出版社,2007.

[16] 赵晨霞. 果蔬贮藏与加工. 北京:高等教育出版社,2005.

[17] 杨宝进,张一鸣. 现代食品加工学. 北京:中国农业大学出版社,2006.

[18] 夏文水. 食品工艺学. 北京:北京轻工业出版社,2007.

[19] 唐突. 食品卫生检测技术. 北京:化学工业出版社,2006.

[20] 吴谋成. 食品分析与感官评定. 北京:中国农业出版社,2000.

[21] 中国标准出版社第一编辑室编. 中国食品工业标准汇编. 北京:中国标准出版社,2005.

[22] 中国标准出版社第一编辑室编. 中国强制性国家标准汇编. 北京:中国标准出版社,2005.

[23] 朱明. 食品工业分离技术. 北京:化学工业出版社,2005.

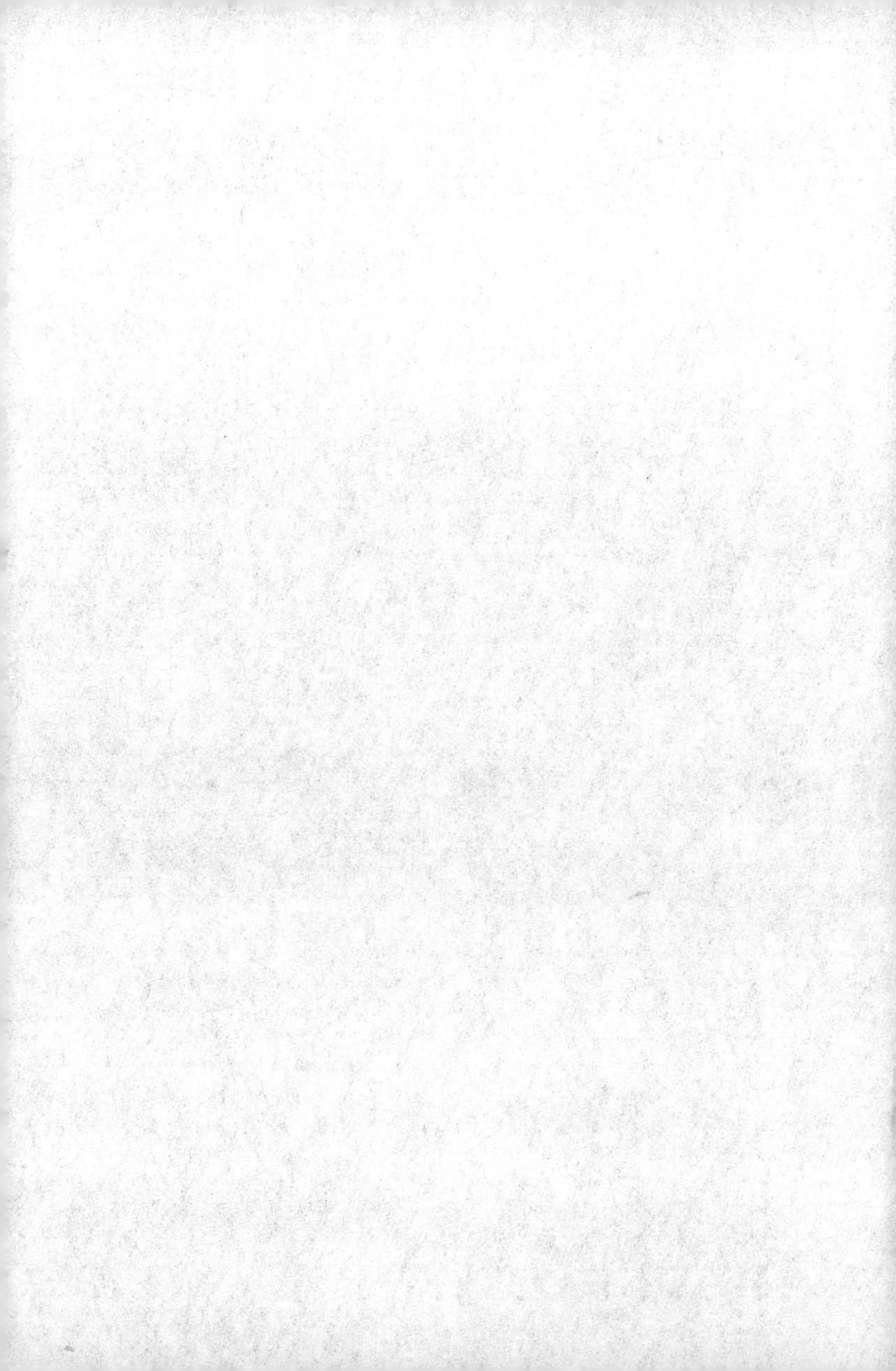